工程力学

上册

主　编　经来旺　罗吉安
副主编　冯彧雷

中国科学技术大学出版社

内 容 简 介

本书为安徽省高等学校"十三五"省级规划教材，也是安徽省高等学校一流教材。全书内容根据教育部力学基本要求而编写，分上、下两册，本书为上册，包含静力学基本理论、材料力学基础知识、轴向拉伸与压缩、扭转、弯曲内力等 10 章内容。本书在内容编排上力求做到由浅入深、循序渐进、突出重点和难点，在叙述上力求达到精练和严密。本书可供理工类院校工程管理、安全工程、弹药工程与爆炸技术、工程地质、材料科学与工程等专业的学生使用。

图书在版编目(CIP)数据

工程力学. 上册/经来旺，罗吉安主编. —合肥：中国科学技术大学出版社，2021.8
ISBN 978-7-312-05045-9

Ⅰ. 工⋯　Ⅱ. ①经⋯ ②罗⋯　Ⅲ. 工程力学—高等学校—教材　Ⅳ. TB12

中国版本图书馆 CIP 数据核字(2020)第 261463 号

工程力学. 上册
GONGCHENG LIXUE. SHANGCE

出版	中国科学技术大学出版社
	安徽省合肥市金寨路 96 号，230026
	http://press.ustc.edu.cn
	https://zgkxjsdxcbs.tmall.com
印刷	合肥市宏基印刷有限公司
发行	中国科学技术大学出版社
经销	全国新华书店
开本	710 mm×1000 mm　1/16
印张	18.5
字数	416 千
版次	2021 年 8 月第 1 版
印次	2021 年 8 月第 1 次印刷
定价	55.00 元

前　言

本书按照教育部高等学校工科"工程力学"课程教学基本要求和全国各高校"工程力学"课程实际执行教学大纲编写。其中删除了与物理学完全重复的内容，大部分章节都增加了工程实例的相关内容，使学生能更加清楚地了解本课程各部分理论在工程实践中的作用。本书适用于环境、冶金、化工、地矿、测绘、工程管理、非制造机械类、安全工程、材料类、安全包装、印刷和电类等专业的本科及专科教学，也可供工程技术人员参考使用。

本书为安徽省高等学校"十三五"省级规划教材，也是安徽省高等学校一流教材。在编写过程中，编者结合多年来"工程力学"的教学经验，本着突出重点、注重实用、通俗易学的原则，力图做到用有限的学时使学生掌握最基本的经典内容。本书具有以下几个特点：

（1）删除了与物理学完全重复的内容，大部分章节增加了工程实例的相关内容。

（2）对基本概念、理论和方法进行深度剖析，对典型例题均说明了解决问题的思路和方法。

（3）本书的习题大多来自于工程实践，对培养学生的力学建模能力有很大帮助。

全书内容涵盖静力学、材料力学、运动学和动力学。共分为上、下两册，本书为上册，由静力学和材料力学两大部分内容组成，具体包括10章内容：静力学基本理论、材料力学基础知识、轴向拉伸与压缩、扭转、弯曲内力、弯曲应力、弯曲变形、应力状态分析和强度理论、组合变形、压杆稳定。

本书由经来旺（主要编写附录）和罗吉安（主要编写第1～5章）担任

主编,由冯彧雷(主要编写第 6～10 章)担任副主编。全书由经来旺教授规划、统稿、审核。

　　本书的出版得到了安徽省质量工程项目"一流教材建设项目(2018yljc102)","十三五"规划教材建设项目(2017ghjc108),安徽省工程力学专业卓越工程师培养创新项目(2020zyrc054)及安徽省工程力学"一流本科"专业建设项目的大力支持,在此表示衷心的感谢。

　　本书还受到安徽省教育厅、安徽理工大学的大力资助及安徽理工大学力学系全体教师的帮助,在此深表感谢!

　　由于编者水平有限,书中难免有疏漏之处,衷心希望广大师生批评指正。

编　者

2021 年 3 月

目　　录

前言 ……………………………………………………………………………（ⅰ）

第1章　静力学基本理论 …………………………………………………（ 1 ）

1.1　静力学基本知识 …………………………………………………（ 1 ）

1.2　力系的简化 ………………………………………………………（10）

1.3　力系的平衡 ………………………………………………………（19）

本章小结 ………………………………………………………………（30）

思考题 …………………………………………………………………（31）

习题 ……………………………………………………………………（31）

第2章　材料力学基础知识 ………………………………………………（37）

2.1　材料力学的任务 …………………………………………………（37）

2.2　变形固体的基本假设和条件 ……………………………………（38）

2.3　外力及其分类 ……………………………………………………（39）

2.4　内力和截面法 ……………………………………………………（40）

2.5　应力、应变及其相互关系 ………………………………………（41）

2.6　杆件变形的基本形式 ……………………………………………（45）

本章小结 ………………………………………………………………（46）

思考题 …………………………………………………………………（47）

第3章　轴向拉伸与压缩 …………………………………………………（48）

3.1　概述 ………………………………………………………………（48）

3.2　截面上的内力 ……………………………………………………（49）

3.3　截面上的应力 ……………………………………………………（51）

3.4　轴向拉伸与压缩变形的计算 ……………………………………（55）

3.5　轴向拉伸和压缩时材料的力学性能 ……………………………（59）

3.6　失效、安全因数与强度计算 ……………………………………（63）

3.7　应力集中的概念 …………………………………………………（66）

3.8　轴向拉伸与压缩静不定问题 ……………………………………（67）

3.9　剪切和挤压的实用计算 …………………………………………（73）

本章小结 ………………………………………………………………（76）

思考题 ………………………………………………………………………………………（77）

习题 …………………………………………………………………………………………（78）

第 4 章　扭转 ………………………………………………………………………………（83）

4.1　概念与实例 ……………………………………………………………………………（83）

4.2　外力偶矩计算——扭矩与扭矩图 ……………………………………………………（84）

4.3　薄壁圆筒的扭转 ………………………………………………………………………（87）

4.4　圆轴扭转时的应力 ……………………………………………………………………（89）

4.5　圆轴扭转时的变形和刚度条件 ………………………………………………………（96）

本章小结 ……………………………………………………………………………………（99）

思考题 ………………………………………………………………………………………（99）

习题 ……………………………………………………………………………………………（100）

第 5 章　弯曲内力 …………………………………………………………………………（103）

5.1　平面弯曲的概念 ………………………………………………………………………（103）

5.2　受弯杆件的简化 ………………………………………………………………………（104）

5.3　剪力与弯矩 ……………………………………………………………………………（106）

5.4　剪力图与弯矩图 ………………………………………………………………………（109）

5.5　剪力、弯矩和分布载荷集度之间的微分关系 ………………………………………（114）

5.6　按叠加原理作弯矩图 …………………………………………………………………（119）

5.7　平面曲杆的弯曲内力 …………………………………………………………………（121）

本章小结 ……………………………………………………………………………………（123）

思考题 ………………………………………………………………………………………（124）

习题 …………………………………………………………………………………………（126）

第 6 章　弯曲应力 …………………………………………………………………………（132）

6.1　概述 ……………………………………………………………………………………（132）

6.2　纯弯曲时的正应力 ……………………………………………………………………（133）

6.3　横力弯曲的正应力及强度条件 ………………………………………………………（140）

6.4　弯曲切应力 ……………………………………………………………………………（146）

6.5　提高梁承载能力的措施 ………………………………………………………………（155）

本章小结 ……………………………………………………………………………………（159）

思考题 ………………………………………………………………………………………（160）

习题 …………………………………………………………………………………………（160）

第 7 章　弯曲变形 …………………………………………………………………………（169）

7.1　概念与实例 ……………………………………………………………………………（169）

7.2　挠曲线近似微分方程 …………………………………………………………………（171）

7.3　用积分法求弯曲变形 …………………………………………………………………（172）

7.4　用叠加法计算梁的变形 ……………………………………… (179)

7.5　简单静不定梁 …………………………………………………… (185)

7.6　梁的刚度条件及提高梁的刚度措施 ………………………… (188)

本章小结 ……………………………………………………………… (191)

思考题 ………………………………………………………………… (191)

习题 …………………………………………………………………… (191)

第8章　应力状态分析和强度理论 ………………………………… (200)

8.1　应力状态分析 …………………………………………………… (200)

8.2　材料的破坏形式 ………………………………………………… (201)

8.3　平面应力状态 …………………………………………………… (202)

8.4　空间应力状态 …………………………………………………… (209)

8.5　强度理论 ………………………………………………………… (211)

8.6　应用举例 ………………………………………………………… (214)

本章小结 ……………………………………………………………… (217)

思考题 ………………………………………………………………… (218)

习题 …………………………………………………………………… (219)

第9章　组合变形 ………………………………………………………… (224)

9.1　组合变形与叠加原理 …………………………………………… (224)

9.2　斜弯曲 …………………………………………………………… (225)

9.3　拉伸(压缩)与弯曲组合变形 ………………………………… (228)

9.4　弯曲与扭转组合变形 …………………………………………… (233)

本章小结 ……………………………………………………………… (238)

思考题 ………………………………………………………………… (238)

习题 …………………………………………………………………… (240)

第10章　压杆稳定 ……………………………………………………… (248)

10.1　工程实例 ………………………………………………………… (248)

10.2　细长压杆的临界压力 ………………………………………… (249)

10.3　欧拉公式的适用范围及中小柔度杆的临界应力 ………… (253)

10.4　压杆的稳定性计算 …………………………………………… (260)

10.5　提高压杆稳定性的措施 ……………………………………… (266)

本章小结 ……………………………………………………………… (267)

思考题 ………………………………………………………………… (268)

习题 …………………………………………………………………… (269)

附录1　平面图形的基本性质 ………………………………………… (275)

附录2　常用型钢规格表 ……………………………………………… (279)

第 1 章　静力学基本理论

1.1　静力学基本知识

　　力是物体之间相互的机械作用。如果物体上作用有若干个力,则它们构成一个力系。静力学研究的是物体在力系作用下的平衡规律,其研究的力学模型是刚体。所谓刚体,就是在力的作用下形状和大小都保持不变的物体,是将实际物体理想化的模型。在研究刚体的平衡之前,需要了解一些静力学的基本知识。

1.1.1　静力学公理

　　静力学公理是人们在长期生产实践中总结概括出来的,这些公理无需证明而为大家所公认,是静力学的全部理论基础。

　　公理 1　二力平衡公理　作用在刚体上的两个力,使刚体保持平衡的充分必要条件是这两个力的大小相等,方向相反,且在同一条直线上。如图1.1 所示。

　　此公理揭示了作用于刚体上的最简单力系的平衡条件。对刚体来说,这个条件是充分必要的;但对变形体来说,这个条件是非充分的。例如,软绳受等值、反向、共线拉力作用时可以平衡,但受等值、反向、共线压力作用时则不能平衡。

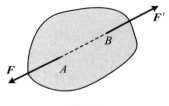

图 1.1

　　工程中把只有两个力作用而平衡的物体称为二力体或二力构件。当二力构件的长度尺寸远大于横截面尺寸时,称为二力杆。如图 1.2 和图 1.3 所示,二力体(杆)不论其形状如何,两个力的作用线必与该二力作用点的连线重合,且两力大小相等,方向相反。

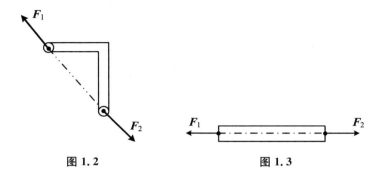

图 1. 2   图 1. 3

公理 2　加减平衡力系公理　在作用于刚体的力系中加上或减去任意的平衡力系，并不改变原力系对刚体的作用效果。

此公理表明平衡力系对刚体不产生作用效果，这是力系简化的重要理论依据。根据公理 2，有以下推论。

推论　力的可传性原理　作用于刚体上某点的力可沿着它的作用线移到刚体内任一点，而不改变该力对刚体的作用效果。

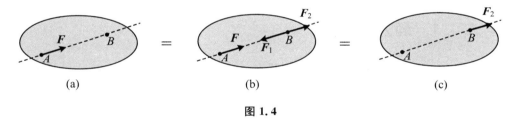

(a)   (b)   (c)

图 1. 4

证明　设有力 F 作用在刚体上的 A 点，如图 1.4(a)所示。根据加减平衡力系公理，可在力的作用线上任取一点 B，在 B 点加上两个相互平衡的力 F_1 和 F_2，满足矢量关系 $F=F_2=-F_1$，如图 1.4(b)所示。由于力 F 和 F_1 也是一个平衡力系，可以去除，故只剩下力 F_2，如图 1.4(c)所示。这样三个力的作用效果相同，相当于力 F 沿其作用线由 A 点移动到了 B 点。由此可知，对刚体来说，力的三要素是力的大小、方向和作用线。故作用于刚体上的力是滑动矢量。

公理 3　力的平行四边形法则　作用于物体上同一点的两个力可以合成为作用于该点的一个合力，它的大小和方向由这两个力为邻边所构成的平行四边形的对角线确定，如图 1.5(a)所示。这种合成力的方法，称为矢量加法。合力等于这两个分力的矢量和，矢量表达式为

$$F_R = F_1 + F_2$$

应用此法则求两共点力合力的大小和方向时，也可以作一个力的三角形，如图 1.5(b)所示，可以从 A 点作一个与力 F_1 大小相等、方向相同的矢量 AB，再过 B 点作一个与力 F_2 大小相等、方向相同的矢量 BC。则矢量 AC 就表示这两个力的合力

F_R。这种求合力的方法称为力的三角形法则。三角形法则可推广为力的多边形法则,如图 1.5(c)所示,可求 n 个共点力的合力。

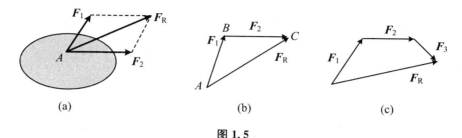

图 1.5

推论　三力平衡汇交定理　刚体在三个力的作用下平衡,若其中两个力的作用线交于一点,则第三个力的作用线必通过此交点,且三个力在同一个平面内。

证明　设在刚体上的三点 A、B、C,分别作用着力 F_1、F_2、F_3,它们构成平衡力系,其作用线都在平面 ABC 内,但不平行。假定力 F_1 和 F_2 的作用线相交于点 O,如图 1.6(a)所示,根据力的可传性原理,将力 F_1 和 F_2 沿各自作用线移到交点 O,然后根据力的平行四边形法则可求出它们的合力 F_R。如图 1.6(b)所示,则力 F_R 与 F_3 平衡。由二力平衡公理知力 F_R 和 F_3 必共线,于是力 F_3 的作用线必通过点 O 且与 F_1、F_2 在同一个平面内。

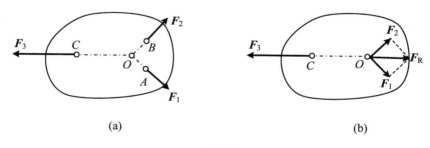

图 1.6

公理 4　作用与反作用定律　两物体间相互作用的力总是成对出现,它们大小相等、方向相反,沿同一条直线,分别作用在两个物体上。

此公理概括了任何两个物体之间相互作用力的关系,一切力总是成对出现,有作用力就必有反作用力,它是受力分析时必须遵循的原则。该定律既适用于静力学,也适用于动力学。

需要注意的是,该公理与二力平衡公理具有本质区别:作用力与反作用力是分别作用在两个不同物体上的,而在二力平衡公理中是作用在同一物体上的一对平衡力。

公理 5　刚化原理　若变形体在某一力系作用下处于平衡,则将此变形体刚化为刚体时,其平衡状态保持不变。

此公理建立了刚体平衡与变形体平衡的联系。根据刚化原理,可以把研究刚体平衡的理论应用到处于平衡的变形体,从而将刚体力学的研究范围扩大化。不过,刚体的平衡条件只是变形体平衡的必要条件,而非充分条件。例如,刚体受一对压力可以平衡,而绳索受同样的压力却不能平衡。

1.1.2 约束与约束反力

在力学研究中,如果一个物体在空间的位移不受任何限制,则称为自由体;反之,如果一个物体的位移受到某些限制,则称为非自由体。限制非自由体某些位移的物体称为约束。当物体在约束限制的方向上有运动趋势时,受到约束的阻碍力称为约束反力或约束力。

由于约束反力是限制物体运动的,因此它的作用点在约束与被约束物体的接触点,其方向与约束所能限制的方向相反。工程中的约束种类有很多,为了便于研究,需将物体间的连接方式抽象化,按其具有的特性,归纳为以下几种典型的理想约束模型。

1. 光滑面约束

当物体与约束体间的接触面很光滑,摩擦力相对于其他力可以忽略时,可以简化为光滑面约束。它只阻碍物体沿两接触面法线方向的运动,不论接触面是平面还是曲面,都不能阻碍它沿切线方向的运动。因此,光滑面约束的约束力作用在接触点,方向沿两接触面在该点处的公法线且指向受力物体,因此也称为法向反力,通常用 F_N 表示。如图 1.7 所示。

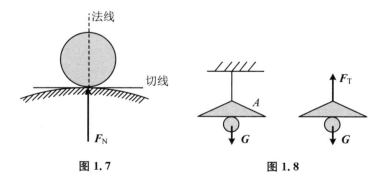

图 1.7   图 1.8

2. 柔性体约束

由柔软而不计自重的绳索、皮带、链条等构成的约束统称为柔性体约束。由于它们被视为绝对柔软且不计自重,因而本身只能承受拉力而不能承受压力,因此,这类约束只能限制物体沿着柔性体伸长方向的位移。约束力作用在接触点,方向沿着柔性体而背离受约束的物体,通常用 F_T 表示,如图 1.8 所示。

3. 光滑铰链约束

（1）圆柱铰链

两物体分别被钻上直径相同的圆孔并用销钉连接起来,不计销钉与销钉孔壁之间的摩擦,这类约束称为光滑圆柱铰链约束,简称铰链约束,如图 1.9(a)所示。这类约束的特点是只限制物体在垂直销钉轴线和平面内沿任意方向的相对移动,但不能限制物体绕销钉轴线的相对转动和沿其轴线的相对滑动。若忽略销钉与构件上圆柱孔间的微小缝隙,则其约束反力作用在与销钉轴线垂直的平面内,并通过销钉中心,方向待定。在针对具体问题时,通常用通过销钉中心的两个正交分力 F_x、F_y 表示,如图 1.9(b)所示。

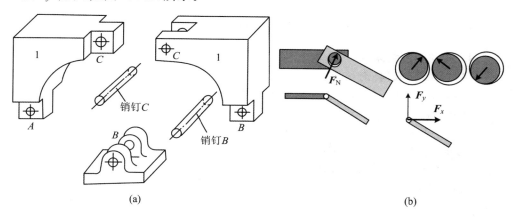

图 1.9

（2）固定铰支座

如果用铰链将结构物或构件与地面、墙、柱等固定物连接,则构成固定铰支座,如图 1.10(a)所示。这类约束的约束力是一个过销钉中心、大小和方向不确定的约束力,可以用相互正交的两个分力 F_x、F_y 表示,如图 1.10(b)所示。

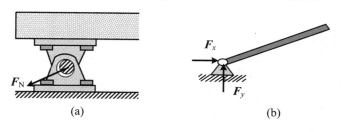

图 1.10

（3）辊轴支座（可动铰链支座）

在固定铰支座的底座与固定物之间安装几个辊轴,就构成了辊轴支座,也称为可动铰链支座。在桥梁、屋架等结构中,其一端常采用辊轴支座,以适应结构的热胀冷缩现象,如图 1.11(a)所示。这种支座的约束特点是只能限制物体上与销钉连接处沿垂直于支承面方向（通常为指向或背离支承面）的移动，而不能阻止物体沿光滑支承面的运动或绕销钉的转动。辊轴支座的约束反力通过销钉中心，垂直于支承面，指向待定，如图 1.11（b）所示。

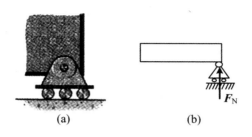

(a)　　　　　　　　　(b)

图 1.11

4. 其他类型约束

（1）向心轴承（径向轴承）

向心轴承约束是工程中常用的一种轴承形式，如图 1.12（a）所示，其约束性质与柱铰约束相同。力学简图如图 1.12（b）、（c）所示。

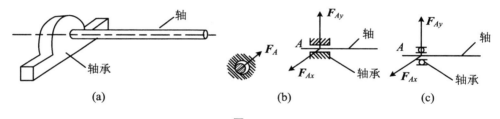

(a)　　　　　　　　　(b)　　　　　　　　　(c)

图 1.12

（2）止推轴承

止推轴承如图 1.13（a）所示，它除了能限制轴的径向移动外，还能限制轴沿轴向的移动，因此可用三个分力表示，如图 1.13（b）所示。

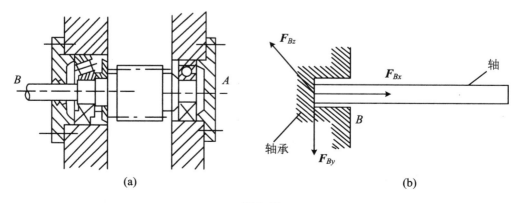

(a)　　　　　　　　　(b)

图 1.13

（3）球铰链

将固结于物体一端的球体置于球窝形支座内,就形成了球铰链支座,如图 1.14(a)所示。这种约束只允许物体绕球心转动,但不允许在任何方向离开球心的运动。若忽略摩擦,对物体的约束反力必通过球心,指向待定。通常用过球心的三个正交力表示,如图 1.14(b)所示。

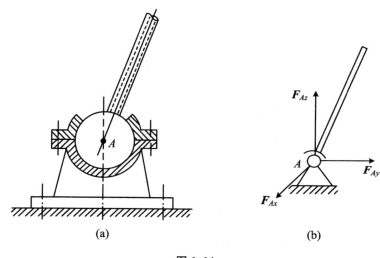

(a)　　　　　　　　(b)

图 1.14

1.1.3　物体的受力分析和受力图

分析具体力学问题时,首先要根据工程需要选定进行研究的物体,即确定研究对象,然后把研究对象从与它有联系的周围物体中分离出来,得到解除约束的物体,称为分离体。对于所取出的分离体,将其所受的所有力(包括主动力和约束反力)画出来,这样得到的表明该物体受力情况的简明矢量图称为物体的受力图。

绘制受力图的一般步骤如下:

（1）根据求解问题的需要确定研究对象。为了便于研究问题,可以选择整体或单个物体,也可以选择由几个物体组成的局部为研究对象。

（2）取分离体并画出全部主动力。主动力一般是已知力,如物体自重和作用在物体上的载荷等。

（3）画出物体所受的约束反力。在解除约束处,根据约束类型,逐一画出相应的约束反力。

下面举例说明如何绘制物体的受力图。

例 1.1　重力为 G 的球体放在光滑的斜面上,并用绳索系牢固定,如图 1.15(a)所示。试画出球体的受力图。

解　① 以球体为研究对象,取出分离体。

② 画主动力。重力 **G** 是球体的主动力。

③ 画约束反力。球体在 A 点受到绳索的约束,其约束反力作用在 A 点,作用线沿绳索中心线方向,背离球体;球体在 B 点受到光滑接触面约束,其约束反力作用在 B 点,作用线沿接触点公法线方向,指向球体。球体的受力图如图 1.15(b)所示。

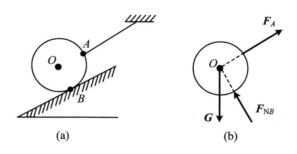

图 1.15

例 1.2　简支梁 AB 中部受到集中力 **F** 的作用,如图 1.16(a)所示,A 端为固定铰支座,B 端为可动铰支座。试画出梁 AB 的受力图。

解　① 取梁 AB 为研究对象,解除 A、B 两处的约束,画出其分离体图。

② 画梁 AB 所受的主动力 **F**。

③ 画约束反力。在 A、B 处解除约束,根据约束类型画出相应的约束反力。B 处为可动铰支座,其约束反力 F_B 通过销钉中心且垂直于支承面;A 处为固定铰支座,其约束反力可用通过销钉中心的两个正交分力 F_{Ax}、F_{Ay} 表示。梁 AB 的受力图如图 1.16(b)所示。

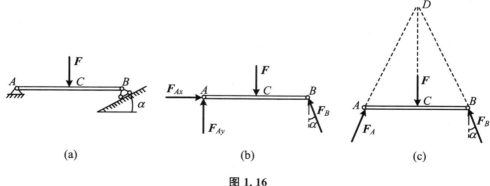

图 1.16

注意到该梁只在 A、B、C 三点受到互不平行的三个力作用而处于平衡,因此,本题也可应用三力平衡汇交定理进行受力分析。已知力 **F** 和 F_B 的作用线相交于点 D,根据三力平衡汇交定理,A 处约束反力的作用线必通过交点 D,从而画出 A

处的约束反力 $\boldsymbol{F}_A$，如图 1.16(c)所示。

例 1.3　如图 1.17(a)所示的结构，若各杆自重不计，试分别画出 AD 和 BC 的受力图。

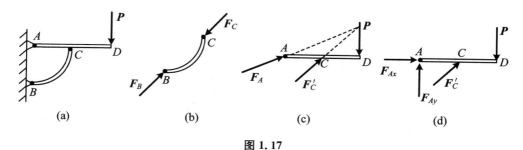

图 1.17

解　① BC 为二力构件，所以首先对其进行受力分析。取 BC 为研究对象，画出分离体图。由题意可知，BC 受压，在 B、C 处沿两点连线方向画上压力 $\boldsymbol{F}_B$、$\boldsymbol{F}_C$，且有 $\boldsymbol{F}_B = -\boldsymbol{F}_C$。其受力图如图 1.17(b)所示。

② 取梁 AD 为研究对象，解除 A、C 两处的约束，画出其分离体图。画梁 AD 所受的主动力 $\boldsymbol{P}$。再画约束反力：由于该梁只在 A、C、D 三点受到互不平行的三个力作用而处于平衡，因此可应用三力平衡汇交定理进行受力分析。在 C 处有与 BC 的反作用力 $\boldsymbol{F}'_C$，可知力 $\boldsymbol{P}$ 和 $\boldsymbol{F}'_C$ 的作用线相交于一点，根据三力平衡汇交定理，A 处约束反力的作用线必通过此交点，从而画出 A 处约束反力 $\boldsymbol{F}_A$，如图 1.17(c)所示。

当然，也可根据约束类型画出梁 AD 的约束反力。画出 AD 的分离体图后，在 C 处有与 BC 的反作用力 $\boldsymbol{F}'_C$，A 处为固定铰支座，其约束反力可用通过销钉中心的两个正交分力 $\boldsymbol{F}_{Ax}$、$\boldsymbol{F}_{Ay}$ 表示，指向假定如图 1.17(d)所示。

例 1.4　如图 1.18(a)所示的结构由杆 ABC、杆 CD 与滑轮 B 铰接组成。物块重力为 $\boldsymbol{G}$，用绳子挂在滑轮上。设杆、滑轮及绳子的自重不计，并忽略各处的摩擦，试分别画出滑轮 B（包括绳子）、杆 CD、杆 ABC 及整个系统的受力图。

解　① 以滑轮及绳子为研究对象，画出分离体图。B 处为光滑铰链约束，杆 ABC 上的铰链销钉对滑轮孔的约束反力为 $\boldsymbol{F}_{Bx}$、$\boldsymbol{F}_{By}$；在 E、H 处有绳子的拉力 $\boldsymbol{F}_{TE}$、$\boldsymbol{F}_{TH}$，如图 1.18(b)所示，其中 $F_{TE} = F_{TH} = G$。

② 因杆 CD 为二力杆，所以首先对其进行受力分析。取杆 CD 为研究对象，画出分离体图。由题意可知，设 CD 杆受拉，在 C、D 处画上拉力 $\boldsymbol{F}_{SC}$、$\boldsymbol{F}_{SD}$，且有 $\boldsymbol{F}_{SC} = -\boldsymbol{F}_{SD}$。其受力图如图 1.18(c)所示。

③ 以杆 ABC（包括销钉）为研究对象，画出分离体图。其中 A 处为固定铰支座，其约束反力为 $\boldsymbol{F}_{Ax}$、$\boldsymbol{F}_{Ay}$；在 B 处有与滑轮孔的反作用力 $\boldsymbol{F}'_{Bx}$、$\boldsymbol{F}'_{By}$；在 C 处有与杆 CD 的反作用力 $\boldsymbol{F}'_{SC}$。其受力图如图 1.18(d)所示。

④ 以整体为研究对象，画出分离体图。杆 ABC 与杆 CD 在 C 处铰接，滑轮 B

与杆 ABC 在 B 处铰接,这两处的约束反力都为作用力与反作用力,是成对出现的,在研究整体系统时,为系统内力,受力图上不必画出。此时,系统所受的力为主动力 G,约束反力 F_{SD}、F_{TE}、F_{Ax} 及 F_{Ay}。整体系统的受力图如图 1.18(e)所示。

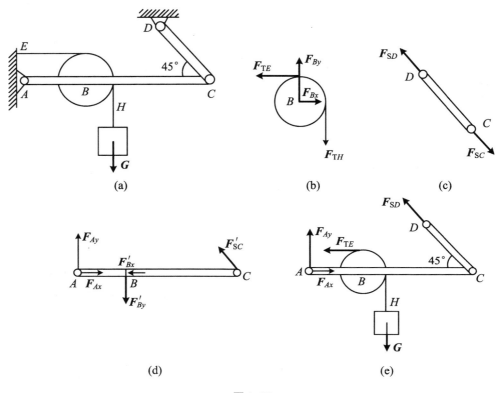

图 1.18

正确地画出受力图是求解静力学问题的关键。需要指出,画受力图时只画研究对象的简图和所受的全部外力。每画一个力都要有依据,要做到不多画,也不漏画。所画的约束力要与除去的约束性质相符,物体间的相互约束力要符合作用与反作用定律。有时约束力的指向可以假定,根据计算结果判断正负,必要时可用二力平衡公理、三力平衡汇交定理等条件确定某些反力的指向或作用线的方位。

1.2 力系的简化

将作用在物体上的一个复杂力系用一个简单力系等效替换,称为力系的简化。力系的简化是研究力系平衡问题的重要基础。在进行力系的简化之前,需要了解一些基本概念。

1.2.1 力系简化的基本概念

1.2.1.1 力在直角坐标轴上的投影

1. 直接投影法（一次投影法）

设空间直角坐标系的三个坐标轴如图 1.19 所示，已知力 $\boldsymbol{F}$ 与三轴正向间的夹角分别为 α、β、γ，则力在各坐标轴上的投影分别为

$$F_x = F\cos\alpha, \quad F_y = F\cos\beta, \quad F_z = F\cos\gamma \tag{1.1}$$

2. 间接投影法（二次投影法）

当力 $\boldsymbol{F}$ 与轴 Ox、Oy 间的正向夹角不易确定时，可先将力 $\boldsymbol{F}$ 投影到坐标平面 Oxy 上，得到力 $\boldsymbol{F}_{xy}$，然后再将 $\boldsymbol{F}_{xy}$ 投影到 x、y 轴上。如图 1.20 所示，则力 $\boldsymbol{F}$ 在三个坐标轴上的投影分别为

$$F_x = F\sin\gamma\cos\varphi, \quad F_y = F\sin\gamma\sin\varphi, \quad F_z = F\cos\gamma \tag{1.2}$$

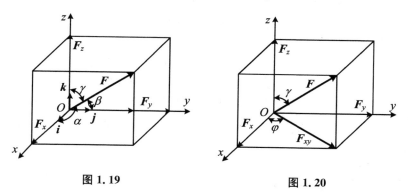

图 1.19   图 1.20

在直角坐标系中有 $\boldsymbol{F}_x = F_x\boldsymbol{i}$，$\boldsymbol{F}_y = F_y\boldsymbol{j}$，$\boldsymbol{F}_z = F_z\boldsymbol{k}$，故可得空间力的解析表达式为

$$\boldsymbol{F} = F_x\boldsymbol{i} + F_y\boldsymbol{j} + F_z\boldsymbol{k} \tag{1.3}$$

式中，$\boldsymbol{i}$、$\boldsymbol{j}$、$\boldsymbol{k}$ 分别为坐标轴 Ox、Oy、Oz 正向的单位矢量。

3. 合力投影定理

若 $\boldsymbol{F}_1$，$\boldsymbol{F}_2$，$\cdots$，$\boldsymbol{F}_n$ 通过点 O，由力的多边形法则可得合力 $\boldsymbol{F}_R$，合力矢为

$$\boldsymbol{F}'_R = \boldsymbol{F}_1 + \boldsymbol{F}_2 + \cdots + \boldsymbol{F}_n = \sum_{i=1}^{n}\boldsymbol{F}_i$$

由式（1.3）得

$$\boldsymbol{F}'_R = \boldsymbol{F}_{Rx} + \boldsymbol{F}_{Ry} + \boldsymbol{F}_{Rz} = F_{Rx}\boldsymbol{i} + F_{Ry}\boldsymbol{j} + F_{Rz}\boldsymbol{k} = \sum F_{ix}\boldsymbol{i} + \sum F_{iy}\boldsymbol{j} + \sum F_{iz}\boldsymbol{k}$$

即

$$F_{Rx} = \sum F_{ix}, \quad F_{Ry} = \sum F_{iy}, \quad F_{Rz} = \sum F_{iz}$$

此为合力投影定理,即合力在某轴上的投影,等于各分力在同一轴上投影的代数和。

合力的大小和方向余弦为

$$\begin{cases} F_{R} = \sqrt{(\sum F_{ix})^2 + (\sum F_{iy})^2 + (\sum F_{iz})^2} \\ \cos(\boldsymbol{F}_R, \boldsymbol{i}) = \dfrac{\sum F_{ix}}{F_R}, \cos(\boldsymbol{F}_R, \boldsymbol{j}) = \dfrac{\sum F_{iy}}{F_R}, \cos(\boldsymbol{F}_R, \boldsymbol{k}) = \dfrac{\sum F_{iz}}{F_R} \end{cases} \quad (1.4)$$

1.2.1.2　力矩

一般情况下力对刚体既有移动效应,也有转动效应。力对刚体的移动效应可用力的大小和方向即力矢来度量;而力对刚体的转动效应可用力对点的矩(简称力矩)来度量。

力矩是度量力对刚体转动效应的物理量。

1. 力对点之矩

实践表明,力对点之矩的作用效果取决于三个要素:力矩的大小、力的作用线和矩心所确定平面的方位、力矩的转向。此三个要素可用一个矢量 $\boldsymbol{M}_O(\boldsymbol{F})$ 表示,如图 1.21 所示。

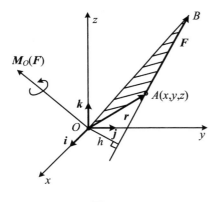

图 1.21

若以 $\boldsymbol{r}$ 表示力作用点 A 的矢径,则

$$\boldsymbol{M}_O(\boldsymbol{F}) = \boldsymbol{r} \times \boldsymbol{F} \quad (1.5)$$

上式称为力对点之矩的矢积表达式,即力对点的矩等于矩心到该力作用点的矢径与该力的矢量积。其中:

$$|\boldsymbol{M}_O(\boldsymbol{F})| = |\boldsymbol{r} \times \boldsymbol{F}| = F \cdot h = 2A_{\triangle OAB} \quad (1.6)$$

上式的模等于 $\triangle OAB$ 面积的两倍,是力对点的矩的大小;方位垂直于力矩作用面(即力矩作用面的法线),指向由右手螺旋法则确定。

由矢径和力的解析表达式:

$$\boldsymbol{r} = x\boldsymbol{i} + y\boldsymbol{j} + z\boldsymbol{k}$$
$$\boldsymbol{F} = F_x\boldsymbol{i} + F_y\boldsymbol{j} + F_z\boldsymbol{k}$$

可得力矩矢的解析形式:

$$\boldsymbol{M}_O(\boldsymbol{F}) = \boldsymbol{r} \times \boldsymbol{F} = \begin{vmatrix} \boldsymbol{i} & \boldsymbol{j} & \boldsymbol{k} \\ x & y & z \\ F_x & F_y & F_z \end{vmatrix}$$
$$= (yF_z - zF_y)\boldsymbol{i} + (zF_x - xF_z)\boldsymbol{j} + (xF_y - yF_x)\boldsymbol{k} \quad (1.7)$$

上式中单位矢量 $\boldsymbol{i}$、$\boldsymbol{j}$、$\boldsymbol{k}$ 前面的系数,分别表示力矩矢 $\boldsymbol{M}_O(\boldsymbol{F})$ 在 x、y、z 轴上的投影,即

$$\left.\begin{array}{l}[M_O(\boldsymbol{F})]_x = yF_z - zF_y \\ [M_O(\boldsymbol{F})]_y = zF_x - xF_z \\ [M_O(\boldsymbol{F})]_z = xF_y - yF_x\end{array}\right\} \qquad (1.8)$$

由于力矩矢的大小和方向都与矩心的位置有关,所以力矩矢的始端必须在矩心处,不可随意挪动,这种矢量称为定位矢量。

2. 力对轴之矩

对于刚体绕定轴转动的情形,如图 1.22 所示,要衡量力对轴的转动效应,用力对轴之矩。

如图 1.22(a)所示,作用在门上 A 点的力 $\boldsymbol{F}$,将力 $\boldsymbol{F}$ 分解为两个力,分力 $\boldsymbol{F}_z$ 平行于 z 轴,它对刚体绕 z 轴没有转动效应;分力 $\boldsymbol{F}_{xy}$ 在垂直于 z 轴的平面内(即为力 $\boldsymbol{F}$ 在垂直于 z 轴平面上的投影),只有 $\boldsymbol{F}_{xy}$ 对 z 轴有矩。因此,力 $\boldsymbol{F}$ 使刚体绕 z 轴的转动效应可用 $\boldsymbol{F}_{xy}$ 对 O 点的矩来度量。由此定义:力对轴之矩是力使刚体绕此轴转动效应的度量,它等于力在垂直于该轴平面上的投影对于这个平面与该轴交点的矩。表达式为

$$M_z(\boldsymbol{F}) = M_O(\boldsymbol{F}_{xy}) = M_O(\boldsymbol{F}_x) + M_O(\boldsymbol{F}_y) = xF_y - yF_x = [M_O(\boldsymbol{F})]_z$$

$$(1.9)$$

同理有

$$\left.\begin{array}{l}M_x(\boldsymbol{F}) = yF_z - zF_y = [M_O(\boldsymbol{F})]_x \\ M_y(\boldsymbol{F}) = zF_x - xF_z = [M_O(\boldsymbol{F})]_y \\ M_z(\boldsymbol{F}) = xF_y - yF_x = [M_O(\boldsymbol{F})]_z\end{array}\right\} \qquad (1.10)$$

式(1.10)表明,力对轴之矩等于此力对该轴上任一点之矩在该轴上的投影。

力对轴之矩是一个代数量,其正负可按右手螺旋法则确定,即用右手四指沿力的指向去握轴,伸直的大拇指与轴的正向一致时取正,反之取负,如图 1.22(c)所示。或者从 z 轴的正向看,若力的这个投影使刚体绕该轴逆时针转动则取正号,反之取负号。力对轴之矩的单位为 N · m。

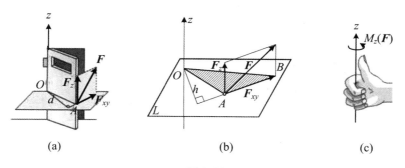

(a) (b) (c)

图 1.22

3. 合力矩定理

若 $\boldsymbol{F}_1, \boldsymbol{F}_2, \cdots, \boldsymbol{F}_n$ 汇交于 A 点，其合力为 $\boldsymbol{F}_R$，矩心 O 到交点 A 的矢径为 $\boldsymbol{r}$，则

$$\boldsymbol{M}_O(\boldsymbol{F}_R) = \boldsymbol{r} \times \boldsymbol{F}_R = \boldsymbol{r} \times \sum \boldsymbol{F}_i = \sum \boldsymbol{r} \times \boldsymbol{F}_i = \sum \boldsymbol{M}_O(\boldsymbol{F}_i) \qquad (1.11)$$

此为合力矩定理，即合力对任一点之矩等于它的各分力对同一点之矩的矢量和。

将式(1.11)在任意 x 轴投影，有

$$M_x(\boldsymbol{F}_R) = \sum M_x(\boldsymbol{F}_i) \qquad (1.12)$$

即合力对任意轴之矩等于各分力对同一轴之矩的代数和。

1.2.1.3　力偶

1. 力偶的概念

由两个大小相等、方向相反且不共线的平行力组成的力系称为力偶，如图 1.23(a) 所示，记作($\boldsymbol{F}, \boldsymbol{F}'$)。力偶的两个力间的垂直距离 d 称为力偶臂，力偶所在的平面称为力偶作用面。容易证明，一个力偶无论如何简化，都不能合成为一个力，所以一个力偶不能与一个力等效，也不能和一个力平衡。力偶和力一样，都是基本力学量。

2. 力偶矩矢

力偶是由两个力组成的特殊力系，它对物体只有转动效应。和力矩相似，力偶对刚体的转动效应，取决于力偶的三要素：力偶矩的大小、力偶作用面的方位和力偶的转向。这种转动效应可用力偶矩矢来度量，即用组成力偶的两个力对其作用物体内某点力矩之和来度量。如图 1.23(a) 所示，力偶($\boldsymbol{F}, \boldsymbol{F}'$)对任一点 O 之矩为

$$\boldsymbol{M}_O(\boldsymbol{F}, \boldsymbol{F}') = \boldsymbol{M}_O(\boldsymbol{F}) + \boldsymbol{M}_O(\boldsymbol{F}') = \boldsymbol{r}_A \times \boldsymbol{F} + \boldsymbol{r}_B \times \boldsymbol{F}'$$

由于 $\boldsymbol{F}' = -\boldsymbol{F}$，因而

$$\boldsymbol{M}_O(\boldsymbol{F}, \boldsymbol{F}') = (\boldsymbol{r}_A - \boldsymbol{r}_B) \times \boldsymbol{F} = \boldsymbol{r}_{BA} \times \boldsymbol{F}(\text{或 } \boldsymbol{r}_{AB} \times \boldsymbol{F}')$$

可见，力偶矩的大小为 $|\boldsymbol{M}| = Fd$，其方向由右手螺旋法则确定，如图 1.23(c) 所示。以记号 $\boldsymbol{M}(\boldsymbol{F}, \boldsymbol{F}')$ 或 $\boldsymbol{M}$ 表示力偶矩矢，则力偶矩矢完全包括了力偶的三要素。显然力偶对空间内任一点的矩矢都相等，与矩心无关，故力偶矩矢是自由矢量，如图 1.23(b) 所示。

综上可知，力偶的等效条件为两力偶的力偶矩矢相等。

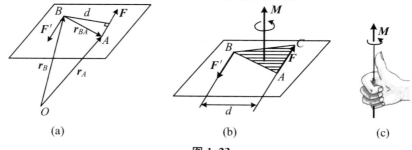

(a)　　　　　　　　　　(b)　　　　　　　　　　(c)

图 1.23

1.2.2 力系的简化

力系向一点进行简化是一种简便常用的力系简化方法,此方法的理论基础是力的平移定理。

1. 力的平移定理

如图 1.24 所示,在刚体上任意点 A 作用有力 $\boldsymbol{F}$。由加减平衡力系公理,在刚体的另一点 B 加上一对平衡力 $\boldsymbol{F}'$ 和 $\boldsymbol{F}''$,且使 $\boldsymbol{F}=\boldsymbol{F}'=-\boldsymbol{F}''$,这样可视为 $\boldsymbol{F}$ 平行移到另一点 B,记作 $\boldsymbol{F}'$。则 $\boldsymbol{F}$ 和 $\boldsymbol{F}''$ 构成一个力偶,其矩为 $\boldsymbol{M}=\boldsymbol{r}_{BA}\times\boldsymbol{F}=\boldsymbol{M}_B(\boldsymbol{F})$。即得力的平移定理:可以把作用在刚体上点 A 的力 $\boldsymbol{F}$ 平行移动到同一刚体上任一点 B,但必须同时附加一个力偶,这个附加力偶的矩 $\boldsymbol{M}$ 等于原来的力 $\boldsymbol{F}$ 对新作用点 B 的矩。

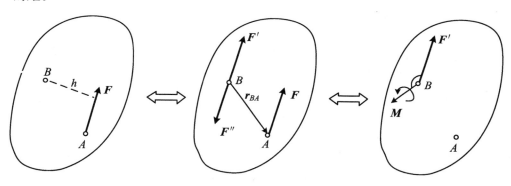

图 1.24

2. 任意力系向一点的简化

设刚体上作用任意力系 $(\boldsymbol{F}_1,\boldsymbol{F}_2,\cdots,\boldsymbol{F}_n)$,如图 1.25 所示。应用力线平移定理,将力系中的每个力都向简化中心 O 点平移,同时附加一个相应的力偶。这样就把原来的任意力系 $(\boldsymbol{F}_1,\boldsymbol{F}_2,\cdots,\boldsymbol{F}_n)$ 等效替换成一个汇交力系 $(\boldsymbol{F}_1',\boldsymbol{F}_2',\cdots,\boldsymbol{F}_n')$ 和一个力偶系,其力偶矩矢分别为 $\boldsymbol{M}_1,\boldsymbol{M}_2,\cdots,\boldsymbol{M}_n$。其中:

$$\boldsymbol{F}_1'=\boldsymbol{F}_1,\quad \boldsymbol{F}_2'=\boldsymbol{F}_2,\quad \cdots,\quad \boldsymbol{F}_n'=\boldsymbol{F}_n$$

$$\boldsymbol{M}_1=\boldsymbol{M}_O(\boldsymbol{F}_1),\quad \boldsymbol{M}_2=\boldsymbol{M}_O(\boldsymbol{F}_2),\quad \cdots,\quad \boldsymbol{M}_n=\boldsymbol{M}_O(\boldsymbol{F}_n)$$

作用于 O 点的汇交力系 $(\boldsymbol{F}_1',\boldsymbol{F}_2',\cdots,\boldsymbol{F}_n')$ 可合成为一个力 $\boldsymbol{F}_R'$,其作用线通过简化中心 O 点,其大小和方向等于原力系的主矢,即

$$\boldsymbol{F}_R'=\sum \boldsymbol{F}_i'=\sum \boldsymbol{F}_i \tag{1.13}$$

附加力偶系可合成为一个力偶,其力偶矩矢等于原力系对简化中心 O 点的主矩,即

$$\boldsymbol{M}_O=\sum \boldsymbol{M}_i=\sum \boldsymbol{M}_O(\boldsymbol{F}_i)=\sum (\boldsymbol{r}_i\times\boldsymbol{F}_i) \tag{1.14}$$

综上可知,任意力系向任一点(简化中心)O 简化,可得一个力和一个力偶,这

个力等于该力系的主矢,作用线通过简化中心 O 点;这个力偶的力偶矩矢等于该力系对简化中心的主矩。主矢与主矩是确定任意力系对刚体作用效应的两个基本物理量。主矢与简化中心的位置无关,主矩一般与简化中心的位置有关。

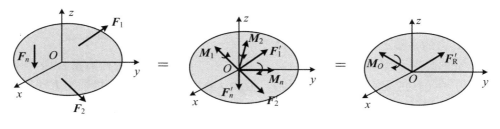

图 1.25

1.2.3　任意力系的简化结果分析

任意力系向一点简化得到一个力和一个力偶,对力系简化结果进行讨论:

(1) $F_R'=0$，$M_O=0$，则原力系与零力系等效,原力系平衡。

(2) $F_R'=0$，$M_O\neq0$，则原力系和一个力偶等效,可简化为一个力偶。

(3) $F_R'\neq0$，$M_O=0$，则原力系简化为在简化中心 O 点的一个力。

(4) $F_R'\neq0$，$M_O\neq0$，则原力系简化为在简化中心 O 点的一个力和一个力偶。这种情形还可以进一步简化如下:

① 当 $F_R'\perp M_O$(亦即 $F_R'\cdot M_O=0$)时,可最终简化为一个力 F_R。如图 1.26 所示,使 $F_R=F_R'=-F_R''$，$M(F_R,F_R'')=M_O$，则 $d=|M_O|/F_R$。

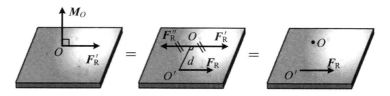

图 1.26

② 当 $F_R'\ /\!/\ M_O$ 时,可简化为一个力螺旋。如图 1.27(a)所示,此时无法进一步合成,这就是简化的最后结果。这种由一个力和在与之垂直平面内的一个力偶所组成的力系称为力螺旋。当力螺旋中的力与力偶矩矢同向时,称为右手螺旋[图 1.27(a)];反之,称为左手螺旋[图 1.27(b)]。力的作用线称为力螺旋的中心轴,在下述情形中,中心轴通过简化中心。

③ 当 $F_R'\neq0$，$M_O\neq0$，且两者既不平行也不垂直时,可简化为一个力螺旋。如图 1.28(a)所示,这是最一般的情形,设 F_R' 与 M_O 成任一角度 θ。此时可将 M_O 分解为两个分力偶矩矢 M_O'' 和 M_O'，它们分别垂直于 F_R' 和平行于 F_R'，如图 1.28(b)所

示,则 $\boldsymbol{M}_O''$ 和 $\boldsymbol{F}_R'$ 可用作用于点 O' 的力 $\boldsymbol{F}_R$ 来代替。由于力偶矩矢为自由矢量,将 $\boldsymbol{M}_O'$ 平移到 O' 点,使它与 $\boldsymbol{F}_R$ 共线。这样最终得到一个通过点 O' 的力螺旋,如图 1.28(c)所示。

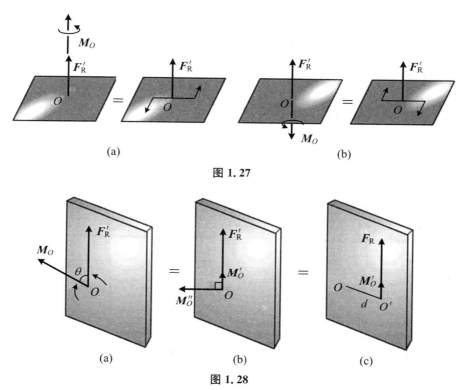

图 1.27

图 1.28

需要指出,此时力螺旋的中心轴不在简化中心 O 点,而是通过另一点 O',其中 O 和 O' 两点间的距离为

$$d = |\boldsymbol{M}_O''| / F_R' = M_O \sin\theta / F_R'$$

力螺旋是由静力学中的两个基本要素力和力偶组成的最简单的力系,不能再进一步合成。例如,钻孔时钻头对工件的作用及拧螺丝时螺丝刀对螺钉的作用等都是力螺旋的实例。

例 1.5　水平梁 AB 受三角形分布载荷的作用,如图 1.29(a)所示,分布载荷的最大值为 q,梁长为 l,试求合力的大小及作用线的位置。

解　① 将此分布力系进行简化。若将该力系向 A 点简化,在梁上距 A 端为 x 处任取一微段 $\mathrm{d}x$,其上作用力的大小为 $q_x \mathrm{d}x$。其中 $q_x = \dfrac{x}{l}q$(根据直角三角形比例关系),如图 1.29(b)所示。则此分布力系的主矢的代数和可用积分求得

$$F_R' = \int_0^l q_x \mathrm{d}x = \int_0^l \frac{x}{l} q \mathrm{d}x = \frac{1}{2}ql$$

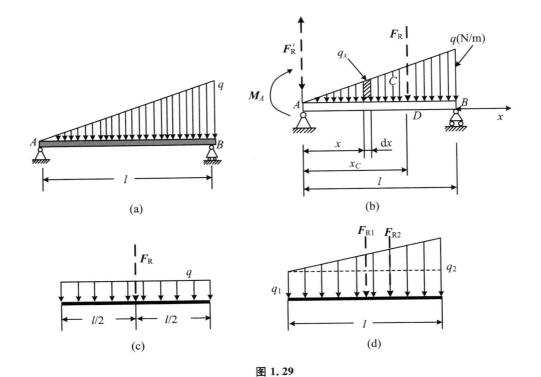

图 1.29

再求此分布力系的主矩：作用在微段 $\mathrm{d}x$ 上的合力对 A 点的力矩为 $xq_x\mathrm{d}x$，则全部分布力对 A 点的力矩的代数和可用积分求出：

$$M_A = \int_0^l xq_x\mathrm{d}x = \int_0^l x\,\frac{x}{l}q\mathrm{d}x = \frac{1}{3}ql^2$$

② 求此分布力系的合力大小及作用线的位置。根据平面力系简化结果分析，当主矢 $F'_R \neq 0$，主矩 $M_A \neq 0$ 时，此力系的最终简化结果为一合力 F_R，其大小为

$$F_R = F'_R = \frac{1}{2}ql$$

合力 F_R 的作用线到简化中心 A 点的垂直距离 d 为

$$d = \frac{M_A}{F'_R} = \frac{\dfrac{1}{3}ql^2}{\dfrac{1}{2}ql} = \frac{2}{3}l$$

计算结果表明：合力大小等于三角形分布载荷图形的面积，合力作用线通过该三角形的几何形心 C 点。

此外，还有两种常见的平行分布线性载荷：均布载荷和梯形载荷，如图1.29(c)、(d)所示。类似于上述计算过程，均布载荷可简化为过载荷图形心的合力 $F_R = ql$；梯形载荷的简化则可看作是一个三角形载荷和一个均布载荷的叠加。即平行分布线性载荷的简化有如下结论：合力的大小等于线性载荷所组成的几何图

形的面积;合力的方向与线性载荷的方向相同;合力的作用线通过载荷图的形心。

1.3　力系的平衡

力系的平衡是静力学的核心内容,本节由空间任意力系的简化结果得出空间力系的平衡条件及平衡方程,并由此导出各类特殊力系的平衡方程,进而求解各类物体系统的平衡问题。

1.3.1　平衡条件与平衡方程

1.3.1.1　空间任意力系的平衡条件与平衡方程

由力系的简化结果可知,空间任意力系平衡的必要与充分条件是力系的主矢和对任一点的主矩都等于零。即

$$\boldsymbol{F}'_{\mathrm{R}} = 0, \quad \boldsymbol{M}_O = 0 \tag{1.15}$$

要满足上式成立,就必须有

$$\sum F_x = 0, \quad \sum F_y = 0, \quad \sum F_z = 0$$

$$\sum M_x(\boldsymbol{F}) = 0, \quad \sum M_y(\boldsymbol{F}) = 0, \quad \sum M_z(\boldsymbol{F}) = 0 \tag{1.16}$$

式(1.16)称为空间任意力系的平衡方程。它表明空间任意力系平衡的必要与充分条件是力系中各力在三个坐标轴上投影的代数和分别等于零,且各力对三个轴之矩的代数和也分别等于零。

可见,当一刚体受空间任意力系作用处于平衡时,它最多有 6 个独立的平衡方程,可求解 6 个未知量。除式(1.16)的基本形式外,还有四力矩式、五力矩式和六力矩式,但独立的平衡方程均为 6 个。

1.3.1.2　平面任意力系的平衡条件与平衡方程

平面任意力系是空间任意力系的特殊情况,其相关的平衡方程可由式(1.16)导出。若设各力系都位于 xOy 平面内,显然有

$$\sum M_x(\boldsymbol{F}) = 0, \quad \sum M_y(\boldsymbol{F}) = 0, \quad \sum F_z = 0$$

故平面任意力系的平衡方程为

$$\sum F_x = 0, \quad \sum F_y = 0, \quad \sum M_O(\boldsymbol{F}) = 0 \tag{1.17}$$

上式为平面任意力系平衡方程的基本形式,即平面任意力系平衡的充分必要条件为:力系中各力在其作用面内两相交轴上的投影的代数和分别等于零,力系中各力

对其作用面内任一点之矩的代数和等于零。三个方程是彼此独立的,可解三个未知量。解题时,为了简化计算,尽量把矩心选在两个或多个未知力的交点上,而坐标轴应尽可能与该力系中多数未知力的作用线垂直。

平面任意力系的平衡方程除了式(1.17)的基本形式外,还有二力矩式:

$$\sum F_x = 0(或 \sum F_y = 0), \qquad \sum M_A(\boldsymbol{F}) = 0, \qquad \sum M_B(\boldsymbol{F}) = 0 \quad (1.18)$$

式(1.18)中两矩心 A、B 的连线不能与 x 轴(或 y 轴)垂直。

三力矩式:

$$\sum M_A(\boldsymbol{F}) = 0, \qquad \sum M_B(\boldsymbol{F}) = 0, \qquad \sum M_C(\boldsymbol{F}) = 0 \qquad (1.19)$$

式(1.19)中 A、B、C 三点不能选在同一条直线上。

1.3.1.3 平衡方程分类

根据不同的力系情况,物体的平衡方程有如下几种常见的基本形式,见表 1.1。

表 1.1 平衡方程的常见基本形式

力系名称		平衡方程	独立方程的数目
平面力系	力偶系	$\sum M_i = 0$	1
	汇交力系	$\sum F_{xi} = 0, \sum F_{yi} = 0$	2
	平行力系	$\sum F_{yi} = 0, \sum M_O(\boldsymbol{F}) = 0$	2
	任意力系	$\sum F_{xi} = 0, \sum F_{yi} = 0, \sum M_O(\boldsymbol{F}) = 0$	3
空间力系	力偶系	$\sum M_{ix} = 0, \sum M_{iy} = 0, \sum M_{iz} = 0$	3
	汇交力系	$\sum F_{xi} = 0, \sum F_{yi} = 0, \sum F_{zi} = 0$	3
	平行力系	$\sum F_{zi} = 0, \sum M_x(\boldsymbol{F}) = 0, \sum M_y(\boldsymbol{F}) = 0$	3
	任意力系	$\sum F_{xi} = 0, \sum F_{yi} = 0, \sum F_{zi} = 0$ $\sum M_x(\boldsymbol{F}) = 0, \sum M_y(\boldsymbol{F}) = 0, \sum M_z(\boldsymbol{F}) = 0$	6

运用以上平衡方程,可求解物体的平衡问题。其基本步骤是:确定研究对象;画受力图;列平衡方程求解。

例 1.6 一端为固定端的悬臂梁 AB 如图 1.30(a)所示,梁上作用均布载荷,载荷集度为 q,在梁的自由端 B 受一个集中力 $\boldsymbol{F}$ 和一个力偶矩为 $\boldsymbol{M}$ 的力偶作用。

若 $F=ql$，$M=ql^2$，l 为梁的长度，试求固定端 A 处的约束反力。

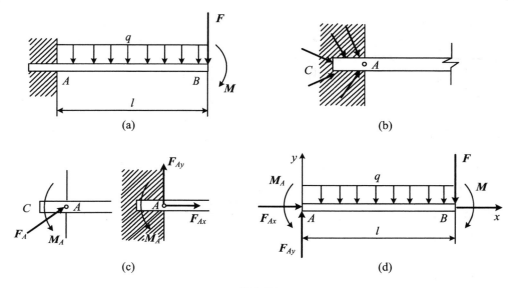

图 1.30

解　首先分析固定端 A 的约束情况。所谓固定端约束，就是一个物体的一端完全固定在另一个物体上，使其既不能向任何方向移动也不能转动。如插入地基中的电线杆、工件用卡盘夹紧固定等，它们所受的约束都是固定端约束。

固定端约束的约束力分布较为复杂，在平面问题中，如果主动力为平面任意力系，则这一分布约束力系也是平面任意力系，如图 1.30(b)所示。将这一平面任意力系向被约束构件根部(如 A 点)简化，可得到一约束反力 F_A 和一约束反力偶 M_A。约束反力 F_A 的方向和约束反力偶 M_A 的转向均不确定，通常用两个互相垂直的分力 F_{Ax} 和 F_{Ay} 来表示约束反力 F_A，如图 1.30(c)所示。

① 取分离体，画受力图。以梁 AB 为研究对象，受力图及坐标系的选取如图 1.30(d)所示。其中，梁上均布载荷的合力大小等于载荷集度与作用长度的乘积，即 ql；合力的方向与均布载荷的方向相同，合力作用线通过均布载荷图的形心。A 处固定端约束反力的指向和约束力偶的转向可假定。

② 列平衡方程，求解未知量。梁 AB 上的所有力构成一个平面任意力系，根据平面任意力系的平衡方程，得

$$\sum F_x = 0, \quad F_{Ax} = 0$$

$$\sum F_y = 0, \quad F_{Ay} - ql - F = 0 \Rightarrow F_{Ay} = 2ql$$

$$\sum M_A(\boldsymbol{F}) = 0, \quad M_A - ql \cdot \frac{l}{2} - Fl - M = 0 \Rightarrow M_A = \frac{5}{2}ql^2$$

计算结果均为正值，表明所设约束反力及约束反力偶的方向与实际方向相同。

例 1.7　如图 1.31(a)所示的刚架，受力 F 和力偶矩 M 共同作用，几何尺寸如

图所示。若已知 $M=Fa$，试求支座 A、B 处的约束反力。

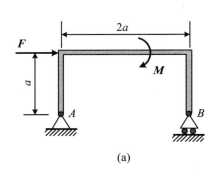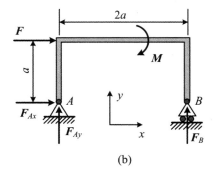

(a)　　　　　　　　　　　　　(b)

图 1.31

解　① 以整体为研究对象，画受力图。整体受力有：主动力 F、M，铰链 A 处的约束反力设为 F_{Ax}、F_{Ay}，铰链 B 处的约束反力设为 F_B，受力图如图 1.31(b) 所示。

② 列平衡方程，求解未知量。

根据平面任意力系的平衡方程，如图 1.31(b) 所示的坐标系下有

$$\sum F_x = 0, \quad F_{Ax} + F = 0$$

$$\sum F_y = 0, \quad F_{Ay} + F_B = 0$$

$$\sum M_A(F) = 0, \quad F_B \cdot 2a - F \cdot a - M = 0$$

解方程得

$$F_{Ax} = -F, \quad F_{Ay} = -F, \quad F_B = F$$

计算结果中包含负值，表明其所设约束反力的方向与实际情况相反。

以上求解过程采用的是平面任意力系平衡方程的基本形式，亦可采用二力矩形式求解，如图 1.31(b) 所示的坐标系下有

$$\sum F_x = 0, \quad F_{Ax} + F = 0$$

$$\sum M_B(F) = 0, \quad -F_{Ay} \cdot 2a - F \cdot a - M = 0$$

$$\sum M_A(F) = 0, \quad F_B \cdot 2a - F \cdot a - M = 0$$

计算结果同上。

例 1.8　边长为 a 的等边三角形平板 ABC 在铅垂面内，用三根沿边长方向的直杆铰接，如图 1.32(a) 所示。若 BC 边水平，平板上作用一已知力偶，其力偶矩为 M。平板重力为 P，不计各杆自重。试求三杆对平板的约束反力。

解　① 取分离体，画受力图。以三角形板 ABC 为研究对象，受力有重力 P，力偶矩 M 及各杆的约束力。由于各杆自重不计，故三根杆均为二力杆。因此板 ABC 所受各杆的约束力分别在铰链 A、B、C 处沿各杆方向，设为 F_A、F_B、F_C，如图

1.32(b)所示。

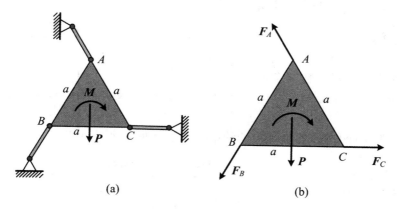

图 1.32

② 列平衡方程,求解未知量。根据平面任意力系平衡方程的三力矩形式,有

$$\sum M_A(\boldsymbol{F}) = 0, \quad \frac{\sqrt{3}}{2}a \cdot F_C - M = 0$$

$$\sum M_B(\boldsymbol{F}) = 0, \quad \frac{\sqrt{3}}{2}a \cdot F_A - M - P \cdot \frac{a}{2} = 0$$

$$\sum M_C(\boldsymbol{F}) = 0, \quad \frac{\sqrt{3}}{2}a \cdot F_B - M + P \cdot \frac{a}{2} = 0$$

解方程得

$$F_A = \frac{2\sqrt{3}M}{3a} + \frac{F}{\sqrt{3}}, \quad F_B = \frac{2\sqrt{3}M}{3a} - \frac{F}{\sqrt{3}}, \quad F_C = \frac{2\sqrt{3}M}{3a}$$

1.3.2　物体系统的平衡

由两个或两个以上物体通过约束相连接而组成的一个整体,称为物体系统,简称物系。当整个物系平衡时,系统中每个物体都平衡;反之,系统中每个物体都平衡时,整个物系也平衡。因此,研究物系的平衡问题时,研究对象可以是整体,也可以是局部或单个物体。

1.3.2.1　静定与超静定问题

前面的研究表明:对单个刚体而言,不同的力系所能列出的独立平衡方程的数目都是一定的,其所能求解的未知量数目也是一定的。在静力学中,如果由独立的平衡方程可求得全部的未知量,则此问题称为静定问题。如果由独立的平衡方程不能求出全部的未知量,则称为超静定问题。总未知量数与总独立平衡方程数之差称为超静定次数。刚体静力学只能求解静定问题。

1.3.2.2　常见的约束类型

分析物系平衡问题时,需要画出相应的约束反力。确定各种约束的约束反力(包括反力和反力偶)未知量个数的基本方法是:观察被约束物体在空间可能的六种独立的位移中(沿三轴的移动和绕此三轴的转动),有哪几种位移被约束所阻碍。阻碍几种位移就有几个未知量,阻碍移动的是约束反力,阻碍转动的是约束反力偶。

现将常见的约束类型及相应的约束反力综合列表,见表1.2。

表 1.2　常见的约束类型及其约束反力

约束反力未知量		约束类型
1		光滑表面　滚动支座　绳索　二力杆
2		径向轴承　圆柱铰链　铁轨　蝶铰链
3		球形铰链　止推轴承
4	(a) (b)	导向轴承　万向接头 (a)　(b)

约束反力未知量	约束类型
5	带有销子的夹板　(a)　　　导轨　(b)
6	空间的固定端支座

1.3.2.3　物系平衡问题举例

求解物系平衡问题的基本步骤是:判断物系是否为静定系统;恰当选取研究对象,进行受力分析,画出受力图;列平衡方程,求解未知量。下面以例题来说明。

例 1.9　组合梁 AC 和 CD 在 C 点铰接,受集中力 F 和集度为 q 的均布载荷作用,几何尺寸如图 1.33(a)所示,长度单位为 m,不计各杆自重。试求支座 A、B、D 处的约束反力。

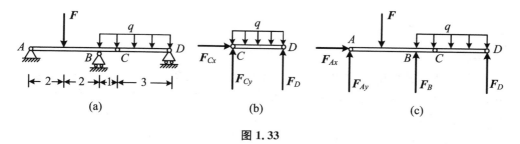

图 1.33

解　① 先判断物体系统是否为静定系统。物体系统由两部分组成,具有 6 个独立平衡方程及 6 个未知量,它是静定系统。

② 恰当地选取研究对象。若选取整体为研究对象,则它有 3 个独立平衡方程,但有 4 个未知量,不能求出全部未知力。为此,可先选杆 CD 为研究对象,求出 F_D;再选整个系统为研究对象,求出 A、B 处的约束反力。

③ 先以杆 CD 为研究对象,受力如图 1.33(b)所示。列平衡方程:

$$\sum M_C(\boldsymbol{F}) = 0, \quad 3F_D - 3q \cdot \frac{3}{2} = 0 \Rightarrow F_D = \frac{3}{2}q$$

④ 再以整体为研究对象，受力如图 1.33(c) 所示。列平衡方程：

$$\sum M_A(\boldsymbol{F}) = 0, \quad 8F_D + 4F_B - 2F - 4q \cdot 6 = 0 \Rightarrow F_B = \frac{1}{2}F + 3q$$

$$\sum F_x = 0, \quad F_{Ax} = 0$$

$$\sum F_y = 0, \quad F_{Ay} + F_B + F_D - F - 4q = 0 \Rightarrow F_{Ay} = \frac{1}{2}F - \frac{1}{2}q$$

本题还可以先选杆 CD 为研究对象，求出 $\boldsymbol{F}_D$ 及 C 处的约束反力 $\boldsymbol{F}_{Cx}$、$\boldsymbol{F}_{Cy}$；再选 AC 为研究对象，此时 C 端受杆 CD 的反作用力 $\boldsymbol{F}'_{Cx}$ 和 $\boldsymbol{F}'_{Cy}$，相当于已知力，用平面任意力系的平衡方程求出 A、B 处的约束反力。读者可自行试解之。

例 1.10　组合结构由 AB 和 BC 在 B 点铰接而成，受集中力 $\boldsymbol{F}$、集度为 q 的均布载荷和力偶矩为 $\boldsymbol{M}$ 的力偶共同作用，几何尺寸如图 1.34(a) 所示，不计各构件自重。试求固定端 A 及可动铰支座 C 处的约束反力。

解　① 先判断物体系统是否为静定系统。物体系统由两部分组成，具有 6 个独立平衡方程及 6 个未知量，它是静定系统。

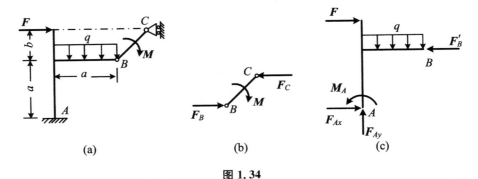

图 1.34

② 恰当地选取研究对象。若选取整体为研究对象，则它有 3 个独立平衡方程，但有 4 个未知量，不能求出全部未知力。为此，可先选杆 BC 为研究对象，求出 F_C；再选 AB 为研究对象，求出 A 处的约束反力。

③ 先以杆 BC 为研究对象，受力如图 1.34(b) 所示。杆 BC 受力偶矩为 $\boldsymbol{M}$ 的主动力偶作用，还受到 B、C 处的约束反力作用。其中，C 处可动铰支座的约束反力 $\boldsymbol{F}_C$ 的方向垂直于支撑面，则根据力偶的平衡可知：中间铰链 B 处的约束反力与 $\boldsymbol{F}_C$ 必构成一对力偶，与主动力偶相平衡。故有

$$\sum M = 0, \quad F_C b - M = 0 \Rightarrow F_C = \frac{M}{b} = F_B$$

④ 再以 AB 为研究对象，假设 A 处的约束反力及反力偶方向如图 1.34(c) 所示。根据作用力与反作用力的关系可知，B 处力的大小为 $F'_B = F_B = \dfrac{M}{b}$，方向如图

1.34(c)所示。列出 AB 部分的平面任意力系的平衡方程如下：

$$\sum F_x = 0, \quad F_{Ax} + F - F'_B = 0 \Rightarrow F_{Ax} = \frac{M}{b} - F$$

$$\sum F_y = 0, \quad F_{Ay} - qa = 0 \Rightarrow F_{Ay} = qa$$

$$\sum M_A(\boldsymbol{F}) = 0, \quad M_A - F(a+b) - \frac{1}{2}qa^2 + F'_B a = 0$$

$$\Rightarrow M_A = F(a+b) + \frac{1}{2}qa^2 - \frac{M}{b}a$$

本题在计算 A 处约束反力及反力偶时，也可选整体为研究对象进行求解。

以上两道例题，在给出具体数据计算时，若计算结果为正值，表明图中所假设力的方向与实际情况相同，否则相反。

例 1.11　图 1.35(a)所示结构由杆件 AB、BC、CD，圆轮 O，软绳和重物 E 组成。圆轮与杆 CD 用铰链连接，圆轮半径 $r = \dfrac{l}{2}$。重物 E 的重力为 $\boldsymbol{W}$，其他杆件不计自重。求固定端 A 的约束反力。

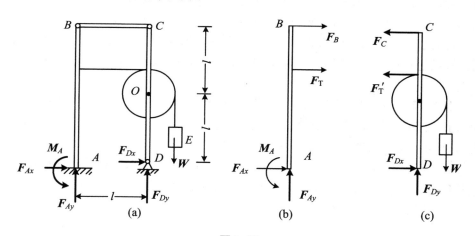

图 1.35

解　① 解题思路分析。首先从整体分析，由 A 点和 D 点的约束性质可知，未知约束反力共有 5 个，而独立平衡方程只有 3 个，显然无法直接求解未知约束反力。再分析杆件 AB，其受力如图 1.35(b)所示，未知约束力有 4 个，也不能直接求解，但经观察发现，如果能知道 $\boldsymbol{F}_B$ 的大小，则其余未知约束反力可全部解出。

想要知道 $\boldsymbol{F}_B$ 的大小，自然想到分析由杆 CD、圆轮、绳索和重物所构成的系统，其受力如图 1.35(c)所示。由于杆 BC 是二力杆，故求解 $\boldsymbol{F}_B$ 就转换成求解 $\boldsymbol{F}_C$，由图 1.35(c)可以看出，已知绳索的拉力 $\boldsymbol{F}'_T$ 和物体的重力 $\boldsymbol{W}$，且 $F'_T = W$，如果对点 D 列力矩的平衡方程，则 $\boldsymbol{F}_C$ 可解出。

② 列平衡方程，求解未知量。对受力图 1.35(c)列平衡方程：

$$\sum M_D(\boldsymbol{F}) = 0, \quad 2l \cdot F_C + 1.5l \cdot F_T' - 0.5l \cdot W = 0$$

式中 $F_T' = W$，解得 $F_C = -0.5W$。

对受力图 1.35(b)列平衡方程：

$$\sum F_x = 0, \quad F_B + F_T + F_{Ax} = 0$$

$$\sum F_y = 0, \quad F_{Ay} = 0$$

$$\sum M_A(\boldsymbol{F}) = 0, \quad M_A - 2l \cdot F_B - 1.5l \cdot F_T = 0$$

式中，根据二力杆性质及作用力与反作用力可知：

$$F_T = F_T' = W, \quad F_B = F_C = -0.5W$$

代入上式可解得

$$F_{Ax} = -0.5W, \quad F_{Ay} = 0, \quad M_A = 0.5lW$$

通过上述例题分析，对于物体系统平衡问题的求解思路，可总结如下：首先观察整个系统所受到的外力，再观察约束的情况。然后从整体进行受力分析，观察平衡方程，或许能求解出某个未知约束力。接着考虑每个构件的受力情况，画受力图，分析平衡方程，看如何简便地计算出未知约束力。若不能全部计算出未知约束力，再回到整体的受力情况，通过求解出的约束力来求解余下的未知约束力。在分析计算的过程中，应注意作用力与反作用力、二力杆、三力平衡汇交定理等的灵活应用。

例 1.12　均质矩形板 $ABCD$ 重 $G = 200$ N，用球形铰链 A 和蝶形铰链 B 固定在墙上，并用绳子 CE 系住，静止在水平位置。已知 $\angle ECA = \angle BAC = \alpha = 30°$，如图 1.36(a)所示。求绳的拉力和 A、B 处的支反力。

解　取矩形板为研究对象，建立 $Axyz$ 空间直角坐标系。板受到球铰链 A 的反力 $\boldsymbol{F}_{Ax}$、$\boldsymbol{F}_{Ay}$、$\boldsymbol{F}_{Az}$；蝶铰链 B 的反力 $\boldsymbol{F}_{Bx}$、$\boldsymbol{F}_{Bz}$；绳的拉力 $\boldsymbol{F}_T$ 和自身重力 $\boldsymbol{G}$ 的作用而平衡，受力如图 1.36(b)所示。

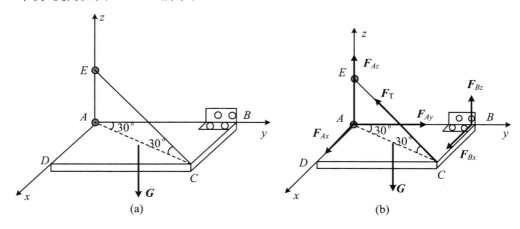

图 1.36

设矩形板的两边长分别为 $AB=a$, $BC=b$, 将力 $\boldsymbol{F}_\mathrm{T}$ 分解为平行于 z 轴和垂直于 z 轴的两个分量。列出空间任意力系的平衡方程:

$$\sum M_{Ax}(\boldsymbol{F})=0, \quad -F_{Bx}a=0 \Rightarrow F_{Bx}=0$$

$$\sum M_{Ay}(\boldsymbol{F})=0, \quad G\frac{b}{2}-F_\mathrm{T}\sin 30°b=0 \Rightarrow F_\mathrm{T}=G=200\ \mathrm{N}$$

$$\sum M_{Ax}(\boldsymbol{F})=0, \quad F_\mathrm{T}\sin 30°a+F_{Bz}a-G\frac{a}{2}=0 \Rightarrow F_{Bz}=0$$

$$\sum F_x=0, \quad F_{Ax}+F_{Bx}-F_\mathrm{T}\cos 30°\sin 30°=0 \Rightarrow F_{Ax}=86.6\ \mathrm{N}$$

$$\sum F_y=0, \quad F_{Ay}-F_\mathrm{T}\cos 30°\cos 30°=0 \Rightarrow F_{Ay}=150\ \mathrm{N}$$

$$\sum F_z=0, \quad F_{Az}+F_{Bz}+F_\mathrm{T}\sin 30°-G=0 \Rightarrow F_{Az}=100\ \mathrm{N}$$

本题采用了空间任意力系平衡方程的基本形式进行求解。需要指出,空间任意力系有 6 个独立的平衡方程,可求解 6 个未知量,但其平衡方程并不仅仅局限于上例的基本形式。在解题过程中要具体问题具体分析,可灵活采用四力矩式、五力矩式、六力矩式。为解题简便,每个方程中最好只包含一个未知量。为此,选投影轴时应尽量与其余的未知力垂直;选取矩的轴时应尽量与其余的未知力平行或相交。投影轴不必相互垂直,取矩的轴也不必与投影轴重合,力矩方程的数目可取 3 到 6 个。

例 1.13　图 1.37(a)所示镗刀杆的刀头在镗削工件时受到切向力 $\boldsymbol{F}_z$、径向力 $\boldsymbol{F}_y$、轴向力 $\boldsymbol{F}_x$ 的作用。已知各力的大小分别为 $F_z=5000\ \mathrm{N}$, $F_y=1500\ \mathrm{N}$, $F_x=750\ \mathrm{N}$, 且刀尖 B 的坐标为 $x=200\ \mathrm{mm}$, $y=75\ \mathrm{mm}$, $z=0$。若不计刀杆的重量,求刀杆根部 A 处约束力的各个分量。

解　取镗刀杆为研究对象,受力分析如图 1.37(b)所示。镗刀杆根部是固定端约束,约束反力是呈任意分布的空间力系,通常用这个力系向根部 A 点简化的结果表示。一般情况下,用作用在 A 点的三个正交分力 $\boldsymbol{F}_{Ax}$、$\boldsymbol{F}_{Ay}$、$\boldsymbol{F}_{Az}$ 和作用在三个不同平面内的正交力偶 $\boldsymbol{M}_{Ax}$、$\boldsymbol{M}_{Ay}$、$\boldsymbol{M}_{Az}$ 表示。B 处的主动力和 A 处的约束反力及反力偶构成空间任意力系。

列平衡方程:

$$\sum F_x=0, \quad F_{Ax}-F_x=0 \Rightarrow F_{Ax}=750\ \mathrm{N}$$

$$\sum F_y=0, \quad F_{Ay}-F_y=0 \Rightarrow F_{Ay}=1500\ \mathrm{N}$$

$$\sum F_z=0, \quad F_{Az}-F_z=0 \Rightarrow F_{Az}=5000\ \mathrm{N}$$

$$\sum M_x=0, \quad M_{Ax}-F_z\times 0.075=0 \Rightarrow M_{Ax}=375\ \mathrm{N}\cdot\mathrm{m}$$

$$\sum M_y=0, \quad M_{Ay}+F_z\times 0.2=0 \Rightarrow M_{Ay}=-1000\ \mathrm{N}\cdot\mathrm{m}$$

$$\sum M_z=0, \quad M_{Az}+F_x\times 0.075-F_y\times 0.2=0 \Rightarrow M_{Az}=243.8\ \mathrm{N}\cdot\mathrm{m}$$

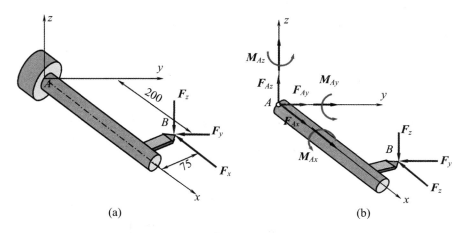

(a)　　　　　　　　　　　　　　　　　　(b)

图 1.37

　　本例采用了空间力系平衡方程的基本形式,也可采用其他形式的平衡方程求解。一般力矩方程比较灵活,常可使得一个方程只含一个未知量,只要保证 6 个方程是彼此独立的,读者可随意采用其他方程求解。

本 章 小 结

　　1. 静力学公理是力学中最基本、最普遍的客观规律。包括二力平衡公理、加减平衡力系公理、力的平行四边形法则、作用与反作用定律和刚化原理。

　　2. 物体的受力分析和受力图。对物体进行受力分析和画受力图是力学中的重要一环,是研究物体平衡和运动规律的前提。画物体受力图时,首先要明确研究对象、取分离体;然后再画出作用在物体上的主动力和约束反力。当对多个物体组成的系统进行受力分析时,要分清系统内力与外力,受力图上只画研究对象所受的外力。要注意作用力与反作用力之间的相互关系,它们分别作用于不同的研究对象上。

　　3. 空间任意系的简化——主矢和主矩。任意力系向任一点简化的一般结果为一个力与一个力偶。此力的大小和方向等于各分力的矢量和,作用线通过简化中心;此力偶的力偶矩矢等于各分力对简化中心的力矩的力矩矢的矢量和;此力与此力偶不能与原力系等效,分别称为主矢和主矩。空间任意力系简化的最终结果有 4 种情况:合力、合力偶、力螺旋、平衡。

　　4. 空间任意系的平衡条件和平衡方程。空间任意力系平衡的充要条件为:力系的主矢及对任一点 O 的主矩都等于零。

　　5. 求解力系平衡问题的解题步骤为:选取研究对象;画受力图;列平衡方程求解。

思　考　题

1. 画物体整体受力图时,是否需要画出各物体间的相互作用力?

2. 力系的主矢和主矩是否都与简化中心的位置有关?

3. 刚体上 A、B、C、D 四点组成一个平行四边形,如在其四个顶点作用有四个力,此四力沿四个边恰好组成封闭的力多边形,如图 1.38 所示,此刚体是否平衡?

4. 由力偶理论可知,一个力不能与力偶平衡。如图 1.39 所示轮子上的力 F 为什么能与力偶 M 平衡呢?

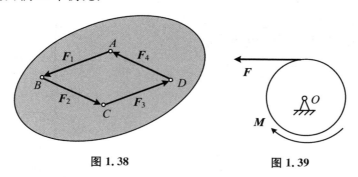

图 1.38　　　　　　　　　　　图 1.39

5. 空间力偶的等效条件是什么?

习　　题

1. 画出图 1.40 各图中 AB 杆的受力图。

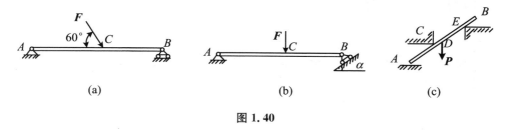

(a)　　　　　　　　　　(b)　　　　　　　　　　(c)

图 1.40

2. 画出图 1.41 各图中圆柱或圆盘的受力图,与其他物体接触处的摩擦均不计。

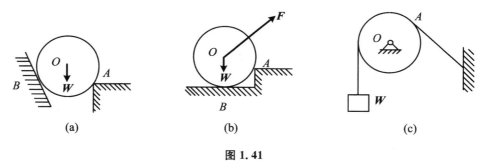

图 1.41

3. 画出图 1.42 各图中构件 AB、BC 的受力图。凡未标出自重的物体,重量不计,接触处的摩擦均不计。

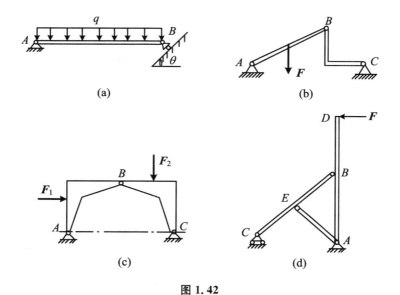

图 1.42

4. 如图 1.43 所示的各结构中,不计各构件的自重,各连接处均为铰链,画出各图中杆 AB 的受力图。

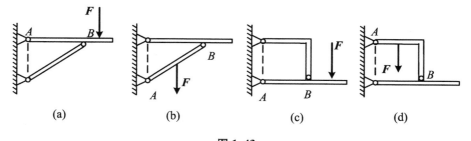

图 1.43

5. 画出图 1.44 所示的物体系统中指定物体的受力图。凡未标出自重的物体,重量不计,接触处摩擦不计。图(a):轮 A、轮 B;图(b):杆 AB、球 C;图(c):曲柄 OA、滑块 B;图(d):梁 AB、立柱 AE。

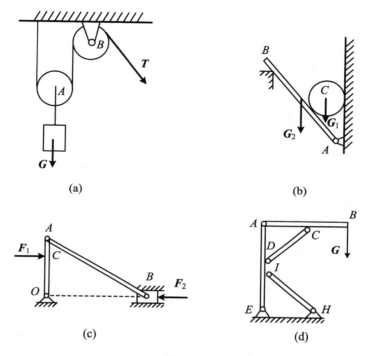

图 1.44

6. 如图 1.45 所示,一个圆柱形容器放在两个滚子上,滚子 A 和 B 处在同一水平线上。已知容器重 $G=30$ kN,半径 $R=500$ mm,滚子半径 $r=50$ mm,两个滚子的中心距离 $l=750$ mm。试求滚子 A 和 B 所受的压力。

7. 如图 1.46 所示的结构自重不计。A 处为光滑面接触,在已知力偶 M 作用下,求 D 处的约束反力。

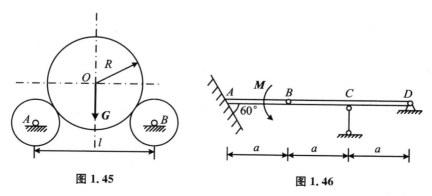

图 1.45　　　　　　　　　　　　图 1.46

8. 如图 1.47 所示,沿长方体不相交且不平行的棱作用三个相等的力,问 a、b、c 在满足什么关系时,这些力才能简化为一个力?

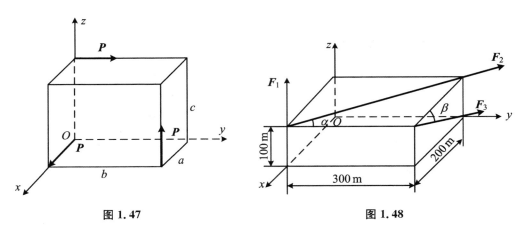

图 1.47　　　　　　　　　　　　　　　图 1.48

9. 如图 1.48 所示,已知力系中 $F_1 = 100$ N,$F_2 = 300$ N,$F_3 = 200$ N,各力作用线的位置如图所示。将力系向 O 点简化。

10. 多跨静定梁的受力情况和几何尺寸如图 1.49 所示,不计梁的自重,求 A、B、C 处的支座反力。

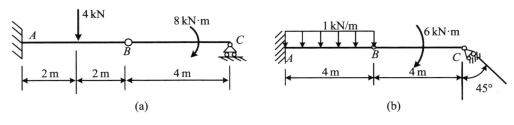

(a)　　　　　　　　　　　　　　　　　(b)

图 1.49

11. 连续梁的受力情况和几何尺寸如图 1.50 所示,不计梁的自重,求梁在 A、B、D 处的约束反力。

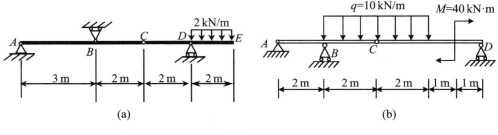

(a)　　　　　　　　　　　　　　　　　(b)

图 1.50

12. 如图 1.51 所示,组合梁由 AC 和 CD 两段铰接而成,起重机放在梁上。已

知起重机重 $P_1 = 50$ kN,重心在铅直线 EC 上,起重载荷 $P_2 = 10$ kN。如不计梁重,求支座 A、B 和 D 处的约束反力。

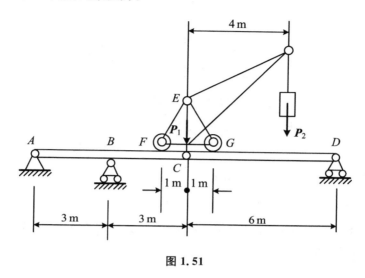

图 1.51

13. 如图 1.52 所示,悬臂刚架上作用有 $q = 2$ kN/m 的均布载荷,集中力 P、Q 的作用线分别平行于 AB、CD。已知 $P = 5$ kN,$Q = 4$ kN,求固定端 O 处的约束力及力偶矩。

14. 如图 1.53 所示,重力为 P 的长方形钢板 $ABCD$,$AB = a$,$BC = b$,在 A、B 及 CD 边中点 E 用三根铅垂的钢索悬挂如图所示。试求钢索中的拉力。

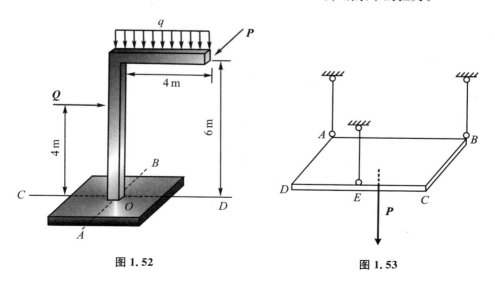

图 1.52　　　　　　　　　　　　　　　　图 1.53

15. 如图 1.54 所示,边长为 a 的均质正方形板 $ABCD$ 重 $P = 20$ kN,用球铰链 A 和蝶形铰链 B 支撑在墙上,并用杆 CE 维持在水平位置,且 $\angle AEC = 60°$。试求杆 CE 所受的压力及蝶形铰链 B 处的约束反力。

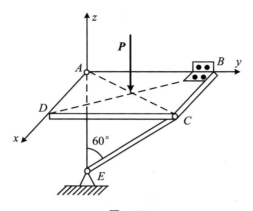

图 1. 54

16. 如图 1. 55 所示,6 根杆支撑一块水平板,在板角 D 处受铅直力 **F** 作用,各处均为球铰链连接。若板和杆的自重不计,求各杆的内力。

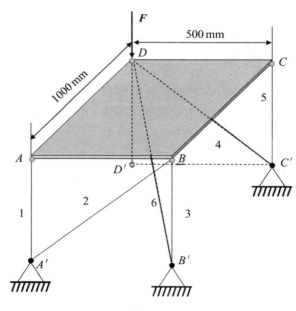

图 1. 55

第 2 章　材料力学基础知识

2.1　材料力学的任务

随着社会的发展,各种类型的结构物和机械得到广泛的应用。组成各种结构物的元件和机械的零件统称为构件,如建筑物中经常使用的梁、板、柱和机床的轴、齿轮等。构件有各种形状,其中杆件是材料力学研究的主要对象,杆件的明显特征是某一方向的尺寸远大于其他两个方向的尺寸。构件在工作时,会受到载荷的作用,载荷的作用将导致构件变形。构件本身具有一定的抵抗破坏的能力,这种能力与材料的性质有关。

为了保证每个构件都能正常工作,必须对构件进行设计,选择合适的截面形状、尺寸和适宜的材料,使其具备承担一定载荷的能力,为此它必须满足以下几个基本要求:

(1) 强度:指构件具有足够的抵抗破坏的能力。例如,桥梁墩柱抵抗压坏的能力、钢筋混凝土梁抵抗断裂的能力、蒸汽锅炉抵抗内部压力的能力、机床传动轴抵抗扭断的能力。

(2) 刚度:指构件具有足够的抵抗变形的能力。例如,铁路桥梁在承受列车载荷时,如果下垂或侧移过大,就会影响列车的平稳运行;再如机床主轴,即使强度满足要求,但如果变形过大影响加工精度也不能正常使用。

(3) 稳定性:指构件具有足够的保持原有平衡形态的能力。例如,细长直杆受轴向压力作用,当压力增大到一定限度后,就会在侧向干扰力作用下由直线平衡状态过渡到曲线平衡状态。

在正常情况下,构件满足了强度、刚度、稳定性三方面的要求后,就能够保证结构安全、正常地发挥使用功能。但是结构的制作仅仅满足安全性、稳定性和变形的要求是不够的,如用建造摩天大厦的材料去建造平房,把火车和重型卡车的轮轴用在轿车上,如此构件的安全性、稳定性和变形的要求确实得到了保证和提高,但显然是不合理的,也是不必要的。在构件和结构设计的过程中,除了要考虑强度、刚度和稳定性三方面的要求外,经济、成本及实用性也是必须考虑的内容,任何构件的设计只有同时满足了上述各项要求,才能称为合理的设计,材料力学学科恰好能够解决上述问题。

在满足强度、刚度、稳定性的要求下，以最经济的代价为构件确定合理的截面形状和尺寸、选择适宜的材料，为构件设计提供必要的理论基础和计算方法，这就是材料力学的任务。值得强调的是，并不是所有的构件都需要同时校核强度、刚度和稳定性，如氧气瓶通常只需校核其强度，传动轴只需考虑其强度和刚度。

2.2　变形固体的基本假设和条件

基于目前的自然科学发展水平，同时考虑到理论研究过程的简化，在研究构件的强度、刚度和稳定性时，有必要忽略变形固体的某些次要因素，建立便于材料力学研究的力学模型。为此需要对变形固体进行基本假设，具体如下：

1. 连续性假设

认为在固体的整个体积内毫无空隙地充满着物质。实际上，从物质结构来看，各种材料都是由无数颗粒组成的，颗粒之间是存在空隙的，此外很多材料的内部还存在着其他因素导致的微小裂隙，如果都事无巨细地考虑进去，就难以使用目前的科学理论和方法进行研究。当所考察的物体的几何尺度足够大时，这种颗粒之间的空隙和各种因素导致的微小裂隙的大小就可以忽略不计。这样，当研究构件的变形与受力等问题时，就可用坐标的连续函数来描述。

2. 均匀性假设

认为固体内部各处的力学性质相同。对诸如金属这样的材料而言，由于各个晶粒的力学性质并不完全相同，也就是非真正意义上的均匀性材料，但由于晶粒的排列通常是随机的，因而从统计平均的角度来看各部位的性质非常接近，将其作为均匀性材料进行研究，其产生的误差是很微小的。

总之，在宏观研究中，我们把变形固体抽象为连续均匀的力学模型，通过试件所测得的材料的力学性能，便可用于构件的任何部位。

3. 各向同性假设

认为沿固体的各个方向，材料的力学性能均相同。如金属材料，就单个晶粒来说，其力学性能是有方向性的，但只要晶粒的排列是杂乱无章的，从统计学的观点来看，材料在各个方向的力学性能就接近相同了。所以在宏观研究中，一般可将金属材料看成是各向同性的。具有这种性质的材料称为各向同性材料，如钢、玻璃等。

沿不同方向而力学性能不同的材料称为各向异性材料。木材、胶合板和复合材料在各个方向的力学性能一般来说是不同的，属于各向异性材料。

4. 小变形条件

认为物体在载荷作用下所产生的弹性变形是极其微小的，其大小远小于构件本身的尺寸。基于此,在对构件进行受力分析时,通常不考虑变形的影响,而仍用变形前的尺寸。

　　材料在载荷作用下均会发生变形,当载荷不超过一定范围时,绝大多数的材料在卸载后均可恢复原状,但当载荷过大时,卸载后将会有一部分变形不能恢复。能完全恢复的那部分变形称为弹性变形,不能恢复而残留下的变形称为塑性变形。工程上,多数构件在正常工作条件下,均要求材料处于弹性变形阶段。因此,材料力学所研究的大部分问题,多局限于弹性变形范围内。

2.3　外力及其分类

　　当研究某一构件时,可设想把这一构件从周围物体中单独取出,并用力来代替周围各物体对构件的作用,这些来自构件外部的力就是外力。构件所受到的外力包括载荷和约束反力。

2.3.1　按作用方式分类

（1）表面力
作用于物体表面的力,可分为分布力和集中力。
① 分布力:连续作用于物体表面的力,如作用于油缸内壁上的油压力、作用于船体上的水压力等。
② 集中力:若外力分布面积远小于物体的表面尺寸,或沿杆件轴线分布范围远小于轴线长度,就可看作是作用于一点的集中力,如火车车轮对钢轨的压力、滚珠轴承对轴的反作用力等。
（2）体积力
连续分布于物体内部各点的力,如物体的自重和惯性力等。

2.3.2　按载荷随时间变化的特点分类

（1）静载荷
若载荷缓慢地由零增加到某一定值,且之后保持不变,或变动很不显著,即为静载荷。例如,把机器缓慢地放置在基础上时,机器的重量对基础的作用便是静载荷。
（2）动载荷
若载荷随时间变化显著,则为动载荷。随时间作周期性变化的动载荷称为交变载荷,例如,齿轮转动时,作用于每一个齿上的力都是随时间作周期性变化的。冲击载荷则是物体的运动在瞬时内发生突然变化所引起的动载荷,例如,急刹车时飞轮的轮轴、锻造时汽锤的锤杆等都受到冲击载荷的作用。

材料在静载荷和动载荷作用下的性能颇不相同,分析方法也颇有差异。因为静载荷问题比较简单,所建立的理论和分析方法又可作为解决动载荷问题的基础,所以首先研究静载荷问题。

2.4　内力和截面法

2.4.1　内力

构件在外力作用下发生变形,其内部各部分之间因其相对位置的改变而引起的相互作用力就是内力。我们知道,物体未受外力作用时,物体各质点之间的相互作用力已经存在,当受外力作用后,原有的相互作用力会发生改变,这一内力的改变量称为附加内力。材料力学中研究的就是这种附加内力,通常简称为内力。物体受外力作用产生变形的同时,引起了内力,而内力又试图使变形恢复,当外力增加使内力超过某一限度时,材料就会被破坏。

2.4.2　截面法

对于一个可变形物体,要研究其内部某一点处的受力和变形,通常要用一个通过该点的截面将这个可变形物体假想地截开,具体可看下面的例子。

如图 2.1(a)所示的物体,为了研究构件内某一点的受力和变形情况,现用通过该点的 I-I 截面将构件一分为二,并取其中任一部分(图中为左边部分)为研究对象,该部分称为分离体。如图 2.1(b)所示,由于构件在外力作用下产生了变形,所以构件内部质点间的距离发生改变,因此,截面 I-I 两侧的质点间会有附加力产生。当沿着 I-I 截面假想地将构件截开后,该截面上必有另一分离体对该分离体的作用力,这些作用力在截面上连续分布,若将其向截面内某点简化即可获得一个力和力偶,如图 2.1(c)所示,该力和力偶通常称为截面上的内力,可由分离体的平衡条件确定。这种用截面假想地把构件分成两部分,以显示并确定内力的方法称为截面法。

根据上述过程,截面法的步骤可概括为以下三步:

(1) 欲求某一截面上的内力,就沿该截面将构件假想地一分为二,保留其中的

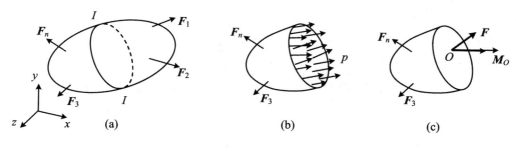

图 2.1

一部分为研究对象,同时弃去另一部分。

（2）用作用在截面上的内力代替弃去部分对留下部分的作用。

（3）对留下部分建立静力学平衡方程,求出未知的内力。

2.5　应力、应变及其相互关系

物体的破坏总是从内力分布集度最大处开始的,因此只求出截面上分布内力的合力(力和力偶)是不够的,必须进一步确定截面上各点处内力分布的集度。为此,需引入应力的概念。

2.5.1　应力

若在受力物体的某截面上围绕一点 M 取出一个微小面积ΔA（图 2.2）,该面积上作用的内力的合力为ΔF,其大小和方向与点 M 的位置和ΔA 的面积有关。ΔF 与 ΔA 的比值$\dfrac{\Delta F}{\Delta A}$为面积$\Delta A$ 上的内力的平均集度,称为平均应力。因内力是连续作用在整个截面上的,在此微小面积上的分布会随着ΔA 的减小而逐渐趋于均匀,当 ΔA 趋于无穷小时获得的极限 p 就称为 M 点处的应力,可表示为

$$p = \lim_{\Delta A \to 0} \frac{\Delta F}{\Delta A} \tag{2.1}$$

可见应力指的是截面上的内力在某点处的集度。其量纲是力/长度^2,在国际单位制中,应力的单位是帕斯卡,也称帕(Pa),$1\,\text{Pa} = 1\,\text{N/m}^2$,常用单位有 MPa 和 GPa,$1\,\text{MPa} = 10^6\,\text{Pa}$,$1\,\text{GPa} = 10^9\,\text{Pa}$。

为了分析材料破坏的原因,通常将作用在截面上的应力沿垂直于截面和相切于截面的两个相互正交的方向分解。其中垂直于截面的应力分量用 σ 表示,称为正应力;相切于截面的应力分量用 τ 表示,称为剪应力或切应力。p、σ、τ 三者之间

具有如下关系：

$$p = \sqrt{\sigma^2 + \tau^2} \tag{2.2}$$

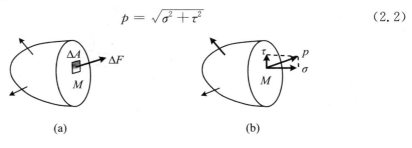

图 2.2

2.5.2 应变

变形固体在外力作用下,其形状和尺寸都将发生改变,即发生变形。构件发生变形的过程中,其内部任意一点都将产生位置的移动,这种移动称为线位移。同时,构件上的线段或平面还将发生转动,这种转动称为角位移。物体的变形可用线段长度和角度的改变来描述,为此引入应变的概念。

1. 线应变

从构件中取出棱边边长分别为 Δx、Δy、Δz 的微小六面体(当六面体的边长趋于无穷小时称为单元体),如图 2.3(a)所示。把上述六面体投影到 xy 平面上得到矩形 $ABCD$,如图 2.3(b)所示。构件受力变形后,单元体每一点都发生了位移,A、B、C、D 分别移动到了 A'、B'、C'、D',线段 AB 的原长为 Δx,变形后为线段 $A'B'$,长度为 $\Delta x + \Delta s$。这里 $\Delta s = \overline{A'B'} - \overline{AB}$,代表线段 AB 的长度变化量。线段 AB 每单位长度的伸长或缩短可用 Δs 与 Δx 的比值表示,称为平均线应变,记为 ε_{m}。

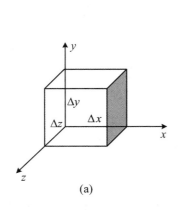

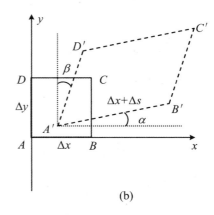

图 2.3

$$\varepsilon_m = \frac{\overline{A'B'} - \overline{AB}}{\overline{AB}} = \frac{\Delta s}{\Delta x} \qquad (2.3)$$

如果 B 点无限接近 A 点,则线段 AB 趋近于零,ε_m 的极限为

$$\varepsilon_x = \lim_{\overline{AB} \to 0} \frac{\overline{A'B'} - \overline{AB}}{\overline{AB}} = \lim_{\Delta x \to 0} \frac{\Delta s}{\Delta x} \qquad (2.4)$$

ε_x 称为 A 点沿 x 方向的线应变或简称应变。同理,可以得到 y 和 z 方向的线应变。

线应变反映了构件上一点沿某一方向的变形程度,是一个无量纲的量。

2. 切应变

棱边长度发生改变的同时,相邻棱边之间的夹角通常也会发生变化。图 2.3 (b)中,当 $\overline{A'B'} \to 0$,$\overline{A'D'} \to 0$ 时,两棱边直角的改变量为 $\gamma = \alpha + \beta$,这种直角的改变量称为 A 点在 xy 平面内的切应变或剪应变,用 γ 表示。切应变也是无量纲的量。

2.5.3　线弹性材料的本构关系

应力和应变都是"微观量",与应力对应的"宏观量"为力,与应变对应的"宏观量"为变形。在外力作用下,构件产生了变形,提到力和变形可以很容易想起胡克定律。我们假设变形体是由无数个小弹簧相互连接起来的质点系集合。载荷使变形体的质点的相互位置发生了变化,在内力平衡下停止了变化,结果就形成了变形。其实应力和应变的关系也是在最初的胡克定律的基础上推导出来的,这种关系反映了物质客观性质的数学模型,统称为本构关系。

伸长量 x 与外力 F 成正比的弹性定律,是由英国力学家胡克(Robert Hooke, 1635~1703)于 1678 年发现的,胡克所做的实验为在金属丝上作用重 F 的砝码,金属丝的伸长量与砝码的重力成正比,$x \propto F$,即 $x = \frac{1}{k}F$,在弹性范围内,通过实验,还可以得到伸长量 x 与金属丝长度 l 成正比,与截面积 A 成反比,即 $x \propto \frac{Fl}{A}$。比例系数取 $\frac{1}{E}$,可得 $x = \frac{1}{E}\frac{Fl}{A}$。式中,$E$ 称为弹性模量或杨氏模量。

将上式变形可得

$$\frac{x}{l} = \frac{1}{E}\frac{F}{A} \qquad (2.5)$$

由此可得到只承受单方向正应力微元的应力和应变关系:

$$\sigma = E\varepsilon \qquad (2.6)$$

值得注意的是,对于工程中利用常用材料制成的杆件,实验结果表明:在弹性范围内,只承受切应力的微元中,切应力和切应变之间也存在线性关系:

$$\tau = G\gamma \qquad (2.7)$$

式中，G 为与材料有关的常数，称为切变模量。式（2.6）和（2.7）即为描述线弹性材料本构关系的方程，均可称为胡克定律。

2.5.4　一点处应力状态描述及其分类

由于破坏通常首先发生在应力最大的点。因此对于一般受力杆件，为研究强度问题，必须清楚了解构件上哪些点沿哪些方向的应力能达到最大值。我们把受力构件内某点处各个方向面上应力的状况集合，称为该点处的应力状态。

为了描述受力弹性物体中的任意点的应力状态，一般是围绕这一点作一个单元体。单元体的尺寸十分微小，可认为在单元体的三组平行截面上的应力是均匀分布的，并且相互平行的一对截面上的应力情况完全相同。这样，当单元体三对面上的应力已知时，受力杆件内一点的任意方向面上的应力，可由力的平衡条件求得。进而还可以确定这些应力中的最大值和最小值以及它们的作用面。因此，一点处的应力状态可用围绕该点的单元体及各面上的应力描述。

图 2.4(a)所示为一般受力物体中任意点的应力状态，它是应力状态中最一般的情形，称为空间或三向应力状态。图 2.4(b)中当单元体只有两对面上承受应力并且所受应力作用线均处于同一平面内时，这种应力状态统称为平面或二向应力状态。若图 2.4(b)中的平面应力状态单元体中切应力 $\tau_{xy}=0$，且只有一个方向的正应力时，这种应力状态称为单向应力状态；当上述平面应力状态中正应力 $\sigma_x=\sigma_y=0$ 时，这种应力状态称为纯剪切应力状态。

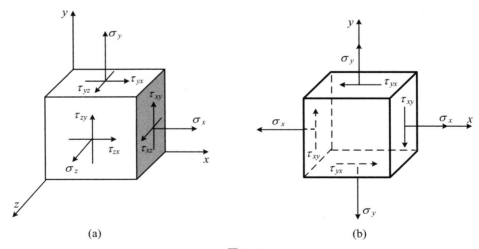

图 2.4

一点处的应力状态如何用围绕该点的单元体及各面上的应力描述，将在后续章节中具体进行分析。需要特别注意的是，由图 2.4(a)和图 2.4(b)可以看出，单向应力状态和纯剪切应力状态是平面应力状态的特殊情形，而平面应力状态实际上是三向应力状态的特例。一般工程中常见的是平面应力状态。

2.6　杆件变形的基本形式

实际构件有各种不同的形状,材料力学主要研究长度远大于横截面尺寸的构件,称为杆件或简称为杆,如图 2.5 所示。其中,杆长的一个方向称为纵向;短的两个方向称为横向。杆垂直于长度方向的截面为横截面,所有横截面形心的连线构成杆的轴线。显然,各横截面和轴线是相互垂直的。轴线为直线的杆称为直杆。横截面大小和形状不变的直杆称为等直杆。轴线为曲线的杆称为曲杆。杆是工程中最基本的构件。

图 2.5

杆的受力情况不同,相应的变形也有各种形式,但概括起来有四种基本变形,其余变形均是以下各种基本变形的相互组合。

1. 轴向拉伸或压缩

杆的变形由一对大小相等、方向相反,且作用线与杆轴线相重合的外力所引起,如图 2.6(a)、(b)所示,表现为沿杆轴向的伸长和缩短。如桁架的杆、活塞连杆等属于轴向拉伸或压缩变形。

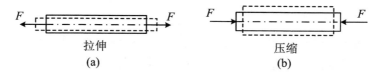

图 2.6

2. 剪切

杆的变形由一对大小相等、方向相反,且作用线相距很近的横向外力所引起,如图 2.7 所示,表现为受剪切变形的两部分沿外力作用方向发生相对错动。如铆钉、销钉、螺栓等连接构件属于剪切变形。

3. 扭转

杆的变形是由一对转向相反、作用在两个横截面内的力偶所引起的,如图 2.8

所示,表现为杆的任意两个横截面发生绕轴线的相对转动。如汽车的传动轴、电机主轴等属于扭转变形。

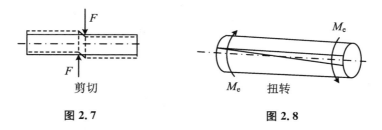

剪切　　　　　　　　　　　　　　　　　扭转

图 2.7　　　　　　　　　　　　　图 2.8

4. 弯曲

杆的变形由一对大小相等、转向相反,且作用面均垂直于杆件轴线的力偶引起,如图 2.9 所示,表现为杆的轴线由直线变为曲线。如建筑物中的梁、车刀等都会产生弯曲变形。

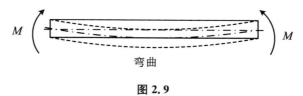

弯曲

图 2.9

工程中杆的变形多为上述几种基本变形形式的组合,当发生两种或两种以上基本变形时称为组合变形。材料力学中首先研究以上四种基本变形形式下的强度和刚度计算,在此基础上再讨论组合变形。

本 章 小 结

1. 构件能够正常安全地工作需要满足三项基本要求:① 强度即构件受外力作用后抵抗破坏的能力;② 刚度即构件受外力作用后抵抗变形的能力;③ 稳定性即构件受外力作用后保持其原有平衡状态的能力。

2. 材料力学的任务:研究材料的力学性能,并为构件的强度、刚度、稳定性的计算提供必要的理论基础和方法,合理地选择材料及截面形状,以保证构件既安全又经济的设计要求。

3. 材料力学的研究对象是变形固体,其中以线弹性的直杆为主要研究对象。材料力学的基本假设有连续性假设、均匀性假设、各向同性假设、小变形假设。

4. 线位移是指构件受力后,其上各点的位置变化量;角位移是指构件受力后,某一截面转动的角度。

　　5. 线应变是指构件内某点处在某一方向上的单位长度的伸长量,用 ε 表示,伸长为正,缩短为负;剪应变(角应变)是指构件内某一点处的两个相互垂直的面,变形后其直角的改变量,用 γ 表示。

　　6. 杆变形的基本形式有轴向拉伸或压缩、剪切、扭转和弯曲。

思 考 题

　　1. 对于下列四个实际问题,结论正确的是(　　　)。

　　① 旗杆由于风力过大而产生不可恢复的永久变形;② 自行车链条拉长量超过允许值而打滑;③ 桥梁路面由于汽车超载而开裂;④ 细长的千斤顶螺杆因压力过大而弯曲。

　　A. ①、②属于强度问题,③属于刚度问题,④属于稳定性问题

　　B. ①、②、④属于强度问题,③属于刚度问题

　　C. ①、③属于强度问题,②、④属于刚度问题

　　D. ①、③属于强度问题,②属于刚度问题,④属于稳定性问题

　　2. 由均匀连续性假设,可知下列结论中正确的是(　　　)。

　　① 构件内各点的应力、变形和位移均相等;② 构件内的应力、变形和位移可用点坐标的连续函数表示;③ 材料的强度在各点是相等的;④ 材料的弹性常数在各点是相同的。

　　A. ①、②、④　　　　B. ②、③、④　　　C. 全对　　　D. 全错

　　3. 材料力学的内力是指(　　　)。

　　A. 物体内部的力

　　B. 物体内部各质点间的相互作用力

　　C. 由外力作用引起的各质点间相互作用力的改变量

　　D. 由外力作用引起的某一截面两侧各质点间相互作用力的合力的改变量

第3章 轴向拉伸与压缩

本章通过直杆的轴向拉伸与压缩变形,介绍轴向拉(压)杆的内力、应力、变形和胡克定律等。当介绍材料在轴向拉伸、压缩时的力学性能的基础时,重点研究轴向拉(伸)、压(缩)杆的强度计算、节点位移计算及拉压超静定问题。最后,本章介绍剪切构件的受力和变形特点,以及常见连接件的剪切和挤压的实用计算。

3.1 概　　述

在日常生活中,我们可以发现很多发生轴向拉伸或压缩变形的实例。例如,如图 3.1 所示的简单桁架中,BC 杆受到轴向拉力的作用,沿杆轴向产生伸长变形;而 AB 杆则受到轴向压力的作用,沿轴线产生缩短变形。又如图 3.2(a)中的桁架结构,其中杆件 1、2 为受压杆件,杆件 3、4、5 为受拉杆件。再如图 3.2(b)中螺栓紧紧固定两块钢板时,螺栓受垂直拉力作用发生拉伸变形。上述构件均是因两端沿轴线方向受到拉力(压力)而伸长(缩短)的直杆,这类构件称为拉杆(或压杆)。

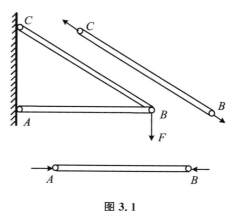

图 3.1

综上所述可以看出,工程实际问题中的拉伸或压缩杆件可以简化为等截面直杆,如图 3.3 所示。这些轴向拉(伸)、压(缩)杆的受力与变形特点如下:

(1) 受力特点:外力或外力的合力的作用线与杆件的轴线重合。

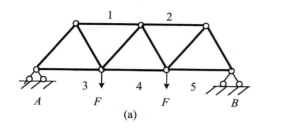
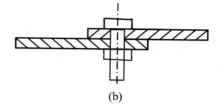

图 3.2

（2）变形特点：沿杆件轴线方向的纵向伸长或缩短，同时沿横截面方向的横向变细或变粗。

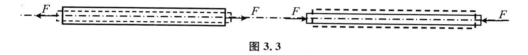

图 3.3

3.2　截面上的内力

3.2.1　内力

结构构件在受到载荷或其他外界因素作用时，构件的形状和尺寸大小将发生变化，构件内部各质点的位置也会发生相应的改变，于是构件内部质点间就会产生抵抗这种改变的相互作用的附加内力。根据连续性假设，各质点间相互作用的附加内力应是连续分布的力系，该分布内力系向截面形心简化后的主矢或主矩，称为内力。

3.2.2　截面法、轴力、轴力图

内力计算是分析和研究构件的强度、刚度、稳定性问题的基础，而截面法是求杆件内力的基本方法，它是用一个假想的截面将构件截开，由静力平衡条件求出截面上的内力的一种方法。其方法要点可归纳为四个步骤：截开、留下、代替、平衡。具体表述如下：

（1）截开：欲求某一截面上的内力，就假想用一截面沿该截面将构件一分为二。

（2）留下：保留其中一部分作为研究对象，同时弃去另一部分。

（3）代替：用作用在截面上的内力来代替舍弃部分对留下部分的作用。

（4）平衡：建立保留部分的静力学平衡方程，然后求出该截面上内力的大小和符号。

例 3.1　如图 3.4 所示，一杆件 AC 受轴向力 50 kN 作用于 B 截面形心、30 kN 作用于 C 截面形心。试求 1-1、2-2 横截面上的内力。

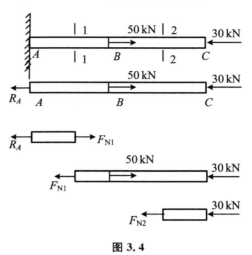

图 3.4

解　① 求固定端截面的约束反力。由杆件 AC 的平衡条件 $\sum F_x = 0$ 可得

$$-R_A + 50 - 30 = 0$$

因此得

$$R_A = 20 \text{ kN}$$

② 求 1-1 横截面上的内力。用一假想截面将杆件沿 1-1 位置截开，取左半段为研究对象，舍弃右半段。用分布内力的合力 F_{N1} 来代替右段对左段的作用。由平衡条件 $\sum F_x = 0$ 可得

$$-R_A + F_{N1} = 0$$

从而得

$$F_{N1} = R_A = 20 \text{ kN}$$

因外力的作用线与杆件的轴线重合，同时考虑到杆件处于平衡状态，根据二力平衡公理，内力 F_{N1} 的作用线也必定与杆件的轴线重合，因此内力 F_{N1} 又被形象地称为轴力。

若取右半段为研究对象，舍弃左半段；左半段与右半段截面上的轴力为作用力与反作用力，则右半段截面上的轴力方向应沿着轴线向左，同理由平衡方程 $\sum F_x = 0$ 可得其大小：

$$-F_{N1} + 50 - 30 = 0 \Rightarrow F_{N1} = 20 \text{ kN}$$

用左半段或右半段求解 1-1 截面的内力大小、符号应该是相同的，因为它们

是同一截面的内力,但这两种方法计算的轴力方向相反,因此不能用理论力学的方法来判定轴力的符号,即不能用轴力与坐标轴的方向是否一致来判定。所以,轴力符号采用如下规定:轴力的方向与截面的外法线方向一致为正,反之为负;或者也可以从变形来看,使产生拉伸变形的轴力为正,反之为负。

③ 求 2-2 横截面上的内力。同样的道理,用一假想截面将杆件沿 2-2 位置截开,取右半段为研究对象,假设轴力沿着截面的外法线方向,即轴力为正。

由平衡条件 $\sum F_x = 0$ 可得

$$- F_{N2} - 30 = 0$$

从而得

$$F_{N2} = - 30 \text{ kN}$$

计算结果为负,说明轴力的实际方向与假设的方向相反,即轴力应沿着轴线指向截面,所以轴力的符号为负。

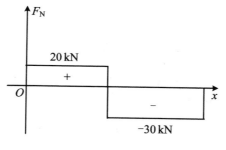

图 3.5

为了形象地表示轴力随着横截面位置的变化情况,我们用一条平行于杆件轴线的坐标轴来表示各横截面的位置,以垂直于杆轴线的坐标轴表示轴力的大小,将各截面上的轴力标示在上述坐标平面内所形成的"轴力沿杆件轴线变化的图形"称为轴力图(图 3.5)。在图 3.5 中,因 1-1 截面为 AB 段任取的截面,故可知 AB 段所有截面上的轴力相同,轴力图表现为一水平直线;同理,BC 段轴力图也应是一条平行于 x 轴的水平直线。

3.3 截面上的应力

3.3.1 应力

在相同材料而不同截面大小的杆件两端缓慢施加(由零逐渐增大的)载荷(拉

力或压力),截面面积小的杆件肯定会首先破坏。这是因为杆件的强度不仅与轴力有关而且和杆件的横截面大小有关,即与杆件横截面上的内力集度(应力)有关。本节将着重研究横截面上的应力,同时对斜截面上的应力也进行一定程度的分析。

3.3.2　轴向拉(压)杆横截面上的正应力

此处讨论的拉(压)杆横截面上的内力是与杆件轴线相重合的轴力,其方向垂直于横截面,为了求得截面上任意一点的应力,必须了解内力在横截面上的分布规律。如图 3.6 所示,取一等截面直杆,杆件受力前,在杆件表面画出两条互相平行的纵向线 ab 和 cd,两条互相平行的横向线 ac 和 bd,然后沿杆的轴线施加作用力 F,使杆件产生拉伸变形。此时可以观察到:线段 ab、cd、ac、bd 在变形前后均为直线,其中 ab、cd 均保持与轴线平行,ac、bd 仍保持与杆轴线垂直,只是横向线的间距增大,纵向线的间距减小。

图 3.6

依据上述现象,做出如下假设:变形前为平面的横截面,变形后仍保持为平面,且仍与杆件的轴线保持垂直,只是两横截面之间的距离发生了改变。此假设称为平面假设。平面假设意味着拉杆的任意两个横截面之间所有的纵向纤维伸长相同。依据材料的均匀性与连续性假设,可以推论出:发生轴向拉压变形时杆件横截面上的应力是均匀分布的,其方向与力 F_N 一致。于是得

$$\sigma = \frac{F_N}{A} \tag{3.1}$$

例 3.2　如图 3.7 所示,一直杆构件,承受轴向载荷 $F = 35\ \text{kN}$ 的作用,已知 $h = 28\ \text{mm}$,$b = 20\ \text{mm}$。试求杆内横截面上的正应力。

解　如图 3.7 所示,依据截面法,将杆件一分为二,取左半部分为研究对象,建立平衡方程即可计算出轴力 F_N。依据 $\sum F_x = 0$ 可得

$$F_N - F = 0$$

从而得

$$F_N = F = 35\ \text{kN}（拉力）$$

由式(3.1)即可求得杆内横截面上的正应力为

$$\sigma_{\max} = \frac{F_N}{A} = \frac{35 \times 10^3\ \text{N}}{28\ \text{mm} \times 20\ \text{mm}} = 62.5\ \text{MPa}$$

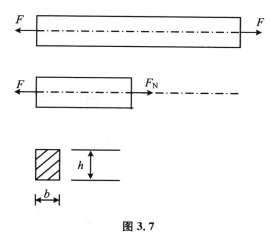

图 3.7

3.3.3 拉(压)杆斜截面上的应力

前面讨论轴向拉伸或压缩时,杆横截面上的正应力是强度计算的依据,但不同材料的实验表明,轴向拉(压)杆的破坏并不总是沿横截面发生的,有时却是沿斜截面发生的。为此,需要讨论斜截面上的应力。

现仍以拉杆为例分析与横截面成 α 角的任一斜截面上的应力。如图 3.8 所示,设拉杆的横截面面积为 A,某一斜截面 m-m 与横截面夹角为 α,要求求解 m-m 斜截面上的应力值。

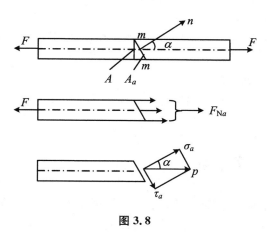

图 3.8

首先,由截面法可求得斜截面上的内力大小为:$F_{Na} = F$。与横截面上应力分布情况类似,斜截面上的应力也是均匀连续分布的,故斜截面上任一点的应力 p 为

$$p = \frac{F_{Na}}{A_a} = \frac{F}{A_a} = \frac{F}{\dfrac{A}{\cos \alpha}} = \frac{F}{A}\cos \alpha = \sigma\cos \alpha \tag{3.2}$$

式中，$\sigma = \dfrac{F}{A}$ 为横截面的正应力。

其次，将斜截面上的应力 p 沿垂直于截面的方向和相切于截面的方向分解，得到斜截面上的正应力 σ_a 和剪应力 τ_a。

$$\left. \begin{aligned} \sigma_a &= p\cos \alpha = \sigma\cos^2\alpha \\ \tau_a &= p\sin \alpha = \sigma\cos \alpha\sin \alpha = \frac{\sigma\sin 2\alpha}{2} \end{aligned} \right\} \tag{3.3}$$

讨论 1　几种特殊情况

由上式可以看出，斜截面上的正应力 σ_a 和剪应力 τ_a 都是 α 的函数，与 α 有关。

① 当 $\alpha = 0°$ 时，截面上的正应力达到最大值，即

$$\sigma_{\max} = \sigma$$

此即横截面上的正应力，因此横截面为斜截面的特殊情况。

② 当 $\alpha = 45°$ 时，截面上的剪应力 τ_a 达到最大值，即

$$\tau_{\max} = \frac{\sigma}{2}$$

这一结论也充分说明了很多材料在拉（压）变形过程中沿与杆轴线成 45°角方位上产生滑移线和破裂面的原因。

③ 当 $\alpha = 90°$ 时，σ_a 和 τ_a 均为零，表明轴向拉（压）杆中平行于轴的纵向截面上无任何应力，即纵向纤维之间不存在相互挤压。

讨论 2　切应力互等定理

由式（3.3）可清楚看出：$\tau_a = -\tau_{a+90°}$，即杆件内部相互垂直的截面上，切应力必然成对出现，两者大小相等，方向共同指向或共同背离两截面的交线。

上述推论并非为轴向拉（压）杆所特有，对于任一受力物体，这一推论均成立，此即著名的切应力互等定理。该定理在力学理论的推演和变形物体的受力分析中均具有重要的作用。

3.3.4　圣维南原理

圣维南原理是法国力学家圣维南于 1855 年提出的，该原理指出：对静力等效但杆端分布方式不同的外力，只会使距离杆端较近范围内（不大于杆的横向尺寸）的应力受到显著影响，也就是说杆端载荷的具体分布形式只影响载荷作用区附近的应力分布。该原理已被大量实验和数值模拟证实，圣维南原理表明：对于承受集中力的轴向拉（压）杆件，横截面上正应力均匀分布的结论，只在杆上离外力作用点稍远处才正确，如图 3.9 所示为杆件受拉内部实际端部和中部正应力的分布情况。

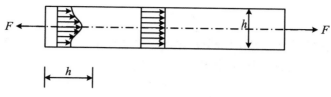

图 3.9

　　根据圣维南原理,在研究距外力作用点较远处的构件变形和受力时,用外力的等效力系(主矢、主矩相等)对原外力进行替换,研究结果无影响。

3.4　轴向拉伸与压缩变形的计算

3.4.1　轴向变形及横向变形

　　如图 3.10 所示,设一正方形截面直杆,拉杆原长为 L,边长为 a,受轴向拉力 F 作用后变形,杆件轴向长度由 L 变为 L_1,横向尺寸由 a 变为 a_1,相应的变形量分别如下。

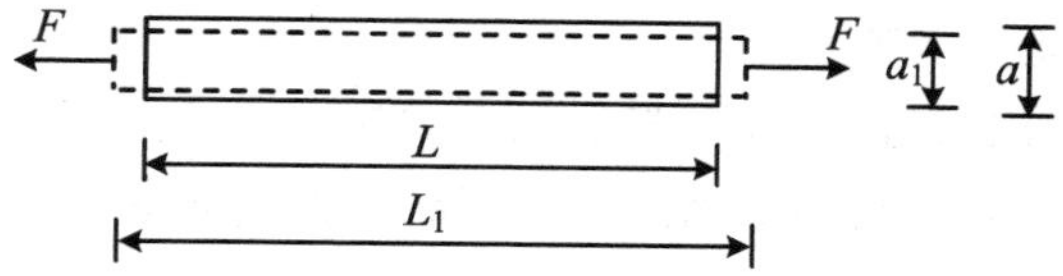

图 3.10

　　纵向变形为

$$\Delta L = L_1 - L \tag{3.4}$$

　　横向变形为

$$\Delta a = a_1 - a \tag{3.5}$$

　　由于绝对变形受杆件尺寸的影响,故很难反映出构件内某一点的变形程度。材料力学中反映一点处变形程度的物理量是应变。由于图 3.10 所示的轴向拉(压)杆中各横截面上所有点处的正应力均相同,因此可推知各点的轴向线应变和横向线应变也相同,可分别用下式求得:

　　　　　　轴向线应变　　$\varepsilon = \dfrac{\Delta L}{L} = \dfrac{L_1 - L}{L} \tag{3.6}$

　　　　　　横向线应变　　$\varepsilon' = \dfrac{\Delta a}{a} = \dfrac{a_1 - a}{a} \tag{3.7}$

　　实验表明,轴向线应变与横向线应变之间尚存在如下关系:

$$\mu = \left| \frac{\varepsilon'}{\varepsilon} \right| \tag{3.8}$$

式中,μ 为材料的泊松比,是法国科学家泊松首先测得的。μ 是一个无量纲的量,其大小因材料而异,一般材料的泊松比小于 0.5。

3.4.2　胡克定律

实验研究表明:在轴向拉(压)杆实验中,当杆件横截面的正应力 σ 不超过某一限度时,杆的绝对变形 ΔL 与轴力 F_N 和杆长 L 成正比,而与横截面面积 A 成反比,即

$$\Delta L \propto \frac{F_N L}{A}$$

上式中引进比例常数 E,即可得到如下关系式:

$$\Delta L = \frac{F_N L}{EA} \tag{3.9}$$

该式称为胡克定律,式中的比例常数 E 称为材料的弹性模量,量纲为力/长度^2,常用单位为 GPa。该式的物理意义可表述如下:

轴向拉(压)杆件的变形量与杆件横截面上的轴力成正比,与杆件的长度成正比,与 EA 成反比。

讨论 1　抗拉(压)刚度

由式(3.9)可看出,杆件的变形量受 EA 的影响较大,EA 越大,杆件抵抗变形的能力越强,反之越弱;它较为清晰地反映了杆件抵抗变形的一种能力。此处将这种能力称为抗拉(压)刚度。

讨论 2　应力与应变之间的关系

将式 $\sigma = \dfrac{F_N}{A}$ 和 $\varepsilon = \dfrac{\Delta L}{L}$ 代入式(3.9),可得

$$\sigma = E\varepsilon \tag{3.10}$$

式(3.10)为轴向拉压情况下,杆件内部各点处的应力和应变之间的关系,由于这一关系源于胡克定律,因此称为胡克定律的另一种表达形式。

表 3.1　几种常用材料的 E 值和 μ 值

材料名称	μ	E/GPa
碳钢	0.24～0.28	196～216
合金钢	0.25～0.3	186～206
灰铸铁	0.23～0.27	78.5～157
铜及其合金	0.31～0.42	72.6～128
铝合金	0.33	70

例 3.3 如图 3.11 所示,杆件 AC 受轴力 $F_1 = 10$ kN,$F_2 = 5$ kN 作用,$L_1 = L_2 = 0.5$ m,$d_1 = 10$ mm,$d_2 = 18$ mm;$E = 210$ GPa,试求杆件伸长总量。

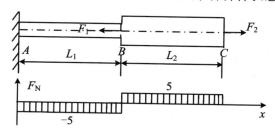

图 3.11

解 首先,由截面法求得轴力并绘制轴力图,如图 3.11 所示。由平衡条件得

$$F_{N(AB)} = -5 \text{ kN}$$

同理,BC 段杆件截面上的轴力为

$$F_{N(BC)} = 5 \text{ kN}$$

然后,依据胡克定律即可计算出 AB 和 BC 两段杆件的伸缩量分别为

$$\Delta L_1 = \frac{F_{N(AB)} L_1}{E A_1} = \frac{4 F_{N(AB)} L_1}{E \pi d_1^2}$$

$$= \frac{-4 \times 5 \times 10^3 \text{ N} \times 500 \text{ mm}}{210 \times 10^3 \text{ N/mm}^2 \times 3.14 \times 10^2 \text{ mm}^2} = -0.15 \text{ mm}$$

$$\Delta L_2 = \frac{F_{N(BC)} L_2}{E A_2} = \frac{4 F_{N(BC)} L_2}{E \pi d_2^2}$$

$$= \frac{4 \times 5 \times 10^3 \text{ N} \times 500 \text{ mm}}{210 \times 10^3 \text{ N/mm}^2 \times 3.14 \times 18^2 \text{ mm}^2} = 0.05 \text{ mm}$$

最后,将两段变形量进行代数叠加,即可求得 AB 杆的总变形量为

$$\Delta L = \Delta L_1 + \Delta L_2 = -0.15 \text{ mm} + 0.05 \text{ mm} = -0.10 \text{ mm}$$

例 3.4 在如图 3.12 所示的三角架中,AB 杆和 CB 杆均为钢杆,弹性模量 $E = 210$ GPa,杆 AB 的长度 $L_1 = 2$ m,横截面面积 $A_{AB} = 100$ mm²,杆 CB 的横截面面积 $A_{BC} = 150$ mm²,$F = 15$ kN。试求点 B 的位移。

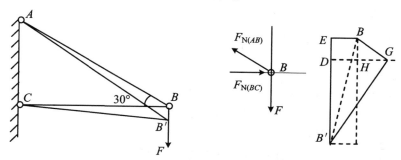

图 3.12

解　① 求解 AB、BC 杆内力。取点 B 为研究对象,作 B 点的受力图,依据静力学平衡方程求解 AB、BC 杆内力。如图所示,有

$$\begin{cases} \sum F_x = 0 \\ \sum F_y = 0 \end{cases} \Rightarrow \begin{cases} F_{N(AB)} = \dfrac{F}{\sin 30°} = 30 \text{ kN} \\ F_{N(BC)} = -F_{N(AB)} \cos 30° = -26 \text{ kN} \end{cases}$$

② 计算出 AB、CB 两杆的变形量。依据胡克定律即可计算出 AB、CB 两杆的变形量为

$$\Delta L_{AB} = \frac{F_{N(AB)} L_{AB}}{EA_{AB}} = \frac{30 \times 10^3 \times 2 \times 10^3}{210 \times 10^3 \times 100} = 2.86 \text{ mm}$$

$$\Delta L_{BC} = \frac{F_{N(BC)} L_{BC}}{EA_{BC}} = \frac{-26 \times 10^3 \times 2000 \times \cos 30°}{210 \times 10^3 \times 150} = -1.4 \text{ mm}$$

③ 计算 B 点的位移。依据变形几何图确定 B 点的位移。

方法 1　弧线法

如图 3.12 右图所示,B' 点为变形后 B 点的新平衡位置,以 A 为圆心、AB' 为半径画圆交 AB 的延长线于点 G,则 AG 为 AB 杆伸长后的长度;同理,以 C 为圆心、CB' 为半径画圆交 CB 于点 E,则 CE 为 CB 杆缩短后的长度。假设 C 点的坐标为 $(0,0)$,A 点的坐标为 $(0,1000)$,B 点的坐标为 $(1732,0)$,B' 点的坐标为 (x,y),根据几何条件,可得如下方程:

$$AB' = \sqrt{(x-0)^2 + (y-1000)^2} = AG = L_1 + \Delta L_1 = 2000 + 2.86$$

$$CB' = \sqrt{(x-0)^2 + (y-0)^2} = CE = L_2 + \Delta L_2 = 1732 - 1.4$$

解上述方程得 B' 点的坐标为 $(1730.6, -8.2)$,与 B 点的坐标 $(1732,0)$ 相减即得 B 点的水平位移和竖直位移分别为 1.4 mm 和 8.2 mm。

方法 2　以切代弧法

由于弧线法需要求解二元二次方程组,计算比较繁琐,因此可采用以切代弧法求 B 点的位移。由于实际变形很小,计算时可近似地用直线 $B'G$、$B'E$ 代替相应的弧线,并可近似地认为 $B'E \perp BE$,$B'G \perp AB$。由此可知:B 点的位移近似等于 $B'E$,水平位移近似等于 EB。

最终由平面几何关系可确定:

水平位移为

$$BE = 1.4 \text{ mm}$$

竖直位移为

$$B'E = BH + B'D = BG \cdot \sin 30° + (DH + HG) \cdot \tan 60°$$
$$= 0.5 \cdot BG + (EB + BG \cdot \cos 30°) \cdot \tan 60°$$
$$= 8.14 \text{ mm}$$

对比可知,两种方法的计算结果非常接近,因此我们以后可以采用以切代弧法计算节点位移,计算比较简便,不需要求解二元二次方程组。

3.5　轴向拉伸和压缩时材料的力学性能

材料在外力作用下所表现出来的强度、变形等方面的性能,称为材料的力学性能。实际上,前面章节中已经说到材料的某些力学性能,如材料的弹性模量、泊松比、极限应力等。本节主要通过实验讨论在常温(一般在 10～35 ℃范围内,对温度要求严格的实验,实验温度应为 23±5 ℃)和静载条件下常用材料的力学性能。

3.5.1　轴向拉伸实验

研究分析材料力学性能的常用实验是材料拉伸和压缩实验。主要实验设备是电子万能实验机(图 3.13)。

图 3.13　电子万能实验机

拉伸采用的试件是国标 GB/T 228.1-2010 试件。具体规格如图 3.14 所示,测量伸长用的试样圆柱或棱柱部分的长度称为标距 L,室温下施力前的试样标距称为原始标距 L_0。

国标 GB/T 228.1-2010 规定:原始标距与横截面积有 $L_0=k\sqrt{S_0}$ 关系的试样称为比例试样。国际上使用的比例系数 k 的值为 5.65。原始标矩应不小于 15 mm。当试样横截面积太小,以致采用比例系数 k 为 5.65 的值不能符合最小标距要求时,可以采用较高的值(优先采用 11.3 的值)或采用非比例试样。对于圆形横截面比例试样的原始标距一般采用 $L_0 = 5d_0$ 或 $10d_0$。

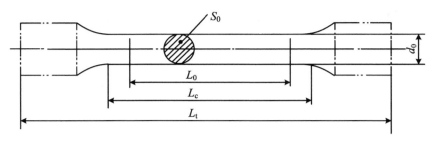

图 3.14　拉伸采用的试件规格

1. 低碳钢拉伸实验

实验时,载荷 F(拉力)的加载方式为"零起点逐渐缓慢地增加至最终值"的加载方式,整个加载过程中横截面上的正应力(外力与横截面的比值)与标距内各点的纵向线应变(伸长量与原始标距长度的比值)之间的关系如图 3.15 所示,试件的整个拉伸过程可以分为四个阶段。

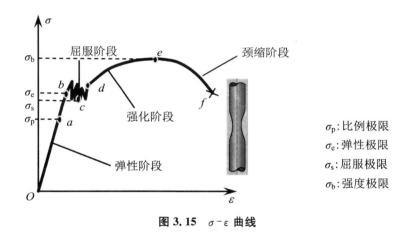

图 3.15　σ-ε 曲线

(1)弹性阶段

在拉伸的初始阶段,应力和应变成正比关系,其值符合 $\sigma = E\varepsilon$(胡克定律),在坐标平面内表现为一段过坐标原点的斜直线,如图 3.15 中的 Oa 段。直线部分的最高点 a 所对应的应力值 σ_p 称为比例极限,Oa 直线的倾角为 α,其斜率为 $\tan\alpha = \dfrac{\sigma}{\varepsilon}$,即为材料的弹性模量。当应力值超过比例极限后,图中的 ab 段不再保持直线规律,此阶段胡克定律不再适用。但当应力值不超过 b 点所对应的应力 σ_e 时,如将外力卸去,试件的变形也将随之消失,因此该阶段仍为弹性阶段,其中 Oa 段称为线弹性阶段,ab 段称为非线性弹性阶段,σ_e 称为弹性极限。

（2）屈服阶段

当应力超过 b 点后，图中出现近水平的锯齿形波动曲线段，即说明此时应力虽有小的波动，但总体处于一定的范围，而应变却迅速增加，我们将这种现象称为材料的屈服现象，在实验期间达到塑性变形而力不增加的应力点称为屈服极限或流动极限，通常用 σ_s 表示。这一锯齿形波动段对应的过程称为屈服阶段。屈服极限分为上屈服极限和下屈服极限，上屈服极限为试样发生屈服而力首次下降前的最大应力；下屈服极限为在屈服期间，不计初始瞬时效应的最小应力。在屈服阶段，试件表面可以明显地显现出与试件轴线约成 45° 角的条纹，称为滑移线。由于该阶段应力保持基本稳定，而应变却急剧增大，故通常将屈服极限看作塑性材料的极限应力。

（3）强化阶段

屈服阶段后，图中出现上凸的 de 段。这表明材料恢复了抵抗变形的能力，若要使材料继续变形，必须增加拉力，这种现象称为材料的强化，de 段对应的过程称为材料的强化阶段。该阶段曲线最高点 e 所对应的应力值 σ_b 称为材料的抗拉强度，是材料所能承受的最大应力，又称为强度极限。

（4）颈缩阶段

当应力达到抗拉强度后，即过 e 点后，在试件较薄弱的横截面处会发生急剧的局部收缩，出现颈缩现象，如图 3.16 所示。由于颈缩部分的截面面积会迅速减小，其应力值也会随之下降，最后降至 f 点，导致试件破坏。

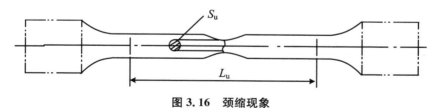

图 3.16　颈缩现象

由以上实验得知，当应力增大到屈服点后，材料开始出现明显的塑性变形，应力增大到 e 点之后，材料随即步入破坏阶段，因此 σ_s 和 σ_b 是衡量材料强度的两个重要指标。

试件拉断后，弹性变形随之消失，塑性变形则保留下来。工程中通常用试件拉断后残留的塑性变形来表示材料的塑性性能，这里常用的塑性指标有两个：

$$\left.\begin{array}{ll} \text{延伸率} & \delta = \dfrac{L_u - L_0}{L_0} \times 100\% \\[2mm] \text{截面收缩率} & \psi = \dfrac{A_0 - A_u}{A_0} \end{array}\right\} \qquad (3.11)$$

通常低碳钢的延伸率在 20%～30% 之间，断面收缩率约为 60%，所以低碳钢是塑性很好的材料。

实验表明，如果将试件拉伸到强化阶段内任一点，然后缓慢地卸载（图 3.17）。

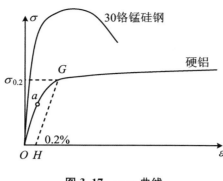

图 3.17　σ-ε 曲线

通过图 3.17 中的曲线可以发现，卸载过程中试件的应力和应变保持直线关系，沿着与 Oa 近似平行的直线 DH 回到 H 点，而不是沿着原来的加载曲线回到 O 点。OH 为试件残留下来的塑性应变。如果将卸载后的试件重新加载，则曲线将沿着卸载时的直线 HG 上升到 G 点，G 点以后的曲线仍与原来的曲线相同。由此可见，将试件拉到超过屈服点后卸载，然后重新加载时，材料的比例极限有所提高，而塑性变形减小，这种现象称为冷作硬化，工程中常用冷作硬化来提高某些构件的承载能力。

2. 其他材料在拉伸时的力学性能

合金钢（30 铬锰硅钢）和硬铝等的 σ-ε 曲线如图 3.18 所示，它们的 σ-ε 曲线和 Q235 号钢基本相似，既有弹性变形阶段，也存在材料破坏后的残余变形，不同之处是它们没有明显的屈服阶段。

对于没有明显屈服阶段的塑性材料，通常在工程中以产生 0.2% 塑性应变时的应力值作为屈服应力，称为材料的名义屈服极限，用 $\sigma_{0.2}$ 表示。如图 3.17（以硬铝为例）所示，在 ε 轴上取 $OH=0.2\%$。自 H 点作直线平行于 Oa，并与 σ-ε 曲线相交于点 G，与之相对应的应力即为该材料的条件屈服应力 $\sigma_{0.2}$。

对于脆性材料来说，从受拉到断裂，变形始终都很小，以铸铁为例，它在实验过程中，直到破坏时既没有屈服阶段也没有颈缩现象，如图 3.19 所示。铸铁拉伸断裂时的应变值仅有 0.4%～0.5%，断面垂直于轴线，其抗拉性能较小。

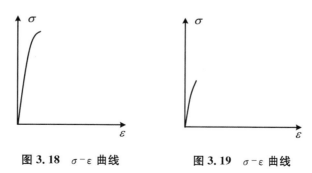

图 3.18　σ-ε 曲线　　　　　**图 3.19　σ-ε 曲线**

3.5.2　材料在压缩时的力学性能

在做材料的压缩实验时，我们通常将金属压缩试件制作成短圆柱体，其高度一般为直径的 1.5～3.0 倍。而非金属材料通常制作成正方体。

　　图 3.20 为塑性材料低碳钢的压缩 $\sigma\text{-}\varepsilon$ 曲线图,可以看出低碳钢压缩时的比例极限 σ_p、弹性极限 σ_e、弹性模量 E 和屈服点 σ_s 等都与拉伸时基本相同。进入强化阶段后曲线急剧上升,而测不出抗压强度极限,这时试件被压扁,横截面增大。

　　脆性材料(铸铁)压缩时,它的 $\sigma\text{-}\varepsilon$ 曲线如图 3.21 所示,它与铸铁在拉伸时的形状基本相同,只是其抗压能力明显高于其抗拉能力。

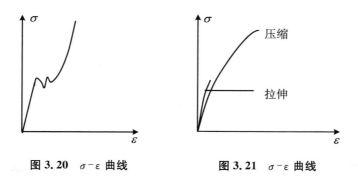

图 3.20　$\sigma\text{-}\varepsilon$ 曲线　　　　　　　图 3.21　$\sigma\text{-}\varepsilon$ 曲线

3.6　失效、安全因数与强度计算

3.6.1　极限应力、许用应力和安全系数

　　由工程实践和实验分析可知,当构件的应力达到材料的屈服点或抗拉强度时,构件将产生较大的塑性变形或断裂。为了保证构件能正常工作,我们设定一种极限应力,通常用 σ_u 表示,对于塑性材料,$\sigma_u = \sigma_s$;对于脆性材料,$\sigma_u = \sigma_b$。显然,构件安全工作的条件应该为

$$\sigma \leqslant \sigma_s \quad 或 \quad \sigma \leqslant \sigma_b \tag{3.12}$$

　　考虑到施工现场的各种不确定因素,如载荷估计的准确程度、加载方法、材料的均匀程度及密度等,为了保证构件使用过程中的安全可靠性,使构件具有适当的安全储备,通常需要设定一个大于 1 的因数 n,对于塑性材料为 n_s,对于脆性材料为 n_b。并且令

$$[\sigma] = \frac{\sigma_s}{n_s} \tag{3.13}$$

$$[\sigma] = \frac{\sigma_b}{n_b} \tag{3.14}$$

上式中的 $[\sigma]$ 称为许用应力,n 称为安全因数。

　　各种不同条件下构件安全系数 n 的选取,可从有关工程手册中查到。对于塑

性材料，一般取 $n_s = 1.3 \sim 2.0$；对于脆性材料，一般取 $n_b = 2.0 \sim 3.5$。

3.6.2　拉(压)杆的强度计算

为了保证拉(压)杆有足够的强度而正常工作，必须使杆内的最大工作应力不超过材料的拉伸或压缩许用正应力，即

$$\sigma_{max} = \frac{F_N}{A} \leqslant [\sigma] \tag{3.15}$$

式中，F_N 和 A 分别为危险截面上的轴力和相应的横截面面积。

式(3.15)称为拉(压)杆的强度条件。利用该强度条件，可以解决三种强度计算问题：强度校核、截面设计和确定许用载荷。

(1) 强度校核：已知构件的尺寸、构件的许用应力、所受载荷，由式(3.15)验算杆件是否满足强度条件。

(2) 截面设计：已知材料的许用正应力及杆件所承受的载荷，由强度条件可设计杆件的安全横截面面积 A，即

$$A \geqslant \frac{F_N}{[\sigma]} \tag{3.16}$$

(3) 确定许用载荷：已知杆件的横截面尺寸及材料的许用应力，可首先通过强度条件确定杆件横截面上的最大轴力，进而确定结构所能承受的最大许用载荷，即首先利用式(3.17)确定 F_{Nmax}，然后通过特殊节点的受力分析确定 F_{max}。

$$F_{Nmax} = A[\sigma] \tag{3.17}$$

例 3.5　如图 3.22 所示的结构，已知 $F = 24$ kN，CD 杆的横截面面积为 16 cm²，不计 AB 杆的变形，CD 杆的许用应力 $[\sigma] = 24$ MPa。试校核 CD 杆的强度。

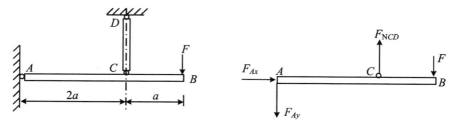

图 3.22

解　① 求出 CD 杆的轴力。对 AB 杆的受力分析，列平衡方程：

$$\sum M_A(F_i) = F_{NCD} \cdot AC - F \cdot AB = F_{NCD} \times 2a - 24 \times 3a = 0$$

解得

$$F_{NCD} = 36 \text{ kN}$$

② 对 CD 杆进行强度校核，列如下方程：

$$\sigma_{CD} = \frac{F_{NCD}}{A_{CD}} = \frac{36 \times 10^3 \text{ N}}{16 \times 10^2 \text{ mm}^2} = 22.5 \text{ MPa} < [\sigma] = 24 \text{ MPa}$$

因此，CD 杆的强度满足要求。

例 3.6　如图 3.23 所示的三角构架，AB、AC 均为钢杆，AC 为圆形截面、AB 为方形截面；若钢的许用应力$[\sigma] = 160$ MPa，$F = 60$ kN，试求该结构中 AB、AC 杆件的尺寸。

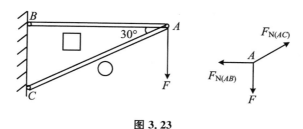

图 3.23

解　① 求轴力。作 A 点的受力图如图 3.23 右图所示，由平面汇交力系平衡条件可得

$$\begin{cases} \sum F_x = F_{N(AC)} \cos 30° - F_{N(AB)} = 0 \\ \sum F_y = F_{N(AC)} \sin 30° - F = 0 \end{cases} \tag{a}$$

求解方程组(a)，得

$$\begin{cases} F_{N(AC)} = 120 \text{ kN} \\ F_{N(AB)} = 104.4 \text{ kN} \end{cases} \tag{b}$$

② 求 AB、AC 杆截面面积。

对 AC 杆：

$$A_{AC} \geqslant \frac{F_{N(AC)}}{[\sigma]} = \frac{120 \times 10^3 \text{ N}}{160 \text{ N/mm}^2} = 750 \text{ mm}^2$$

所以，AC 杆直径为

$$d = \sqrt{\frac{4A_{AC}}{\pi}} = 30.9 \text{ mm}$$

取 AC 杆直径为 31 mm。

对 AB 杆：

$$A_{AB} \geqslant \frac{F_{N(AB)}}{[\sigma]} = \frac{104.4 \times 10^3 \text{ N}}{160 \text{ N/mm}^2} = 652.5 \text{ mm}^2$$

所以，AB 杆边长为

$$a = \sqrt{A_{AB}} = 25.5 \text{ mm}$$

取 AB 杆边长为 26 mm。

例 3.7　如图 3.24 所示，一起重设备，设拉索 AB 的截面面积$A = 400$ mm²，许用应力$[\sigma] = 60$ MPa，试由拉索的强度条件确定该起重机起吊的最大重量 W。

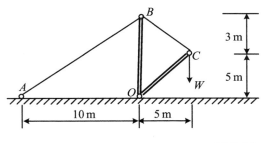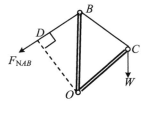

图 3.24

解　① 求拉索 AB 的轴力与起重机起吊的重量 W 之间的关系。受力分析如图 3.24 右图所示,列平衡方程:

$$\sum M_O(F_i) = F_{NAB} \cdot OD - W \times 5 = F_{NAB} \times \frac{10 \times 6}{\sqrt{10^2 + 6^2}} - W \times 5 = 0$$

$$F_{NAB} = 0.97W$$

② 求拉索 AB 的最大轴力:

$$F_{Nmax} = [\sigma] \cdot A = 60 \text{ N/mm}^2 \times 400 \text{ mm}^2 = 24 \times 10^3 \text{ N} = 24 \text{ kN}$$

③ 确定该起重机起吊的最大重量 W_{max}:

$$W_{max} = \frac{F_{Nmax}}{0.97} = \frac{24}{0.97} = 24.7 \text{ kN}$$

3.7　应力集中的概念

等截面直杆在受到轴向载荷拉压时其横截面上的应力是均匀分布的,但由于材料的缺陷,或是工程的实际需要须在杆件上切口、挖槽、钻孔等,以致杆件的截面面积突然变小,由实验分析可知,在杆件截面尺寸改变处应力并不是均匀分布的,而是在圆孔或切口处应力突然加大,而离开该处及稍远处,应力逐渐恢复均匀分布,我们将这种因杆件外形尺寸突然变化而引起的应力急剧增大的现象称为应力集中。

我们将产生应力集中截面上的最大应力设为 σ_{max},而将平均应力设为 σ_0(名义应力),则有

$$\alpha = \frac{\sigma_{max}}{\sigma_0} \tag{3.18}$$

式中,α 称为理论应力集中系数,该系数是一个大于 1 的系数,其反映了应力集中程度的大小。实验结果分析表明,在杆件截面尺寸突然改变越急、孔越小、角越尖处,应力集中的程度越为严重,所以在加工制作构件时,应尽可能避免上述情况的

出现。

对于各种不同的材料,它们对应力集中的敏感程度也不相同。对于塑性材料,它有屈服阶段,当局部的最大应力 σ_{max} 达到屈服极限 σ_s 时,该处的变形会继续增长,而应力不增加。当载荷继续增加,所增加的载荷就由截面上尚未屈服部分的材料来负担,使截面上其他点的应力也达到屈服极限,同时使截面上的应力逐渐趋于平均,这降低了应力的不均匀程度,也限制了最大应力值,用塑性材料制作的构件受静载作用时,一般可不考虑应力集中对材料的影响。对于脆性材料,由于它们没有屈服阶段,在载荷的作用下,应力集中处的最大应力 σ_{max} 会首先达到强度极限 σ_b,并在该处产生裂纹。故此,用脆性材料加工的构件即使是在静载作用下,也要考虑应力集中的影响。

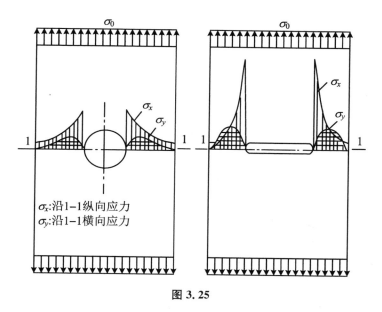

图 3.25

3.8 轴向拉伸与压缩静不定问题

3.8.1 静不定的概念及解法

前面章节所讨论的问题中,所有的未知力(如支座反力)均可由静力平衡方程求得。我们将这类仅由静力平衡方程就可求得全部反力的问题称为静定问题。有时为了提高结构的强度和刚度,我们须在静定的稳定结构中增加一根杆或一个约束（图 3.26），这时仅用静力平衡方程是不能解出全部未知力的，对这类仅依靠静力平衡方程不能求出全部未知力的问题称为静不定问题，相应的结构称为静不定结构。

静定问题的特点是未知力的数目与静力学独立平衡方程的数目相同，静不定问题的特点是未知力的数目多于静力学独立平衡方程的数目，未知力数目与独立平衡方程数目的差称为静不定次数。

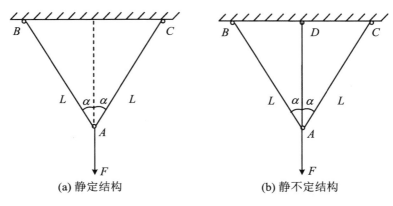

(a) 静定结构　　　　　　　　　(b) 静不定结构

图 3.26

由于静不定问题的特点，在求解过程中必须寻找其他的方程作为补充方程以满足方程数与未知力数相等的求解条件。由于任何一个结构在载荷或其他因素作用过程中均会产生变形，而变形与受力、其他因素之间存在一定的关系，因此求解静不定问题的补充方程可以从结构变形的几何特征中去寻求。

下面通过具体的例题来介绍补充方程的寻求与静不定问题的求解。

例 3.8　如图 3.27 所示，已知 AB 杆为均质阶梯形杆件，上、下两段截面面积分别为 A_1 和 A_2，弹性模量分别为 E_1 和 E_2，轴线方向的长度分别为 l_1 和 l_2，C 点的拉力为 F。试求两端的约束反力。

解　① 作受力图如图 3.28 所示，并依据受力图建立静力学平衡方程。由 $\sum F_y = 0$，得

$$R_A + R_B - F = 0 \tag{a}$$

② 寻找补充方程。由于杆件 AB 的两端为固定端，因此 AC 段和 BC 段的轴向变形量之和为零，即

$$\Delta l = \Delta l_{AC} + \Delta l_{BC} = 0 \tag{b}$$

由于该方程来自构件的变形几何图形，因此又称为几何方程。

③ 建立物理方程。利用胡克定律得

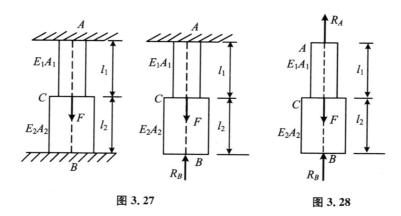

图 3.27　　　　　　　　　　　　　　　　图 3.28

$$\begin{cases} \Delta l_{AC} = \dfrac{R_A l_1}{E_1 A_1} \\[3mm] \Delta l_{BC} = \dfrac{-R_B l_2}{E_2 A_2} \quad (R_B \text{ 引起的轴力为压力}) \end{cases} \qquad (c)$$

④ 依据几何方程和物理方程建立变形协调方程。根据数学中求解方程组的方法,将式(c)代入式(b),得

$$\frac{R_A l_1}{E_1 A_1} - \frac{R_B l_2}{E_2 A_2} = 0 \qquad (d)$$

由于该方程在整个问题的求解过程中具有协调约束力和几何变形量之间关系的特性,故通常称其为变形协调方程(条件)或相容方程。

⑤ 联立方程(a)、(d),即可求解未知力:

$$\begin{cases} R_A = \dfrac{F E_1 A_1 l_2}{E_1 A_1 l_2 + E_2 A_2 l_1} \\[3mm] R_B = \dfrac{F E_2 A_2 l_1}{E_1 A_1 l_2 + E_2 A_2 l_1} \end{cases} \qquad (e)$$

总结:静不定问题求解步骤

(1) 通过受力分析确定未知力的数目和独立平衡方程的数目,判明是否属于静不定问题,若是静不定问题,属于几次静不定问题。

(2) 建立静力学平衡方程。

(3) 根据构件之间的变形关系,找出几何方程。

(4) 根据胡克定律建立物理方程。

(5) 根据静力平衡方程、几何方程、物理方程求解全部未知力。

上述 5 个步骤中的步骤(3)是静不定问题求解的关键步骤。

3.8.2　装配应力

　　工程中所使用的零部件在生产和制造过程中都会因为某些因素而产生一定程度的尺寸误差。在静不定结构中,这种误差会造成构件或零件在安装时因克服尺寸误差而强行装配情况的发生,构件或零件在强行装配过程中内部产生的应力称为装配应力。

　　装配应力的求解同前面所学的静不定问题的求解方法完全相同,下面通过例题具体介绍装配应力的求解过程。

　　例 3.9　如图 3.29 所示的结构,由于制造误差,杆 2 短了 $\delta = 0.3$ mm;三杆均为钢杆,$E = 200$ GPa,横截面面积分别为 $A_1 = 2000$ mm^2;$A_2 = 3000$ mm^2;$A_3 = 2000$ mm^2。已知杆长 $L = 2$ m,$AB = 4$ m,$BC = 2$ m。试问:当刚性梁 AC 将三根钢杆装配在一起时,三杆内的应力各为多少?

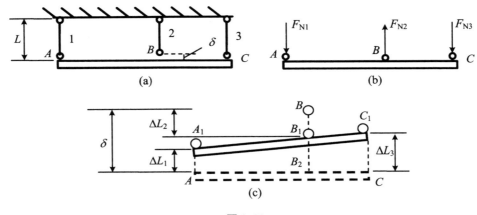

图 3.29

　　解　装配应力属于静不定问题,因此可以按照静不定问题的求解步骤解题。在该结构中,首先强行将杆 2 向下拉伸,将杆 1、杆 3 向上压缩,使三杆铰接在刚性梁 AC 上,原本水平的刚性梁 AC 将变成倾斜的。

　　① 取刚性梁 AC 为研究对象,画受力图和放大后的几何变形如图所示。

　　② 依据受力图建立静力学平衡方程:

$$\begin{cases} \sum F_y = F_{N1} - F_{N2} + F_{N3} = 0 \\ \sum M_B(F) = F_{N1} \cdot 4 - F_{N3} \cdot 2 = 0 \end{cases} \tag{a}$$

　　③ 根据几何变形图建立几何方程。由几何变形图可看出,变形之后 ACC_1A_1 是一个直角梯形,因此存在如下几何关系:

$$\frac{\overline{B_2B_1} - \overline{AA_1}}{\overline{CC_1} - \overline{AA_1}} = \frac{\overline{AB}}{\overline{AC}}$$

所以,得到几何方程如下:

$$\frac{\delta - \Delta L_2 - \Delta L_1}{\Delta L_3 - \Delta L_1} = \frac{\overline{AB}}{\overline{AC}} \tag{b}$$

④ 物理方程。由胡克定律得到物理方程:

$$\begin{cases} \Delta L_1 = \dfrac{F_{N1} L}{E A_1} \\[2mm] \Delta L_2 = \dfrac{F_{N2}(L - \delta)}{E A_2} \approx \dfrac{F_{N2} L}{E A_2} \\[2mm] \Delta L_3 = \dfrac{F_{N3} L}{E A_3} \end{cases} \tag{c}$$

⑤ 变形协调条件。将物理方程代入几何方程,得

$$\frac{\delta - \dfrac{F_{N2} L}{E A_2} - \dfrac{F_{N1} L}{E A_1}}{\dfrac{F_{N3} L}{E A_3} - \dfrac{F_{N1} L}{E A_1}} = \frac{\overline{AB}}{\overline{AC}} \tag{d}$$

⑥ 联立式(a)、(d)即可求得未知力。将有关数据代入,联立式(a)、(d)求解得三杆的轴力:

$$F_{N1} = 16363.6 \, \text{N}, \quad F_{N2} = 49090.9 \, \text{N}, \quad F_{N3} = 32727.2 \, \text{N} \tag{e}$$

从而求得装配应力如下:

$$\sigma_1 = \frac{F_{N1}}{A_1} = 8.18 \, \text{MPa(压)}, \quad \sigma_2 = \frac{F_{N2}}{A_2} = 16.36 \, \text{MPa(拉)},$$

$$\sigma_3 = \frac{F_{N3}}{A_3} = 16.36 \, \text{MPa(压)}$$

在工程中,对于装配应力的存在,有时是不利的,应予以避免;但有时也需要利用它,比如机械制造中的机密配合和土木结构中的预应力钢筋混凝土等。

3.8.3　温度应力

在实际工程和生活中,构件遇到温度变化,其尺寸会伸长或缩短。在静定结构中,构件能自由伸缩,不会在构件内产生应力。但在静不定结构中,由于构件的伸缩受到多余约束的制约而不能自由变形,使其内部产生应力。这种因温度变化而引起的构件内应力,称为温度应力。

温度应力也是一种初应力。它的求解与前述静不定问题的求解方法相同,下面通过简单的例题来介绍温度应力的求解方法。

例 3.10　有一阶梯型钢杆,两段的横截面面积分别为 $A_1 = 1000 \, \text{mm}^2$;$A_2 = 500 \, \text{mm}^2$;长度均为 1 m,钢材的线膨胀系数 $\alpha = 12 \times 10^{-6} \, ℃^{-1}$,$E = 200 \, \text{GPa}$。在 $t = 5 \, ℃$ 时将杆的两端固定,试求当温度升高到 25 ℃ 时,在杆各段中引起的温度应力。

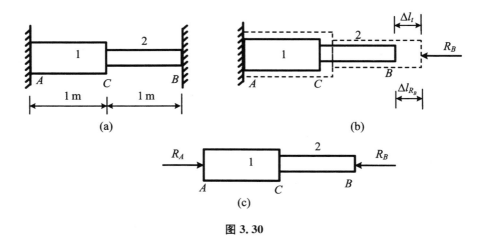

图 3.30

解　装配应力属于静不定问题,因此可以按照静不定问题的求解步骤解题。此处先假想将固定端 B 解除约束,让 B 端成为自由端,在温度上升的影响下,B 端将沿轴线方向向右伸长,伸长量为 Δl_t,然后在自由端截面 B 上施加一水平向左的作用力 R_B,使其回归到原先的位置,则 R_B 即为因温度升高 B 端面所产生的约束反力,并以此可进一步求得构件内部的温度应力。

① 依据受力图建立静力学平衡方程:

$$R_A - R_B = 0 \tag{a}$$

② 建立几何方程。令 B 端因温度升高而自由伸长的长度为 Δl_t,B 端在力 R_B 作用下的缩短量为 Δl_{R_B},则

$$\Delta l_t = \left| \Delta l_{R_B} \right| \tag{b}$$

③ 物理方程。由热膨胀定律可得变形和温度之间的关系如式(c),该关系即为求解温度应力的物理方程之一,另一物理方程(d)由拉压胡克定律求得

$$\Delta l_t = \alpha \cdot L \cdot \Delta t \tag{c}$$

$$\Delta L_{R_B} = \frac{R_B \cdot \overline{AC}}{EA_1} + \frac{R_B \cdot \overline{BC}}{EA_2} \tag{d}$$

式中,α 指热膨胀系数。

④ 变形协调条件。由物理方程(c)、(d)及几何方程(b)即可求得变形协调方程为

$$\alpha \cdot L \cdot \Delta t = \frac{R_B \cdot \overline{AC}}{EA_1} + \frac{R_B \cdot \overline{BC}}{EA_2} \tag{e}$$

⑤ 由变形协调条件可直接求得杆端约束反力:

$$R_B = \frac{\alpha \cdot L \cdot \Delta t}{\dfrac{AC}{EA_1} + \dfrac{BC}{EA_2}}$$

$$= \frac{12 \times 10^{-6} \, ℃^{-1} \times 2 \, \text{m} \times 20 \, ℃}{\dfrac{1 \, \text{m}}{200 \times 10^{9} \, \text{Pa} \times 1000 \times 10^{-6} \, \text{m}^2} + \dfrac{1 \, \text{m}}{200 \times 10^{9} \, \text{Pa} \times 500 \times 10^{-6} \, \text{m}^2}} \tag{f}$$

$$= 32000 \, \text{N}$$

$$= 32 \, \text{kN}$$

进而求得构件横截面上的温度应力为

$$\sigma_{AC} = \frac{R_B}{A_1} = \frac{32000 \, \text{N}}{1000 \, \text{mm}^2} = 32 \, \text{MPa}$$

$$\sigma_{BC} = \frac{R_B}{A_2} = \frac{32000 \, \text{N}}{500 \, \text{mm}^2} = 64 \, \text{MPa}$$

在工程中常为了降低或消除温度应力而采取一些措施,例如,在铁轨间预留空隙、在管道上增加伸缩节、在桁架一端采用活动铰链支座以及在桥梁上采用伸缩缝等,这些都是为了避免和减少温度应力而常用的方法。

3.9　剪切和挤压的实用计算

3.9.1　工程实例

在实际工程和现实生活中有许多构件需要相互连接在一起,如剪刀、钢结构厂房等,它们节点处的铆钉、高强度的螺栓,以及木制结构中的阴、阳榫,连接轴与轮之间的键等连接件(图 3.31)在载荷作用或在其自重作用下,会产生剪切作用和挤压作用,并产生剪切和挤压变形。剪切变形和挤压变形通常发生在连接件上或连接件和被连接件相互接触的部位。

3.9.2　剪切的概念及实用计算

在现实工程中如图 3.32 所示的两块钢板之间用铆钉连接,铆钉在两侧面上分别受到大小相等、方向相反、作用线相距很近的两组外力系的作用,在此作用力下,铆钉沿两力之间的 $m\text{-}m$ 截面就会发生相对错动,这种变形称为剪切变形,$m\text{-}m$ 截面称为剪切面。

零件在发生剪切变形时,由于变形及受力都比较复杂,用理论方法计算这些应力,不仅非常困难,而且与实际情况出入较大,因此在工程中我们通常采用实用计算方法。

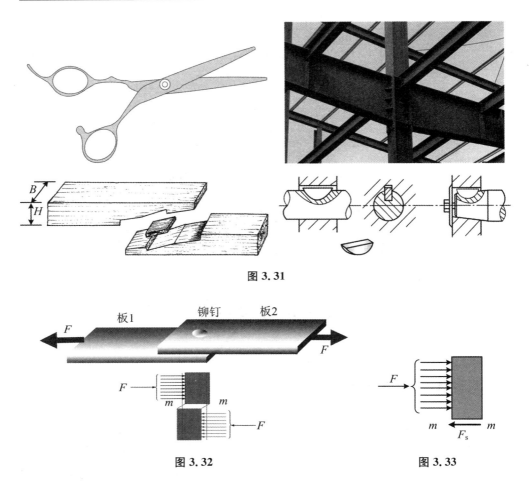

图 3.31

图 3.32　　　　　　　　　　　　　图 3.33

在实用计算方法中，假想 m-m 截面上的应力是均匀分布的，因此，截面上的应力值应为

$$\tau = \frac{F_s}{A} \tag{3.19}$$

式中，A 为剪切面面积。

上述剪应力因与截面相切，故称为剪切应力。又因其是在"均匀分布"假设的基础上求出的结果，所以也称为名义剪切应力。

同拉压强度条件一样，对于发生剪切变形的构件，也存在相应的剪切强度条件：

$$\tau = \frac{F_s}{A} \leqslant [\tau] = \frac{\tau_u}{n} \tag{3.20}$$

式中，τ_u 称为极限应力，n 称为安全系数，$[\tau]$ 为许用剪应力。

同拉压强度计算一样，剪切强度计算也包括三方面内容：强度校核、截面设计和许用载荷计算。

3.9.3　挤压的概念及挤压实用计算

螺栓、铆钉、键等连接件,除了承受剪切以外,在连接件和被连接件的接触面还紧紧地互相挤压在一起,这种现象称为挤压。如图 3.34 所示的键连接中键的右侧面与轮毂相互挤压,而键的左侧面下半部与轴相互挤压,由此可见,连接键除了可能以剪切的形式破坏外,还可能以挤压的形式破坏。所以我们对上述这样的连接键除了要进行剪切强度计算外还要进行挤压强度的计算。

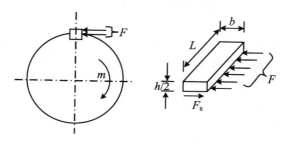

图 3.34

分布在挤压面上的压力称为挤压应力,用 σ_{jy} 表示。挤压应力与短直杆在压缩中的压应力有所不同,后者的压应力在横截面上是均匀分布的。挤压应力则只限于相互挤压构件之间的接触面区域。挤压应力在接触面上的分布也比较复杂,同剪切的实用计算一样,在工程上也采用挤压的实用计算方法,即按下式进行计算:

$$\sigma_{jy} = \frac{F_{jy}}{A_{jy}} \tag{3.21}$$

F_{jy} 表示挤压面上的作用力,A_{jy} 表示承受挤压力 F_{jy} 的面积,由此建立强度条件:

$$\sigma_{jy} = \frac{F_{jy}}{A_{jy}} \leqslant [\sigma_{jy}] \tag{3.22}$$

式中,$[\sigma_{jy}]$ 为材料的挤压许用应力。

对于挤压面面积 A_{jy} 的计算,要根据接触面的情况而定。当挤压面为平面时,A_{jy} 取挤压构件相互的实际接触面面积;当挤压面为圆柱面时,A_{jy} 取直径面面积。

实验表明,将圆孔或圆钉的直径平面面积作为承受挤压力的面积,由挤压力除以此面积所得的应力与理论分析所得的最大应力大致相等。

例 3.11　一销钉连接如图 3.35 所示。已知外力 $F = 18$ kN,被连接件的厚度 $t = 8$ mm,销钉直径 $d = 15$ mm,销钉的材料许用剪应力 $[\tau] = 60$ MPa,许用挤压应力 $[\sigma_{jy}] = 120$ MPa。试校核销钉的强度。

解　① 剪切强度校核。如图 3.35 所示销钉承受载荷 F 的剪切面有两个,由截面法得两个剪切面上的剪力均为

$$F_s = \frac{1}{2}F = 9 \text{ kN}$$

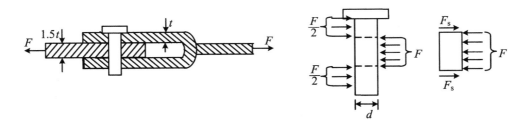

图 3.35

将计算出的剪力 F_s 代入式(3.20)即可进行剪切强度校核:

$$\tau = \frac{F_s}{A} = \frac{9 \times 10^3}{\pi d^2/4} = \frac{9 \times 10^3 \text{ N}}{1.768 \times 10^{-4} \text{ m}^2} = 51 \text{ MPa} < [\tau] = 60 \text{ MPa}$$

校核结果为构件满足剪切强度要求。

② 挤压强度校核。由图可知承受载荷 A 段销钉为危险段故只需校核此段强度。由图可知,挤压力 $F = 18$ kN,代入式(3.22)即可进行挤压强度校核:

$$\sigma_{jy} = \frac{F_{jy}}{A_{jy}} = \frac{18 \times 10^3}{1.5td} = \frac{18 \times 10^3 \text{ N}}{1.5 \times 0.008 \times 0.015 \text{ m}^2} = 100 \text{ MPa} < [\sigma_{jy}] = 120 \text{ MPa}$$

校核结果为结构满足挤压强度条件,由此可以看出销钉是安全的。

本 章 小 结

1. 轴力与轴力图:

(1) 轴力:轴向拉伸(压缩)构件横截面上的内力,作用线在轴线上,规定轴力与截面外法线方向一致为正,反之为负。

(2) 轴力图:表示杆件的轴力沿轴线的变化规律的图。轴力图上应标注数值、正负号。轴力图可为强度校核提供依据。

2. 轴向拉压时,正应力计算公式为

$$\sigma = \frac{F_N}{A} \leqslant [\sigma]$$

强度计算问题有三种基本类型:① 校核强度;② 设计截面;③ 确定许用载荷。

3. 轴向变形根据胡克定律计算:

$$\Delta L = \frac{F_N L}{EA}$$

$$\varepsilon = \frac{\Delta L}{L} = \frac{F_N}{EA} = \frac{\sigma}{E}$$

即

$$\sigma = E\varepsilon$$

轴向应变 ε 与横向应变 ε' 的关系为

$$\mu = \left| \frac{\varepsilon'}{\varepsilon} \right|$$

对于内力 $F_\mathrm{N}(x)$ 或横截面 $A(x)$ 沿杆轴线 x 变化的拉(压)杆件,其轴向变形应分段计算后再求代数和,或按积分计算:

$$\Delta L = \int_l \frac{F_\mathrm{N}(x)}{EA(x)} \mathrm{d}x$$

4. 拉压静不定问题的求解步骤(即三条件法):

(1) 根据静力平衡条件列出静力平衡方程式(含未知多余约束力)。

(2) 建立变形协调方程(几何条件)。

(3) 根据物理条件,将杆件变形用载荷及未知约束力表示,得到补充方程,与平衡方程式联立求解。

5. 正确理解剪切面和挤压面的概念,并正确应用剪切强度、挤压强度的计算公式。

$$\tau = \frac{F_\mathrm{s}}{A} \leqslant [\tau]$$

$$\sigma_\mathrm{jy} = \frac{F_\mathrm{jy}}{A_\mathrm{jy}} \leqslant [\sigma_\mathrm{jy}]$$

思　考　题

1. 构件内力的大小不但与外力大小有关,还与材料的截面形状有关。是否正确?

2. 两根材料、长度都相同的等直柱子,一根的横截面积为 A_1,另一根为 A_2,且 $A_1 > A_2$。两杆都受自重作用。则两杆最大压应力相等,最大压缩量也相等。是否正确?

3. 低碳钢拉伸与压缩的实验曲线有什么区别?

4. 低碳钢拉伸实验曲线分为哪几个阶段?

5. 材料的许用应力是怎么确定的? 要考虑哪些因素?

6. 一空心圆截面直杆,其内、外径之比为 0.8,两端承受力作用,如将内外径增加 1 倍,则其抗拉刚度将是原来的多少倍?

7. 两根长度及截面面积相同的等直杆,一根为钢杆,一根为铝杆,承受相同的轴向拉力,则钢杆的正应力及伸长量与铝杆的正应力及伸长量有什么关系?

8. 什么是剪切变形? 什么是挤压变形?

9. 什么是实用计算法? 在剪切和挤压的实用计算中有哪些假定?

10. 举例说明实际挤压面与挤压计算面之间的关系。

习　　题

1. 试画出下列杆件的轴力图。已知 $F_1=15\ \text{kN}$，$F_2=10\ \text{kN}$，$F_3=20\ \text{kN}$。

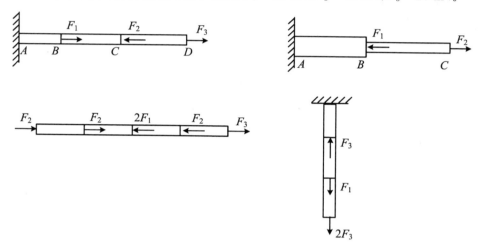

图 3.36

2. 如图 3.37 所示，一根阶梯型钢质圆杆，其截面面积分别为 $5\ \text{cm}^2$、$9.6\ \text{cm}^2$，杆件受到轴向力作用，试计算钢杆横截面上的最大正应力。

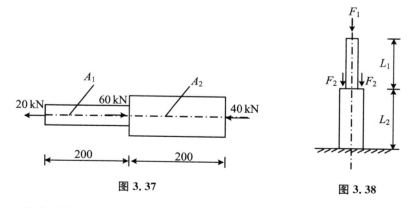

图 3.37

图 3.38

3. 一根直径为 $10\ \text{mm}$ 的圆杆，在拉力 $F=10\ \text{kN}$ 的作用下，试求斜截面上的最大切应力，并求与横截面的夹角为 $\alpha=30°$ 的斜截面上的正应力和切应力。

4. 厂房立柱如图 3.38 所示。它受到屋顶作用的载荷 $F_1=120\ \text{kN}$，吊车的作

用载荷 $F_2=100$ kN,其弹性模量 $E=18$ GPa,$L_1=3$ m,$L_2=7$ m,横截面面积 $A_1=400$ cm²,$A_2=600$ cm²。试画其轴力图,并求:① 各段横截面上的应力;② 绝对变形 Δl。

5. 如图 3.39 所示结构中杆 1、杆 2 的横截面直径分别为 10 mm 和 18 mm,试求两杆的应力。设两根横杆均为刚体。

6. 如图 3.40 所示结构中,AC 杆横截面面积 $A_1=2200$ mm²,BC 杆横截面面积 $A_2=2550$ mm²,两杆的弹性模量 $E=200$ GPa;若 $F=125$ kN,试计算点 C 的位移。

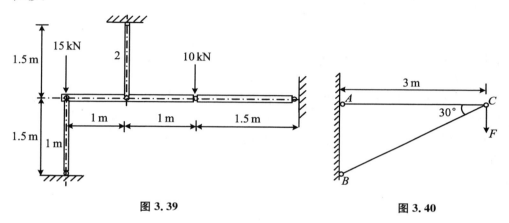

图 3.39　　　　　　　　　　　　　　　　　　图 3.40

7. 如图 3.41 所示,AB 为圆截面钢梁,AC 为方截面木杆,在点 A 处受一铅垂方向的载荷 F 的作用,已知 $F=50$ kN,钢材 $[\sigma]=160$ MPa,木材 $[\sigma]=10$ MPa。试确定 AB、AC 杆的截面尺寸。

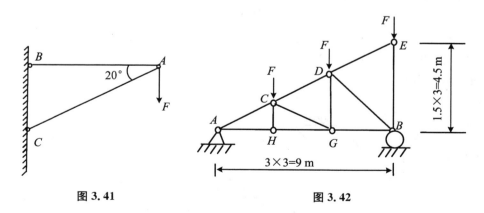

图 3.41　　　　　　　　　　　　　　　　　　图 3.42

8. 钢木组合桁架的尺寸及计算简图如图 3.42 所示。已知 $F=16$ kN,钢的许用应力 $[\sigma]=120$ MPa。试选择钢拉杆 DB 的直径 d。

9. 如图 3.43 所示简易起重设备,AC 杆由 4 根 56×56×8 等边角钢组成,AB 杆由一根 18 号工字钢组成。材料为 A3 号钢,许用应力 $[\sigma]=170$ MPa。求许用载荷 $[F]$。

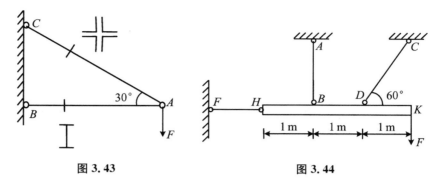

图 3.43   图 3.44

10. 如图 3.44 所示结构，HK 为刚体，AB 与 CD 杆材料相同，横截面面积也相同，均为 $A=4\ \text{cm}^2$，许用应力 $[\sigma]=160\ \text{MPa}$，试根据 AB、CD 杆的强度确定最大许用载荷 $[F]$。

11. 如图 3.45 所示，刚性梁 ABC 由圆杆 CD 悬挂在 D 点，B 端作用集中载荷 $F=25\ \text{kN}$，已知 CD 杆的直径 $d=20\ \text{mm}$，许用应力 $[\sigma]=160\ \text{MPa}$。要求：① 试校核杆 CD 的强度；② 确定结构的许用载荷 $[F]$；③ 若 $F=50\ \text{kN}$，设计杆 CD 的直径。

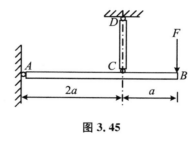

图 3.45

12. 如图 3.46 所示，AC 和 BC 两杆铰接于 C，并吊重物 $G=36\ \text{kN}$。已知 BC 杆的许用应力 $[\sigma]=160\ \text{MPa}$，AC 杆的许用应力 $[\sigma]=100\ \text{MPa}$。两杆截面均为 $2\ \text{cm}^2$，试校核两杆强度。

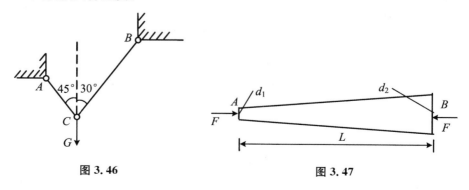

图 3.46   图 3.47

13. 如图 3.47 所示连续变化截面杆，$F=120\ \text{kN}$，$d_1=5\ \text{mm}$，$d_2=15\ \text{mm}$，$L=$

100 mm，$E = 200$ GPa，试计算杆 AB 的轴向变形 Δl。

14. 用一根铸铁圆管作为受压杆，材料的许用应力 $[\sigma] = 170$ MPa，轴向压力 $F = 1000$ kN，管的外半径 $R = 60$ mm，内半径 $r = 40$ mm，试校核其强度。

15. 如图 3.48 所示，横截面面积 $A = 10000$ mm² 的钢杆两端固定，载荷如图所示，试求钢杆各段的应力。

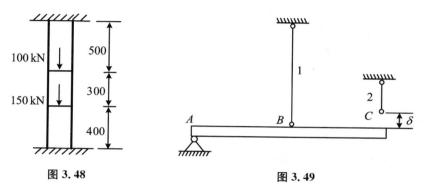

图 3.48　　　　　　　　　　　　图 3.49

16. 如图 3.49 所示结构，由于制造不准，杆 2 短了 $\delta = 0.2$ mm；两杆均为钢杆，$E = 200$ GPa，横截面面积均为 $A = 2000$ mm²。已知杆长 $l_1 = 4$ m，$l_2 = 2$ m，$AB = BC = 2$ m。试问：当刚性梁 AC 将两杆装配在一起时，两杆的内力各为多少？

17. 如图 3.50 所示为一阶梯形钢杆，两段的横截面面积分别为 $A_1 = 800$ mm²；$A_2 = 500$ mm²；长度分别为 a 和 $2a$，钢材的线膨胀系数 $\alpha = 12.5 \times 10^{-6}$℃⁻¹，$E = 200$ GPa。在 $t = 5$ ℃时将杆的两端固定，试求当温度升高到 35 ℃时，在杆各段中引起的温度应力。

18. 如图 3.51 所示，齿轮用平键与轴连接（图中只画出了轴与键，没有画出齿轮）。已知轴的直径 $d = 70$ mm，键的尺寸为 $b \times h \times l = 20$ mm $\times 12$ mm $\times 100$ mm，传递的扭转力矩 $m = 1.4$ kN·m，键的许用应力 $[\tau] = 50$ MPa，$[\sigma_{jy}] = 80$ MPa。试校核键的强度。

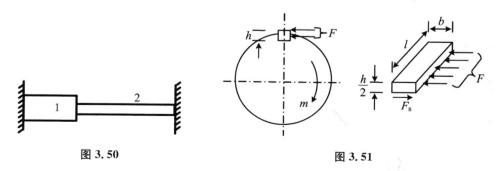

图 3.50　　　　　　　　　　　　图 3.51

19. 如图 3.52 所示的装置常用来确定胶接处的抗剪强度，若已知破坏时的载荷为 10 kN，试求胶接处的极限剪应力。

20. 如图 3.53 所示,用四个直径相同的铆钉连接拉杆和络板。已知拉杆与铆钉的材料相同,拉杆宽度 $b=80$ mm,拉杆厚度 $t=10$ mm,螺栓直径 $d=16$ mm,$[\tau]=100$ MPa,$[\sigma_{jy}]=120$ MPa,$[\sigma]=130$ MPa。试计算许用载荷 $[F]$。

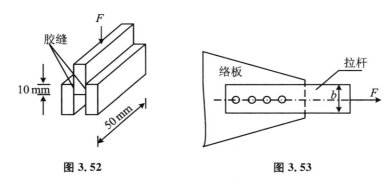

图 3.52   图 3.53

21. 木榫接头的侧视图和俯视图如图 3.54 所示,$F=50$ kN,试求接头的剪切应力和挤压应力。

22. 试校核如图 3.55 所示连接销钉的剪切强度。已知 $F=100$ kN,销钉直径 $d=30$ mm,材料的许用剪应力 $[\tau]=60$ MPa,若不够,销钉直径应为多少?

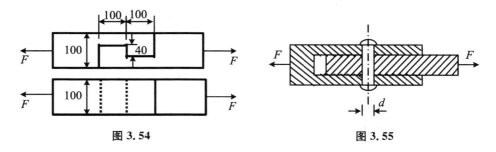

图 3.54   图 3.55

第4章 扭 转

本章首先通过一些工程实例介绍圆轴扭转时的受力特点和变形特点,然后介绍圆轴扭转时的外力偶矩计算以及扭矩与扭矩图的概念,通过薄壁圆筒的扭转实验导出其切应力计算公式、剪切胡克定律、切应力互等定理等,最后推导圆轴扭转时的切应力和变形计算公式,同时对圆轴扭转时的强度和刚度计算进行重点介绍。

4.1 概念与实例

扭转变形是构件变形的基本形式之一,在日常生活和实际工程中经常遇见发生扭转变形的受力构件,如驾驶员在驾驶汽车时双手会给方向盘一对大小相等、方向相反、作用线不共线的力;与此构件受力情况类似的,还有与发动机连接的传动轴、日常生活中经常用到的水龙头、机床中的转轴等。

这些所有发生扭转变形的构件在受力、变形方面均有一些共同特性,即在受扭的杆件上都作用有两个大小相等、方向相反且作用平面垂直于杆件轴线的力偶;在力偶的作用下,杆件中任意两个横截面会发生绕杆件轴线的相对转动,拥有这种特性的变形就称为扭转变形(图 4.1)。

工程上习惯把以扭转变形为主要变形的杆件称为轴。常见的轴有多种截面形式,有圆截面轴和矩形截面轴等,其中圆截面轴最为常见。本章将对圆截面轴扭转时的应力与变形问题进行讨论。对于非圆截面轴的扭转应力和变形问题,因涉及更为复杂的力学理论,将在弹性力学中进行讨论,本章不再叙述。

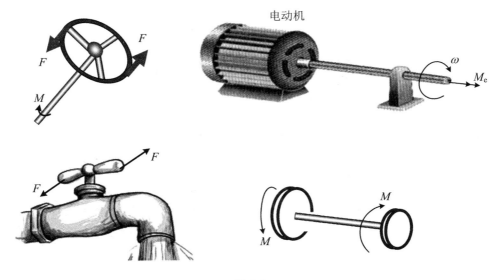

图 4.1

4.2　外力偶矩计算——扭矩与扭矩图

4.2.1　外力偶矩的计算

在实际工程中,往往都是已知轴所传递的功率及其转速,而外力偶矩通常并不是直接给出的,因此外力偶矩一般需要通过计算得到。例如,在图 4.2 中,外力偶矩没有给出,它给出的仅仅是电动机的转速和输出的功率。如果我们要分析传动轴 AB 中某点处的应力情况,首先必须知道 A 端皮带轮上的外力偶矩 M_e,下面我们来分析如何根据电动机的转速和输出功率来求解外力偶矩 M_e 的大小。

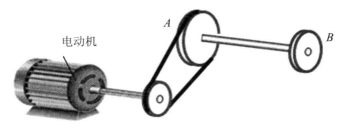

图 4.2

如图 4.2 所示,已知电动机通过皮带轮输给 AB 轴的功率为 $P(\text{kW})$,AB 轴的转速为 $n(\text{r/min})$。求皮带作用在轮 A 上的力偶 M_e。

由于电动机的输出功率 P 已知,于是可求出电动机每分钟所做的功为

$$W = P \times 1000 \times 60 \quad (\text{N} \cdot \text{m}) \tag{a}$$

令电动机通过皮带轮作用于 AB 轴上的外力偶矩为 M_e,则 M_e 在每分钟内完成的功为

$$W' = 2\pi \times n \times M_e \quad (\text{N} \cdot \text{m}) \tag{b}$$

不考虑传递过程中的能量损失,则 M_e 所做的功也就是电动机通过皮带轮给 AB 轴输入的功,因此可得

$$W = W' \tag{c}$$

将(a)、(b)两式代入式(c),于是求得

$$M_e = 9549 \frac{P(\text{kW})}{n(\text{r/min})} \quad (\text{N} \cdot \text{m}) \tag{4.1}$$

例 4.1 传动轴如图 4.3 所示,主动轮 A 的输入功率为 $P_A = 550\ \text{kW}$,从动轮 B、C 的输出功率分别为 $P_B = 225\ \text{kW}$,$P_C = 325\ \text{kW}$,轴的转速 $n = 360\ \text{r/min}$,计算各轮上所受的外力偶矩。

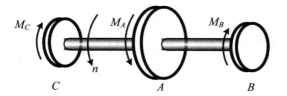

图 4.3

解 由于功率的单位为 kW,故应使用式(4.1)计算外力偶矩。

$$M_A = 9549 \frac{P_A}{n} = 9549 \frac{550}{360} = 14588.75 \quad (\text{N} \cdot \text{m})$$

$$M_B = 9549 \frac{P_B}{n} = 9549 \frac{225}{360} = 5968.125 \quad (\text{N} \cdot \text{m})$$

$$M_C = 9549 \frac{P_C}{n} = 9549 \frac{325}{360} = 8620.625 \quad (\text{N} \cdot \text{m})$$

主动轮与从动轮的区分:外力偶矩的转向与轴的转动方向一致的为主动轮,反之则为从动轮。

4.2.2 扭矩与扭矩图

(1) 扭矩的概念

如同轴向拉(压)杆件横截面上的内力是一个作用线与杆件轴线相重合的轴力一样,扭转杆件横截面上也存在一个内力,该内力为一个作用在横截面所在平面内

的力偶矩,因其在杆件扭转变形过程中产生,所以形象地称为扭矩。扭矩通常用 T 表示,单位为 N·m。

（2）扭矩的计算

扭矩的计算仍然采用截面法进行求解。

（3）扭矩正负号规定

扭矩的正负号采用右手螺旋法则来判别,让右手四指的方向与扭矩的转向一致,若大拇指的方向与横截面的外法线方向一致时,则扭矩为正,反之为负。

（4）扭矩图

用来表示受扭杆件横截面上扭矩大小随横截面位置变化的坐标图,称为扭矩图。扭矩图的作法与轴力图的作法基本相同,一般以 x 轴表示杆件各横截面的位置,以垂直向上的纵轴表示扭矩的大小,正的扭矩画在 x 轴的上方,负的扭矩画在 x 轴的下方。

下面通过例 4.2 来介绍扭矩图的绘制方法。

例 4.2　传动轴如图 4.4 所示,主动轮 A 的输入功率为 $P_A = 70$ kW,从动轮 B、C、D 的输出功率分别为 $P_B = P_C = 25$ kW,$P_D = 20$ kW,轴的转速 $n = 300$ r/min,计算各段轴上所受的扭矩。

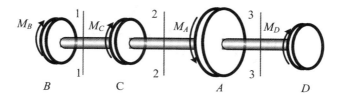

图 4.4

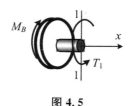

图 4.5

解　① 计算各轮上的外力偶矩:

$$M_A = 2228.10 \text{ N·m}, \quad M_D = 636.60 \text{ N·m}$$
$$M_B = M_C = 795.75 \text{ N·m}$$

② 应用截面法求扭矩 T。首先,将杆件沿横截面 1-1 处假想地截开,如图 4.5 所示,由于左半部分所受外力偶较少,因此取左半部分为研究对象,不管外力偶矩转向如何,都在横截面 1-1 加上正的扭矩 T_1;然后对图 4.5 建立静力学平衡方程,即可求解出 1-1 截面上的扭矩 T_1,如果计算结果为正,则扭矩为正;反之,扭矩为负。如果我们取右半部分进行研究,计算结果是一样的。

$$\sum M_x = 0 \implies M_B - T_1 = 0 \implies T_1 = M_B = 795.75 \text{ N·m}$$

其次,将杆件沿 2-2 截面处假想地一分为二,如图 4.6 所示,保留左半部分为研究对象,在横截面 2-2 加上正的扭矩 T_2。

依据静力学平衡方程,同样可求出 2-2 截面上的扭矩为

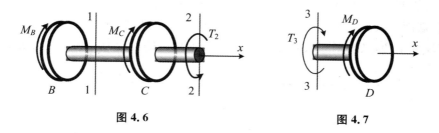

图 4.6　　　　　　　　　图 4.7

$$\sum M_x = 0 \quad \Rightarrow \quad M_B + M_C - T_2 = 0$$
$$\Rightarrow \quad T_2 = M_B + M_C = 795.75 \times 2 = 1591.5 \quad (\text{N} \cdot \text{m})$$

最后,将轴沿 3-3 截面处假想地一分为二,取右半部分为研究对象,如图 4.7 所示,在横截面 3-3 加上正的扭矩 T_3。

同理可求出 3-3 截面上的扭矩为

$$\sum M_x = 0 \quad \Rightarrow \quad M_D + T_3 = 0 \quad \Rightarrow \quad T_3 = M_D = -636.6 \, \text{N} \cdot \text{m}$$

③ 画扭矩图。以 x 轴表示杆件各横截面的位置,以垂直向上的纵轴表示 T 的大小建立坐标系,如图 4.8 所示。根据各段求出的扭矩值大小,即可绘出整个杆件的扭矩图。

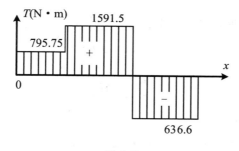

图 4.8

4.3　薄壁圆筒的扭转

当空心圆筒的壁厚 t 与平均直径 D(即 $2r$)之比 $t/D \leqslant 1/20$ 时,称为薄壁圆筒。

1. 薄壁圆筒扭转时的切应力计算

若在薄壁圆筒的外表面画上一系列互相平行的纵向直线和横向圆周线,将其分成一个个小方格,其中代表性的一个小方格如图 4.9(a)所示。这时使筒在外力偶 M 的作用下扭转,扭转后相邻圆周线绕轴线相对转过一微小转角。纵线均倾斜一微小倾角 γ 使方格变成菱形[图 4.9(b)],但圆筒沿轴线及周线的长度都没有变化。这表明,当薄壁圆筒扭转时,其横截面和包含轴线的纵向截面上都没有正应力,横截面上只有与截面相切的切应力 τ,因为筒壁的厚度 t 很小,可认为切应力沿筒壁厚度不变,又根据圆截面的轴对称性,横截面上的切应力 τ 沿圆环处处相等。

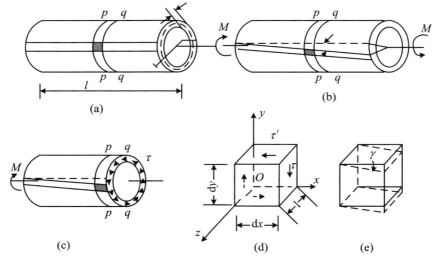

图 4.9　薄壁圆筒

根据如图 4.9(c)所示部分的平衡方程 $\sum M_x = 0$,有

$$M = 2\pi r t \cdot \tau \cdot r$$

即

$$\tau = \frac{M}{2\pi r^2 t} \tag{4.2}$$

2. 切应力互等定理

图 4.9(d)是从薄壁圆筒上取出的相应于图 4.9(a)上小方块的单元体,它的厚度为壁厚 t,宽度和高度分别为 dx、dy。当薄壁圆筒受扭时,此单元体分别相应于 p-p,q-q 圆周面的左、右侧面上有切应力 τ,因此在这两个侧面上有剪力 $\tau t dy$,而且这两个侧面上剪力大小相等而方向相反,形成一个力偶,其力偶矩为 $(\tau t dy)dx$。为了平衡这一力偶,上、下水平面上也必须有一对切应力 τ' 作用(据 $\sum F_y = 0$,也应大小相等,方向相反)。对于整个单元体,必须满足 $\sum M_z = 0$,即

$$(\tau t \cdot dy)dx = (\tau' t dx)dy$$

所以

$$\tau = \tau' \tag{4.3}$$

上式表明,在一对相互垂直的微面上,垂直于交线的切应力应大小相等,方向共同指向或背离交线,这就是切应力互等定理。图 4.9(d)所示单元体称为纯剪切单元体。

3. 切应变与剪切胡克定律

与图 4.9(b)中小方格(平行四边形)相对应,图 4.9(e)中单元体的相对两侧面发生微小的相对错动,使原来互相垂直的两个棱边的夹角改变了一个微量γ,此直角的改变量称为切应变或角应变。如图 4.9(b)所示,若φ为圆筒两端的相对扭转角,l为圆筒长度,则切应变γ为

$$\gamma = \frac{r\varphi}{l} \tag{4.4}$$

薄圆筒扭转实验表明,在弹性范围内,外力偶矩M与相对扭转角φ成正比,因此,由式(4.2)和式(4.4)可知:在弹性范围内,切应变γ与切应力τ成正比,即

$$\tau = G\gamma \tag{4.5}$$

式(4.5)为剪切胡克定律;G称为材料剪切弹性模量,单位为 GPa。

对于各向同性材料,弹性常数E、μ、G三者有如下关系:

$$G = \frac{E}{2(1+\mu)} \tag{4.6}$$

4.4　圆轴扭转时的应力

对于一个受扭的构件,如果我们想要知道它的承载能力,首先必须知道其内部的应力分布规律,只有知道了其内部的应力分布规律后才能确定危险点的位置及相应的应力状态,从而确定这种材料适合什么样的工程,能够承受什么样的载荷作用。

4.4.1　圆轴扭转时的应力

圆轴扭转时,横截面上切应力分布规律的分析十分复杂,仅仅依靠静力学平衡方程得不出所需的结果,同轴向拉压静不定问题的求解一样,此处圆轴横截面上切应力的求解也同样需要借助变形几何方程和物理方程来求解。

1. 变形几何条件

为观察圆轴扭转时的变形,首先观察一个简单的实验。未施加外力偶矩之前,在圆轴表面刻画上一组平行于轴线的纵向线和一组圆周线,形成正交网格,如图 4.10所示。然后在两端施加一对大小相等、方向相反的外力偶,使圆轴发生扭转变形。

圆轴发生扭转后,我们清楚地看到各圆周线均绕杆件的轴线相对旋转了一个角度,但圆周线的大小、形状和相邻两圆周线之间的距离没有发生改变;在小变形的情况下,各纵向线仍近似为一条直线,只是倾斜了一个微小的角度;变形前的圆轴表面的方格,变形后扭歪成菱形。

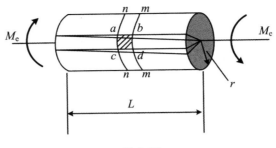

图 4.10

对上述实验现象进行推论,从而得到一个材料力学中十分重要的结论,即圆轴扭转时的平面假设:变形前原为平面的横截面,变形后仍保持为平面,形状和大小不变,半径仍保持为直线,只是绕轴线发生了一定角度的转动,且相邻两横截面间的距离不变。

下面在圆轴扭转平面假设的基础上进一步分析圆轴扭转时切应变的变化规律。

现从圆轴中取出长为 $\mathrm{d}x$ 的微段(图 4.11),即上图中的 $mm-nn$ 之间的微段,再于上述微段中取单元体 $abcd$。若截面 $n-n$ 对 $m-m$ 的相对转角为 $\mathrm{d}\varphi$,根据平面假设可知:横截面 $n-n$ 相对于 $m-m$ 像刚性平面一样,绕轴线转了一个角度 $\mathrm{d}\varphi$,半径 Oa 也转过了一个 $\mathrm{d}\varphi$ 角到达 Oa'。

于是单元体 $abcd$ 的 ab 边相对于 cd 边也发生了微小的相对错动,引起单元体 $abcd$ 的剪切变形。

如图 4.11 所示,ab 边对 cd 边相对错动的距离为

$$aa' = R\mathrm{d}\varphi \tag{4.7}$$

直角 abc 的角度改变量为

$$\gamma = \frac{aa'}{ad} = R\frac{\mathrm{d}\varphi}{\mathrm{d}x} \tag{4.8}$$

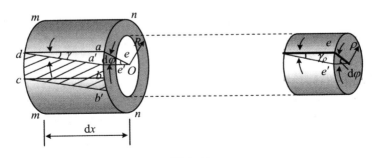

图 4.11

此外,由图 4.11 还可看出:圆截面上 a 点处的切应变,发生在垂直于半径 Oa

的平面内。

同理,在距离圆心为 ρ 处的切应变为

$$\gamma_\rho = \rho \frac{\mathrm{d}\varphi}{\mathrm{d}x} \tag{4.9}$$

式(4.9)即为圆轴扭转时横截面上各点切应变的变化规律,也是求解横截面上切应力分布规律的变形几何条件。

2. 物理关系

所谓的物理关系就是应力和应变之间的关系。相对于扭转变形的构件,物理关系就是剪切胡克定律,即

$$\tau_\rho = G\gamma_\rho \tag{4.10}$$

将物理关系式(4.10)代入切应变变化规律式(4.9),得

$$\tau_\rho = G\rho \frac{\mathrm{d}\varphi}{\mathrm{d}x} \tag{4.11}$$

上式即为变形协调条件。

讨论 由于对于某一特定的横截面 $\frac{\mathrm{d}\varphi}{\mathrm{d}x} =$ 常数,故由式(4.11)可看出:对某一特定的横截面来说,τ_ρ 与 ρ 成正比,又因为 γ_ρ 发生在垂直于半径的平面内,所以 τ_ρ 也与半径垂直。再根据切应力互等定理可知:在纵截面和横截面上,沿半径方向切应力的分布规律如图 4.12 所示。

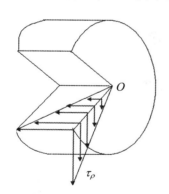 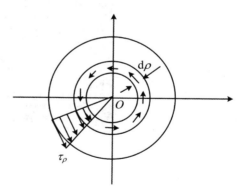

图 4.12

3. 静力学平衡条件

虽然前面已经求出了式(4.11),但由于式(4.11)中的 $\frac{\mathrm{d}\varphi}{\mathrm{d}x}$ 尚未求出,所以仍然无法用它计算切应力,为此,我们还必须研究静力平衡关系。

(1)公式推导。如图 4.12 所示在横截面内取环形微分面积 $\mathrm{d}A$:

$$\mathrm{d}A = 2\pi\rho \cdot \mathrm{d}\rho$$

由于 $\mathrm{d}\rho$ 很微小,故可认为在环形面积内,$\tau_\rho =$ 常量,将微面积上的切应力对 O

点取力偶矩，可得

$$\mathrm{d}T = \rho \cdot \tau_\rho \cdot \mathrm{d}\rho \qquad\qquad (\text{a})$$

则整个横截面上的扭矩为

$$T = \int_A \rho \cdot \tau_\rho \mathrm{d}\rho \qquad\qquad (\text{b})$$

因

$$\tau_\rho = G \cdot \rho \frac{\mathrm{d}\varphi}{\mathrm{d}x} \qquad\qquad (\text{c})$$

故

$$T = \int_A G \cdot \rho^2 \cdot \frac{\mathrm{d}\varphi}{\mathrm{d}x}\mathrm{d}A = G \cdot \frac{\mathrm{d}\varphi}{\mathrm{d}x} \cdot \int_A \rho^2 \mathrm{d}A = G \cdot I_{\mathrm{P}} \frac{\mathrm{d}\varphi}{\mathrm{d}x} \qquad (4.12)$$

其中：

$$I_{\mathrm{P}} = \int_A \rho^2 \cdot \mathrm{d}A \qquad\qquad (4.13)$$

联立求解式（4.11）和（4.12），得

$$\tau_\rho = \frac{T \cdot \rho}{I_{\mathrm{P}}} \qquad\qquad (4.14)$$

上式即为圆轴扭转时横截面上切应力分布规律表达式。

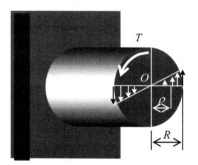

图 4.13

4. 讨论公式（4.14）

（1）由公式（4.14）可见，当 $\rho = R$ 时，可知

$$\tau_R = \tau_{\max} = \frac{T \cdot R}{I_{\mathrm{P}}} = \frac{T}{W_{\mathrm{t}}} \qquad\qquad (4.15)$$

其中：

$$W_{\mathrm{t}} = \frac{I_{\mathrm{P}}}{R} \qquad\qquad (4.16)$$

（2）式（4.14）、（4.15）、（4.16）的适用范围：

① 由于上述公式是在平面假设的基础上导出的。实验结果表明，只有对横截面不变的圆轴，平面假设才是正确的。因此上述公式只适用于等直圆杆。

② 当圆形截面沿轴线的变化缓慢时,如小锥度的圆锥形杆,也可近似地应用以上公式。

③ 由于在推导上述公式时运用了剪切胡克定律,因此只适用于 $\tau_{max} \leqslant \tau_p$ 的情况。

(3) 截面极惯性矩 I_P 和抗扭截面系数 W_t。

① 实心圆轴。

截面极惯性矩:

$$I_P = \int_A \rho^2 \cdot \mathrm{d}A = 2\pi \int_0^R \rho^3 \mathrm{d}\rho = \frac{\pi R^4}{2} = \frac{\pi D^4}{32} \tag{4.17}$$

抗扭截面系数:

$$W_t = \frac{I_P}{R} = \frac{\pi R^3}{2} = \frac{\pi D^3}{16} \tag{4.18}$$

由式(4.17)可看出,I_P 的量纲是长度的四次方。由式(4.18)可看出,W_t 的量纲是长度的三次方。

② 空心圆轴。

截面极惯性矩:

$$I_P = \int_A \rho^2 \cdot \mathrm{d}A = 2\pi \int_{\frac{d}{2}}^{\frac{D}{2}} \rho^3 \mathrm{d}\rho = \frac{\pi}{32}(D^4 - d^4) = \frac{\pi D^4}{32}(1 - \alpha^4) \tag{4.19}$$

抗扭截面系数:

$$W_t = \frac{I_P}{R} = \frac{\pi}{16D}(D^4 - d^4) = \frac{\pi D^3}{16}(1 - \alpha^4) \tag{4.20}$$

式中,$\alpha = \dfrac{d}{D}$,d 和 D 分别为空心圆截面的外径和内径。

4.4.2 强度条件

同拉伸和压缩的强度计算类似,圆轴扭转时的强度要求仍是:τ_{max} 不超过材料的许用剪切应力,即

$$\tau_{max} \leqslant [\tau] \tag{4.21}$$

讨论 τ_{max} 的确定有如下情况:

① 对于等截面直杆,τ_{max} 发生在 T_{max} 处(扭转最大的截面处),即

$$\tau_{max} = \frac{T_{max}}{W_t} \leqslant [\tau] \tag{4.22}$$

② 对于阶梯形轴,因为 W_t 不是常量,τ_{max} 不一定发生在 T_{max} 所在的截面。这就要求综合考虑扭矩 T 和抗扭截面系数 W_t 两者的变化情况来确定。

③ 在进行截面设计时,可以把杆件设计成空心杆,这样可在使用同样体积材料的情况下获得较大的 W_t 和 I_P 值,从而可减小 τ_{max} 的数值。

4.4.3 强度计算

与轴向拉压类似，圆轴扭转时的强度计算主要也是三个方面：

（1）强度校核：

$$\tau_{\max} = \frac{T_{\max}}{W_{t}} \leqslant \left[\tau\right]$$

（2）截面设计：

$$W_{t} \geqslant \frac{T_{\max}}{\left[\tau\right]}$$

（3）计算许用载荷：

$$T_{\max} \leqslant \left[\tau\right]W_{t}$$

例 4.3 一传动轴如图 4.14 所示，AB 段为空心圆轴，BC 段为实心圆轴，杆端受平衡力偶的作用，其力偶矩 $M_{e}=8\,\text{kN}\cdot\text{m}$，已知实心圆轴的半径 $D=90\,\text{mm}$，空心部分半径 $d=70\,\text{mm}$。试求该轴 BC 的部分的最大切应力和 AB 部分的内、外边缘切应力。

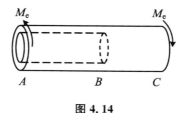

图 4.14

解 ① 求扭矩。很明显，传动轴所受的扭矩 $T=8\,\text{kN}\cdot\text{m}$。

② 轴 BC 部分的最大切应力为

$$\tau_{\max} = \frac{T}{W_{t}} = \frac{T}{\dfrac{\pi D^{3}}{16}} = \frac{8\times10^{3}\times16\,\text{N}\cdot\text{m}}{3.14\times0.09^{3}\,\text{m}^{3}} = 55.92\,\text{MPa}$$

③ 求 AB 部分的内、外边缘切应力。AB 部分的外边缘切应力是其最大切应力，因此可用最大切应力公式计算：

$$\alpha = \frac{d}{D} = \frac{70}{90} = 0.78$$

$$\tau_{\max} = \frac{T}{W_{t}} = \frac{T}{\dfrac{\pi D^{3}}{16}(1-\alpha^{4})} = \frac{8\times10^{3}\times16\,\text{N}\cdot\text{m}}{3.14\times0.09^{3}\times(1-0.78^{4})\,\text{m}^{3}} = 88.2\,\text{MPa}$$

AB 部分的内边缘切应力应用式（4.11）计算：

$$\tau_{内} = \frac{T \cdot \rho_{内}}{I_P} = \frac{T \cdot d/2}{\dfrac{\pi D^4}{32}(1-\alpha^4)} = \frac{8 \times 10^3 \text{ N} \cdot \text{m} \times \dfrac{0.07}{2} \text{ m} \times 32}{3.14 \times 0.09^4 \times (1-0.78^4) \text{ m}^4} = 68.79 \text{ MPa}$$

AB 部分的内边缘切应力也可以利用切应力的分布规律进行计算,某一横截面上的切应力大小与其到截面形心的距离成正比,外边缘的切应力最大,而横截面形心处的切应力为 0。因此,AB 部分的内边缘切应力也可用下式计算:

$$\tau_{内} = \tau_{外} \cdot \frac{d}{D} = \tau_{max} \cdot \alpha = 88.2 \text{ MPa} \times 0.78 = 68.79 \text{ MPa}$$

例 4.4　一传动轴如图 4.15 所示,杆右端受一力偶的作用,其力偶矩 $M_e = 3 \text{ kN} \cdot \text{m}$,已知容许切应力 $[\tau] = 50 \text{ MPa}$。试求该轴的直径。

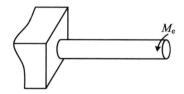

图 4.15

解　① 如图 4.15 所示,由截面法知该轴所有截面上的扭矩都相等:

$$T = M_e = 3 \text{ kN} \cdot \text{m}$$

② 截面设计:

$$W_t = \frac{\pi d^3}{16} \geqslant \frac{T}{[\tau]}$$

因此,得到直径 d 的计算公式:

$$d \geqslant \sqrt[3]{\frac{T \cdot 16}{\pi[\tau]}} = \sqrt[3]{\frac{3 \times 10^3 \text{ N} \cdot \text{m} \times 16}{3.14 \times 50 \times 10^6 \text{ N/m}^2}} = 0.0673 \text{ m} = 67.3 \text{ mm}$$

故该轴的直径设计为 68 mm。

例 4.5　某传动轴由钢管做成,受力偶矩 $M = 6 \text{ kN} \cdot \text{m}$ 的作用。设钢管外径 $D = 100 \text{ mm}$,内径 $d = 80 \text{ mm}$,如图 4.16 所示,材料的容许切应力 $[\tau] = 60 \text{ MPa}$。试对该轴进行强度校核。

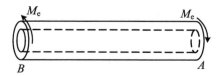

图 4.16

解　由截面法知该轴所有截面上的扭矩都相等,且等于 6 kN · m。
由已知条件可得

$$\alpha = \frac{d}{D} = \frac{80}{100} = 0.8$$

将上述结果及相关已知条件代入剪切强度条件,得

$$\tau_{\max} = \frac{T}{W_t} = \frac{T}{\frac{\pi D^3}{16}(1-\alpha^4)} = \frac{6 \times 10^3 \times 16 \text{ N} \cdot \text{m}}{3.14 \times 0.1^3 \times (1-0.8^4) \text{ m}^3} = 51.8 \text{ MPa} < [\tau]$$

故该轴是安全的。

例 4.6　已知一空心轴 $d = 64$ mm,$D = 80$ mm,转速 $n = 250$ r/min,$[\tau] =$ 40 MPa,试求该轴的功率 P。

解　① 求 α：

$$\alpha = \frac{d}{D} = \frac{64}{80} = 0.8$$

② 求 W_t：

$$W_t = \frac{\pi D^3}{16}(1-\alpha^4) = \frac{3.14 \times 0.08^3 \times (1-0.8^4)}{16} \text{ m}^3 = 5.9 \times 10^{-5} \text{ m}^3$$

③ 求 $T_{\max}$：

$$T_{\max} = [\tau] \cdot W_t = 40 \times 10^6 \text{ N/m}^2 \times 5.9 \times 10^{-5} \text{ m}^3 = 2372.94 \text{ N} \cdot \text{m}$$

④ 求 P：

$$T_{\max} = M_e = 9549 \frac{P}{n} \Rightarrow P = T_{\max} \cdot \frac{n}{9549} = 2372.94 \times \frac{250}{9549} \text{ kW} = 62.13 \text{ kW}$$

4.5　圆轴扭转时的变形和刚度条件

对于工程中受扭的构件,很多情况下,不仅要求它们具有足够的强度在承受载荷作用时不会发生破坏,而且要求它们必须具有足够的刚度在承受载荷作用时不会发生过大的变形。本节主要讨论圆轴扭转时横截面之间相对扭转角的计算和刚度条件的具体运用。

4.5.1　圆轴扭转时的变形

由式(4.12)可知:受扭杆件某一微段两端面的相对转角为

$$\mathrm{d}\varphi = \frac{T}{GI_P}\mathrm{d}x$$

则距离为 L 的两个横截面之间的相对转角为

$$\varphi = \int_L \mathrm{d}\varphi = \int_0^L \frac{T}{GI_P}\mathrm{d}x \qquad (4.23)$$

讨论 ① 当两个截面之间的 T 值不变,且轴为等直杆时,$\dfrac{T}{GI_P}$＝常量,则式 (4.23)成为

$$\varphi = \frac{TL}{GI_P} \tag{4.24}$$

式中,GI_P 为圆轴的抗扭刚度,表示杆件抵抗扭转变形能力的强弱。

② 若在两截面之间 $T\neq$ 常量,或轴为阶梯轴($I_P\neq$ 常量)时,则应分段计算各段的扭转角,然后相加,此时式(4.23)成为

$$\varphi = \sum_{i=1}^{n} \frac{T_i L_i}{GI_{Pi}} \tag{4.25}$$

4.5.2 刚度条件

对于传动轴,有时即使满足了强度条件,也不一定能够保证它正常工作。例如,机器的传动轴如有过大的扭转角,将会使机器在运转中产生较大的振动;精密机床上的轴若变形过大,则将影响机器的加工精度等。因此对传动轴的扭转变形要加以限制。

一般地说,标志杆件扭转变形的物理量有两个:绝对扭转角 φ 和单位相对扭转角 $\mathrm{d}\varphi/\mathrm{d}x$。其中 φ 随着 L 的变化而变化,所以它不能够完全表明杆件中任一截面的变形程度,故而也不能作为衡量扭转变形程度的物理量。对 T 值不变的等直杆来说,$\mathrm{d}\varphi/\mathrm{d}x$ 表示杆件中相距单位长度的两横截面之间的扭转角,在杆件中的任意长度上 $\mathrm{d}\varphi/\mathrm{d}x$＝常量,因此它完全表明了杆件内部各截面处的变形程度,故而可以作为衡量扭转变形的物理量。

若令 $\dfrac{\mathrm{d}\varphi}{\mathrm{d}x}=\varphi'$,圆轴扭转时的刚度条件为

$$\varphi'_{max} \leqslant [\varphi'] \tag{4.26}$$

式中,$[\varphi']$ 为允许的单位相对扭转角。

讨论 对等直杆而言:

$$\varphi'_{max} = \frac{T_{max}}{GI_P} \leqslant [\varphi'] \tag{4.27}$$

上式中,因不等号左边的单位为弧度/米(rad/m),而右边的单位为度/米(°/m),故上面的刚度条件应改为

$$\varphi'_{max} = \frac{T_{max}}{GI_P} \times \frac{180°}{\pi} \leqslant [\varphi'] \, (°/m) \tag{4.28}$$

例 4.7 汽车传动轴由钢管制成,转动时其输入力偶矩 $M_e=2.6\,\mathrm{kN \cdot m}$ 的作用,设钢管外径 $D=90\,\mathrm{mm}$,内径 $d=81\,\mathrm{mm}$,已知材料的许用切应力$[\tau]=60\,\mathrm{MPa}$,容许扭转角$[\varphi']=1°/\mathrm{m}$,材料剪切弹性模量 $G=80\,\mathrm{GPa}$。试对该轴进行强度和刚度校核。

解　① 求扭矩 T。采用截面法求出

$$T = M_e = 2.6 \text{ kN} \cdot \text{m}$$

② 强度校核。根据强度条件:

$$\tau_{\max} = \frac{T_{\max}}{W_t} \leqslant [\tau]$$

代入已知条件得

$$\tau_{\max} = \frac{T}{W_t} = \frac{T}{\frac{\pi D^3}{16}(1-\alpha^4)} = \frac{2.6 \times 10^3 \times 16 \text{ N} \cdot \text{m}}{3.14 \times 0.09^3 \times (1-0.9^4) \text{ m}^3} = 52.85 \text{ MPa} < [\tau]$$

故该轴安全。

③ 刚度校核:

$$I_P = \frac{\pi D^4}{32}(1-\alpha^4) = \frac{3.14 \times 0.09^4}{32}(1-0.9^4) \text{ m}^4 = 22.14 \times 10^{-7} \text{ m}^4$$

根据刚度条件

$$\varphi' = \frac{T_{\max}}{GI_P} \times \frac{180°}{\pi} \leqslant [\varphi']$$

将有关数据代入得

$$\varphi' = \frac{T}{GI_P} = \frac{2.6 \times 10^3 \text{ N} \cdot \text{m}}{80 \times 10^9 \text{ Pa} \times 22.14 \times 10^{-7} \text{ m}^4} \times \frac{180°}{\pi} = 0.84°/\text{m} \leqslant [\theta] = 1°/\text{m}$$

故满足刚度条件。

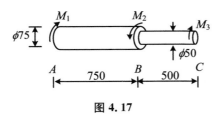

图 4.17

例 4.8　如图 4.17 所示一传动轴 AC,已知 $M_1 = 2.5 \text{ kN} \cdot \text{m}$, $M_2 = 4 \text{ kN} \cdot \text{m}$, $M_3 = 1.5 \text{ kN} \cdot \text{m}$,传动轴材料的剪切弹性模量 $G = 80 \text{ GPa}$,试确定截面 A 相对截面 C 的相对转角。

解　根据题意进行分段计算,由截面法进行计算:

AB 段扭矩: $T_1 = M_1 = 2.5 \text{ kN} \cdot \text{m}$

BC 段扭矩: $T_2 = M_1 - M_2 = 2.5 - 4 = -1.5 \text{ kN} \cdot \text{m}$

由于 AB、BC 段的截面不同、扭矩不同,所以应分段计算:

AB 段: $\varphi_{AB} = \frac{T_1 l_1}{GI_{P1}} = \frac{2.5 \times 10^6 \text{ N} \cdot \text{mm} \times 750 \text{ mm}}{80 \times 10^3 \text{ N/mm}^2 \times \frac{\pi}{32} \times 75^4 \text{ mm}^4} = 7.55 \times 10^{-3} \text{ rad}$

BC 段: $\varphi_{BC} = \frac{T_2 l_2}{GI_{P2}} = \frac{-1.5 \times 10^3 \text{ N} \cdot \text{mm} \times 500 \text{ mm}}{80 \times 10^3 \text{ N/mm}^2 \times \frac{\pi}{32} \times 50^4 \text{ mm}^4} = -15.28 \times 10^{-3} \text{ rad}$

由两段叠加得

$$\varphi_{AC} = \varphi_{AB} + \varphi_{BC} = -7.73 \times 10^{-3} \text{ rad}$$

本 章 小 结

1. 正确理解并掌握切应力、切应变、切应力互等定理及剪切胡克定律、扭转角的概念。

2. 能够根据传递功率、转速计算外力偶矩，能够熟练运用截面法计算圆轴横截面上的扭矩，并绘制扭矩图。

3. 熟练掌握扭转切应力和扭转变形公式，并能够计算受扭圆轴横截面上的切应力和扭转角。

扭转切应力公式：

$$\tau = \frac{T\rho}{I_P}, \quad \tau_{max} = \frac{T}{W_t}$$

扭转角公式：

$$\varphi = \frac{TL}{GI_P}$$

单位相对扭转角公式：

$$\varphi' = \frac{T}{GI_P}$$

4. 熟练掌握圆轴扭转时的强度和刚度计算。

强度条件公式：

$$\tau_{max} = \frac{T_{max}}{W_t} \leqslant [\tau]$$

刚度公式：

$$\varphi'_{max} = \frac{T_{max}}{GI_P} \times \frac{180°}{\pi} \leqslant [\varphi']$$

思 考 题

1. 已知转速 $n = 300$ r/min，各轮的功率如图 4.18 所示，试绘制如图所示圆轴的扭矩图，并说明 3 个轮子应如何布置才比较合理。

2. 切应力互等定理就是相邻两个截面上的切应力大小相等，并共同指向或背离这两个截面的交线。这种说法是否正确？为什么？

3. 在变速箱中，为什么低速轴的直径比高速轴的直径大？

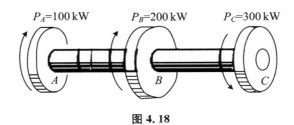

图 4.18

4. 内、外直径分别为 d 和 D 的空心圆轴,其横截面的极惯性矩为 $I_P = \dfrac{\pi(D^4-d^4)}{32}$,抗扭截面系数为 $W_t = \dfrac{\pi(D^3-d^3)}{16}$。若圆轴所受扭矩为 T,则其横截面内、外边缘的切应力为 $\tau_内 = \dfrac{16T}{\pi d^3}$,$\tau_外 = \dfrac{16T}{\pi D^3}$。以上计算是否正确? 为什么?

5. 当圆轴扭转切应力强度不足时,可采取哪些措施?

6. 直径 d 和长度 l 都相同,而材料不同的两根轴,在相同的扭矩作用下,它们的最大切应力 τ_{max} 是否相同? 扭转角 φ 是否相同? 为什么?

7. 当轴的扭转角超过许用扭转角时,用什么方法可以降低扭转角?

习　　题

1. AD 轴受四个外力偶作用,如图 4.19 所示。试求各段内的扭矩,并画扭矩图。

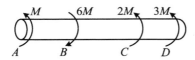
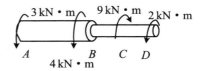

图 4.19

2. 传动轴如图 4.20 所示,主动轮 A 的输入功率 $P_A = 50$ kW,从动轮 B、C 的输出功率 $P_B = 30$ kW,$P_C = 20$ kW,轴的转速为 $n = 300$ r/min,试画出轴的扭矩图。

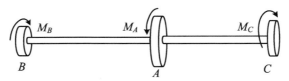

图 4.20

3. 试计算如图 4.21 所示圆轴的工作切应力,其力偶 $M_A=1592$ N·m,$M_B=955$ N·m,$M_C=637$ N·m。若 BA 段 $d_1=50$ mm,AC 段 $d_2=36$ mm,材料的 $[\tau]=80$ MPa,并校核其强度。

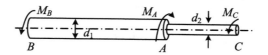

图 4.21

4. 一空心圆轴和实心圆轴用法兰连接。已知轴的转数 $n=100$ r/min,传递功率 $P=15$ kW,轴材料的容许应力 $[\tau]=30$ MPa,空心圆轴内、外径之比 $\alpha=0.5$。试根据强度条件确定直径 d、d_1 和 $d_2(d_1/d_2)$。

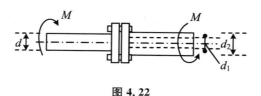

图 4.22

5. 一圆轴所受扭矩为 7.5 kN·m,许用切应力 $[\tau]=60$ MPa,试分别按照实心和空心(内、外径之比 $\alpha=0.75$)两种情况设计该圆轴,并求实心、空心轴的重量之比。

6. 直径 $d=50$ mm 的圆轴,受到扭矩 $T=2.15$ kN·m 的作用,试求在距离轴心 10 mm 处的切应力,并求轴横截面上的最大切应力。

7. 如图 4.23 所示,主动轮 1 传递力偶矩 1 kN·m,从动轮 2 传递力偶矩 0.4 kN·m,从动轮 3 传递力偶矩 0.6 kN·m。已知轴的直径 $d=40$ mm,各轮间距 $l=500$ mm,材料的剪切弹性模量 $G=80$ GPa。试求最大切应力 τ_{max} 和轴两端的相对扭转角 φ。请思考主动轮与从动轮是否有更好的布置方式。

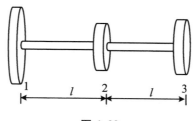

图 4.23

8. 已知变轴截面,如图 4.24 所示。AE 为空心,外径 $D=140$ mm,内径 $d=100$ mm,BC 段为实心,直径 $d=100$ mm,$M_A=18$ kN·m,$M_B=32$ kN·m,$M_C=14$ kN·m,$[\tau]=80$ MPa,$[\varphi']=1.2\times10^{-3}$°/m,$G=80$ GPa,试校核该轴的强度和刚度。

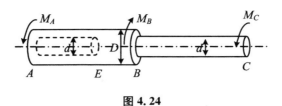

图 4.24

9. 如图 4.25 所示圆锥形轴，两端承受扭力矩 M 的作用。设轴长为 l，左、右两端的直径分别为 d_1、d_2，材料的剪切弹性模量为 G，试求轴的扭转角 φ。

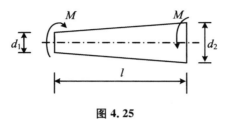

图 4.25

10. 如图 4.26 所示，一薄壁钢管受扭矩 $T=2\,\text{kN·m}$ 作用。已知 $D=60\,\text{mm}$，$d=50\,\text{mm}$，$E=210\,\text{GPa}$。已测得管表面上相距 $l=200\,\text{mm}$ 的 AB 两截面的相对扭转角 $\varphi_{AB}=0.43°$，试求材料的泊松比 μ。

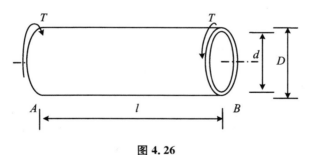

图 4.26

第 5 章　弯 曲 内 力

5.1　平面弯曲的概念

在工程中常常遇到这样一类直杆,它们的受力与变形特征为:外力(包括力偶)垂直于杆件的轴线;杆件的任意两横截面绕垂直于杆轴线的轴做相对转动,同时杆的轴线由直线弯成曲线。这种变形形式称为弯曲变形。工程中将以弯曲变形为主的杆件称为梁,其在工程中有广泛的应用,如跳水运动所用跳台、桥梁或简单道板、桥式吊车梁、车辆上的叠板弹簧等,具体如图 5.1 所示。

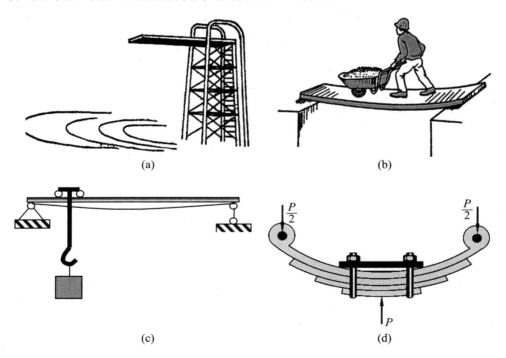

(a)　　　　　　　　　　　　(b)

(c)　　　　　　　　　　　　(d)

图 5.1

　　工程结构中常用梁的横截面通常都有对称轴,常见形状有圆形、矩形、T 字形以及工字形等(图 5.2),对全梁而言,其具有纵向对称平面。当作用于梁上所有的外力都在纵向对称面内时,则梁变形后的轴线也将在这个纵向对称面内弯曲成一条平面曲线。这是弯曲问题中最常见的情况,属于平面弯曲。对于梁变形后,梁的轴线在原轴线与外力合力作用线所构成的平面内的弯曲统称为平面弯曲(图 5.3)。这是工程中常见的最简单的一种弯曲变形形式。本章及后面两章主要讨论平面弯曲问题。

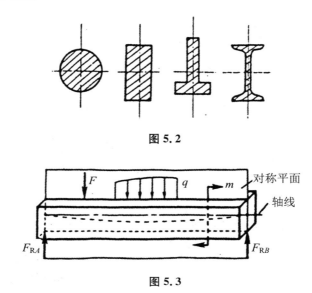

图 5.2

图 5.3

　　若梁不具有纵向对称面,或梁有纵向对称面但外力合力作用线并不作用在纵向对称面内的弯曲称为非平面弯曲。

5.2　受弯杆件的简化

　　实际工程中的构件,其几何形状、受力方式及约束情况都比较复杂。为了便于受力分析和计算,通常需对其进行简化,建立力学分析模型,把实际构件简化为计算简图。确定梁的计算简图时,应尽量符合梁的实际情况,在保证计算结果足够精确的前提下,尽可能使计算过程简单。简化分析的内容包含以下三个方面:

1. 杆件的简化

　　由于这里讨论的是平面弯曲,即作用在梁上的载荷其合力或合力偶均在纵向对称平面内,并且过梁的轴线。因此在讨论梁的内力时,无论其截面形状如何,都可以用梁轴线来代替实际的梁,对内力的计算并无影响。

2. 载荷的简化

作用在梁上的载荷一般都有其作用区域,当该区域比梁的长度小很多时,可用其合力代替,则可简化成作用于梁轴线上一点处的集中力或集中力偶;如果载荷作用区域与梁的长度相比不能忽略时,则其应简化成沿梁轴线的分布载荷,如图 5.4 所示。

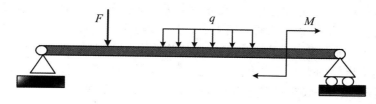

图 5.4

3. 支座的分类

若梁在支座约束下,其所在的截面不能沿与铰轴线垂直的任何方向移动,即不能在梁的纵向对称面内移动,但可以绕铰的中心转动。在梁的纵向对称面内,该支座对梁有任意方向约束(除转动外),一般情况下,约束力方向是一与梁轴线成一角度的方向,为了便于理论计算,通常将这一约束力用互相垂直的两个分量表示,从而形成表面上的两向约束,这种支座称为固定铰支座。若梁在支座约束下其接触面(或端截面)处既不能移动,也不能转动,它对梁的端截面形成形式上的三个约束;相应地,梁的端截面可用三个约束反力表示,这种支座称为固定端支座。若梁在支座约束下,梁端截面可沿轴线方向微小移动,且可围绕铰轴转动,但不能发生其他形式的移动,这种支座对梁仅有一个约束,相应地,该截面处就只受一个支反力作用,这种支座称为可动铰支座。

工程中常用的支座一般可简化为固定铰支座、固定端支座和可动铰支座,对应的静定梁的形式也有三种:

(1) 简支梁:一端为固定铰支座,另一端为可动铰支座的梁,如图 5.5(a) 所示。

(2) 悬臂梁:一端为固定端,另一端为自由端的梁,如图 5.5(b) 所示。

(3) 外伸梁:一端或两端向外伸出的简支梁,如图 5.5(c) 所示。

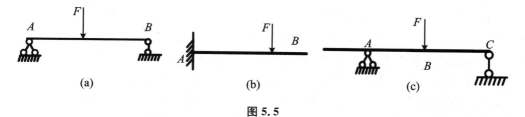

图 5.5

5.3　剪力与弯矩

为了计算梁的应力和位移,以及进一步研究梁的强度和刚度问题,必须首先确定梁在外力作用下任意一横截面的内力。分析内力的基本方法仍然是截面法。

图 5.6(a)所示为一受集中力 F 作用的简支梁,为了计算横截面 m-m 上的内力,首先需求出梁的支座反力 F_{RA} 和 F_{RB},然后应用截面法在截面 m-m 处假想地将梁截成两部分,并取左边部分为研究对象,如图 5.6(b)所示。

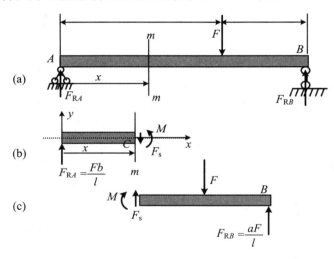

图 5.6

作用在该段梁上的外力只有向上的支座反力 F_{RA},所以在横截面 m-m 上必定有一个作用线与 F_{RA} 相平行而指向相反的内力,才能满足沿 y 方向的力的静力平衡。设该力为 F_s,则由平衡方程:

$$\sum F_y = 0, \quad F_{RA} - F_s = 0$$

可得

$$F_s = F_{RA} \tag{5.1}$$

横截面上的内力 F_s 称为剪力,其实际上是梁横截面上切向分布内力的合力。显然,作用在左段梁上的支座反力 F_{RA} 和内力 F_s 形成一个力偶,由平衡条件可知,在横截面上必然存在一个内力偶,其与由支座反力 F_{RA} 和内力 F_s 所形成的力偶相平衡。设该力偶为 M,由平衡方程:

$$\sum M_C = 0, \quad M - F_{RA}x = 0$$

可得

$$M = F_{RA}x \tag{5.2}$$

式中的下标矩心 C 是指横截面的形心。该横截面上的内力偶的矩称为弯矩,其实际上是梁横截面上的法向分布内力向形心 C 简化所得到的合力偶矩。

上面是以左段梁为对象分析横截面 $m-m$ 上的剪力与弯矩,其实质上是右段梁对左段梁的约束作用。根据作用与反作用原理,在右段梁同一横截面 $m-m$ 上也同样存在剪力与弯矩,其在数值上与式(5.1)、(5.2)相等,方向相反,如图 5.6(c)所示。若以右段梁为对象列平衡方程,所得结果也必是如此。

左、右两段梁在计算同一截面上的剪力和弯矩时,不但数值相等,而且符号一致。类似于扭转问题,材料力学中把剪力和弯矩的符号规定与梁的变形联系起来,具体如下:

(1) 剪力:在图 5.7 中,当微段梁发生左侧向上、右侧向下的相对错动时,左截面上相应向上的剪力和右截面上相应向下的剪力为正,反之为负。

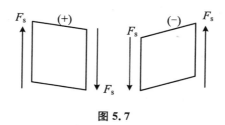

图 5.7

(2) 弯矩:在图 5.8 中,当微段梁弯曲变形为上凹下凸时,则截面 $m-m$ 上的弯矩为正,反之为负。

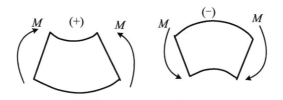

图 5.8

根据剪力与弯矩的符号规定,可建立复杂载荷作用下梁的任意截面上剪力和弯矩计算公式。下面举例说明。

例 5.1　求图 5.9 所示外伸梁的 $1-1$、$2-2$、$3-3$、$4-4$ 截面上的剪力和弯矩。

解　① 计算支座反力。由 $\sum M_B = 0$ 得

$$F_{RA} \cdot 2a + M + \frac{1}{2}qa^2 = 0$$

$$F_{RA} = -\frac{M}{2a} - \frac{1}{4}qa \tag{a}$$

由 $\sum F_y = 0$ 得

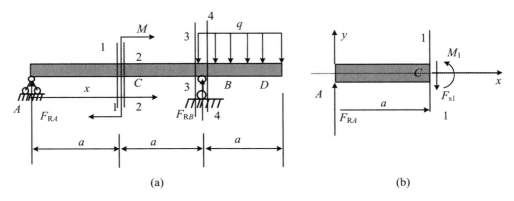

图 5.9

$$F_{RA} + F_{RB} - qa = 0$$

$$F_{RB} = \frac{M}{2a} + \frac{5qa}{4}$$

（b）

由 $\sum M_A = 0$ 校核，得

$$M + \frac{5qa^2}{2} - F_{RB} \cdot 2a = 0$$

可据此判断支座反力计算正确。

　　② 计算剪力。如图 5.9(b)所示，设 1-1 截面上的剪力为 F_{s1}（图示为其规定正向），可得

$$\sum F_y = 0, \quad F_{RA} - F_{s1} = 0$$

$$F_{s1} = F_{RA} = -\frac{M}{2a} - \frac{1}{4}qa$$

同理可得

$$F_{s2} = F_{RA} = -\frac{M}{2a} - \frac{1}{4}qa$$

$$F_{s3} = F_{RA} = -\frac{M}{2a} - \frac{1}{4}qa$$

$$F_{s4} = F_{RA} + F_{RB} = qa$$

　　③ 计算弯矩。如图 5.9(b)所示，设 1-1 截面上的弯矩为 M_1（图示为其规定正向），可得

$$\sum M_C = 0, \quad F_{RA} \cdot a - M_1 = 0$$

$$M_1 = F_{RA}a = -\frac{M}{2} - \frac{qa^2}{4}$$

同理可得

$$M_2 = F_{RA}a + M = \frac{M}{2} - \frac{qa^2}{4}$$

$$M_3 = F_{RA} \cdot 2a + M = -\frac{qa^2}{2}$$

$$M_4 = F_{RA} \cdot 2a + M = -\frac{qa^2}{2}$$

注意　① 计算内力时,支座反力按其实际方向确定其正负号,与坐标系相一致;② 计算弯曲内力时,选用截面左侧还是右侧计算应以计算简便为原则;③ 集中力作用处,左、右两侧面上的剪力不同,弯矩相同,且左、右侧的剪力差值的绝对值等于集中力的数值;④ 集中力偶作用处,左、右两侧面上的剪力相同,但弯矩不同,且左、右侧的弯矩差值的绝对值等于集中力偶矩的数值。

根据内力规定和上面的例题分析,可以总结出弯曲内力与作用在梁上的外载荷之间的关系:① 当取梁的任意横截面左段为研究对象时,向上的外力产生正剪力,向下的外力产生负剪力;取右段时,则相反;② 无论左、右段,向上的外力都产生正弯矩,反之产生负弯矩;作用在左段梁上的顺时针方向的外力偶产生正弯矩,反之产生负弯矩;作用在右段梁上的外力偶所产生的弯矩与左段相反。

5.4　剪力图与弯矩图

5.4.1　剪力方程和弯矩方程

从上节的讨论可以看出,在一般情况下,梁弯曲时,其内各截面上的剪力和弯矩是随横截面的位置而变化的。而梁上的剪力和弯矩沿轴线变化的规律是分析梁的强度、刚度等问题所必须了解和掌握的。

若以梁轴线的坐标 x 来表示横截面的位置,则任一横截面上的剪力和弯矩都可以表示为坐标 x 的函数,即

$$
\begin{aligned}
F_s &= F_s(x) \\
M &= M(x)
\end{aligned}
\tag{5.3}
$$

以上两个函数式表示梁内剪力和弯矩沿梁轴线的变化规律,分别称为剪力方程和弯矩方程。在写这些方程时,一般是以梁的左端为坐标 x 的原点。有时为了方便计算,也可以把坐标原点取在梁的右端。

5.4.2　剪力图和弯矩图

为了能够一目了然地反映出梁各横截面上的剪力和弯矩沿梁轴线的变化情

况,可依照轴力图和扭矩图的作法,把各横截面上的剪力和弯矩用图形来表示。即取平行于梁的轴线的横坐标 x 表示横截面的位置,以纵坐标表示各对应横截面上的剪力和弯矩,画出剪力和弯矩与 x 的关系曲线。由此得出的内力图形称为剪力图和弯矩图。

画剪力图和弯矩图最基本的方法是:首先分段写出各段梁的剪力方程和弯矩方程,然后根据它们绘制变化图。此即数学中作函数 $y=f(x)$ 的图形所用的方法,如直线(段)常用两点式、点斜式等;二次曲线常用三点式,即端点加极值点等方法。下面通过例题说明根据剪力方程和弯矩方程绘制剪力图和弯矩图的方法。

例 5.2　已知梁如图 5.10(a)所示,作内力图。

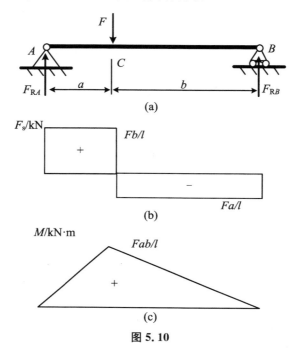

图 5.10

解　将梁的左端 A 点定为坐标原点。由于梁上有集中力作用,则在其作用点处应作为分段点来分析梁上的内力。

① 求支座反力:由

$$\begin{cases} \sum M_B = F \cdot b - F_{RA} \cdot l = 0 \\ \sum M_A = -F \cdot a + F_{RB} \cdot l = 0 \end{cases}$$

得

$$\begin{cases} F_{RA} = \dfrac{Fb}{l} \\ F_{RB} = \dfrac{Fa}{l} \end{cases}$$

② 列内力方程,设距 A 端为 x 的横截面上剪力和弯矩分别为 $F_s(x)$、$M(x)$。

AC 段: $F_s(x) = \dfrac{Fb}{l}$　$(0 < x < a)$

$\qquad M(x) = \dfrac{Fb}{l}$　$(0 < x < a)$

CB 段: $F_s(x) = \dfrac{Fb}{l} - F = -\dfrac{Fa}{l}$　$(a < x < l)$

$\qquad M(x) = \dfrac{Fb}{l}x - F(x-a) = \dfrac{Fa}{l}(x-l)$　$(a < x < l)$

③ 绘制剪力图与弯矩图。根据剪力方程,可知剪力是两段水平直线,斜率都等于 0。在 A 端处因有支座反力作用,剪力发生突变,其值大小为 F_{RA},方向向上;剪力图在 AC 段内为水平直线段。C 点处因有集中力作用,剪力有突变,其值大小为 F,方向向下;剪力图在 CB 段内为水平直线段。在 B 点处,因支座反力作用,剪力图将向上突变,回到横轴上。绘出剪力图,如图 5.10(b)所示。

根据弯矩方程绘制弯矩图,因为弯矩方程是一次函数,所以弯矩图应是倾斜的直线。在 AC 段上(包含端点),A 点的弯矩为 0,斜率为 $\dfrac{Fb}{l}$;同理可以确定 CB 段的弯矩图,由点斜式绘出弯矩图,如图 5.10(c)所示。

由内力图可一目了然地看出剪力和弯矩的极值与最大值、最小值以及它们相应的位置,在 C 截面左侧上的剪力和该截面处的弯矩均为最大值,分别为

$$F_{smax} = \frac{Fb}{l}, \quad M_{max} = \frac{Fab}{l}$$

例 5.3 已知图 5.11(a)所示梁的载荷 F、q、$M_0 = Fa$ 和尺寸。要求:① 列出梁的剪力方程和弯矩方程;② 作剪力图和弯矩图;③ 确定 $|F_{smax}|$ 和 $|M_{max}|$。

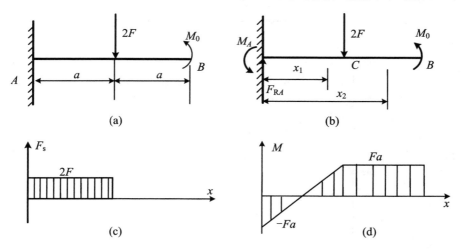

图 5.11

解　① 求约束反力：

$$\sum F_y = 0, \quad F_{RA} - 2F = 0$$

$$\sum M_A = 0, \quad M_A - 2F \cdot a + M_0 = 0$$

得

$$F_{RA} = 2F, \quad M_A = Fa$$

② 列剪力方程和弯矩方程：

$$\begin{cases} F_{s1}(x_1) = F_{RA} = 2F & x_1 \in (0,a) \\ F_{s2}(x_2) = F_{RA} - 2F = 0 & x_2 \in (a,2a) \end{cases}$$

$$\begin{cases} M_1(x_1) = F_{RA} \cdot x_1 - M_A = 2Fx_1 - Fa & x_1 \in [0,a] \\ M_2(x_2) = F_{RA} \cdot x_2 - M_A - 2F(x_2 - a) = Fa & x_2 \in [a,2a] \end{cases}$$

③ 画 F_s 图和 M 图：剪力 F_{s1} 为常量，在剪力图中为水平直线段；F_{s2} 为 0，在剪力图中与 x 轴重合，如图 5.11(c)所示。弯矩 M_1 是一次函数，在弯矩图中为一倾斜直线；弯矩 M_2 为常量，在弯矩图中为水平线段，如图 5.11(d)所示。

④ 最大剪力和最大弯矩值：

$$|F_{smax}| = 2F, \quad |M_{max}| = Fa$$

例 5.4　绘制图 5.12(a)外伸梁 CAB 的剪力图和弯矩图，确定 $|F_{smax}|$ 和 $|M_{max}|$。

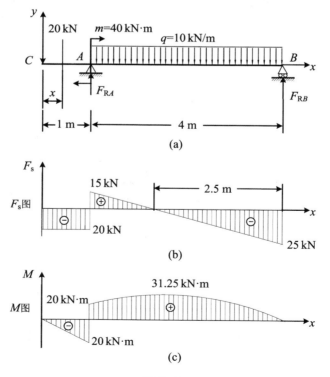

图 5.12

解　① 求梁的支反力。根据图 5.12(a)所示梁的受力图列出平衡方程：

$$\sum M_A = 0, \quad 20 \times 1 + F_{RB} \times 4 - 10 \times 4 \times 2 - 40 = 0$$

$$\sum M_B = 0, \quad 20 \times 5 - F_{RA} \times 4 + 10 \times 4 \times 2 - 40 = 0$$

可求得支反力：

$$F_{RA} = 35 \text{ kN}, \quad F_{RB} = 25 \text{ kN}$$

利用 $\sum F_y = 0$ 校核，说明支反力的计算是正确的。

② 写出梁的剪力方程和弯矩方程。根据该梁的受力情况，内力函数在 CA 段和 AB 段的表达式不同。选取如图 5.12(a)所示的坐标系，CA 段梁的剪力方程和弯矩方程分别为

$$F_{s1}(x) = -20 \quad (0 < x < 1)$$

$$M_1(x) = -20x \quad (0 \leqslant x < 1)$$

AB 段梁的剪力方程和弯矩方程分别为

$$F_{s2}(x) = -F_{RB} + 10(5 - x) = 25 - 10x \quad (1 < x < 5)$$

$$M_2(x) = F_{RB}(5 - x) - \frac{1}{2} \times 10 \times (5 - x)^2 = 25x - 5x^2 \quad (1 < x \leqslant 5)$$

③ 确定绘制内力图控制截面的内力数值。剪力方程 F_{s1} 和 F_{s2} 及弯矩方程 M_1 均为线形函数，其图形为直线，只需确定这些图线端点的内力数值。而弯矩方程 M_2 为二次函数，只有确定较多的点才能画出该抛物线。根据梁的强度和刚度分析的需要，内力数值最大的点要准确地在内力图上确定。为了确定梁段 AB 内弯矩为极值的截面位置，令

$$\frac{\mathrm{d}M_2(x)}{\mathrm{d}x} = 0, \quad 25 - 10x = F_{s2} = 0$$

即梁段 AB 上剪力为零的截面上弯矩有极值，其位置 x 为

$$x_0 = 2.5 \text{ m}$$

将 $x_0 = 2.5 \text{ m}$ 代入弯矩方程 M，可求出 AB 梁段内的极值弯矩为

$$M_{\max} = M_2(x) \mid_{x = x_0} = 25 \times 2.5 - 5 \times (2.5)^2 \text{ kN} \cdot \text{m} = 31.25 \text{ kN} \cdot \text{m}$$

④ 作梁 CAB 的剪力图和弯矩图。如图 5.12(b)和图 5.12(c)所示。从图中可以明显看出：

$$\mid F_{s\max} \mid = 25 \text{ kN}$$

$$\mid M_{\max} \mid = 31.25 \text{ kN} \cdot \text{m}$$

由上述例题分析，可总结出列写剪力与弯矩方程和绘制剪力与弯矩图时应注意以下要点：

(1) 在列剪力、弯矩方程时，任一截面上的剪力 $F_s(x)$ 和弯矩 $M(x)$ 始终假定为正向。这样由平衡方程所得结果的正负号就与剪力、弯矩的正负号规定相一致。

(2) 在列写剪力、弯矩方程时，截面位置参数 x 可以都从坐标原点算起，也可以从另外的点算起，仅需写清楚方程的适用范围（x 的区间）即可。

（3）剪力、弯矩方程的适用范围，在集中力（包括支座反力）作用处，剪力方程应为开区间，因在此处剪力图有突变；而在集中力偶作用处，弯矩方程应为开区间，这是由于在此处弯矩图有突变。

（4）若所得方程为 x 的二次或二次以上方程，在作图时除计算该段的端值外，还应注意曲线的凸凹向与极值。

5.5　剪力、弯矩和分布载荷集度之间的微分关系

5.5.1　载荷集度、剪力和弯矩之间的微分关系

设某一梁上作用有任意载荷，如图 5.13（a）所示。其中某一微段 $\mathrm{d}x$ 上作用有分布载荷 $q(x)$，其为 x 的连续函数，并规定以向上为正（与 y 轴正向一致）。假想用截面 $m-m$ 和 $n-n$ 从该梁上截取长为 $\mathrm{d}x$ 的一微段梁来研究，并设该微段上无集中力和集中力偶作用。该微段梁左侧面上的剪力和弯矩分别为 $F_\mathrm{s}(x)$、$M(x)$，右侧面上的剪力和弯矩分别为 $F_\mathrm{s}(x)+\mathrm{d}F_\mathrm{s}(x)$、$M(x)+\mathrm{d}M(x)$。微段梁上的分布载荷可视为均匀分布，如图 5.13（b）所示。

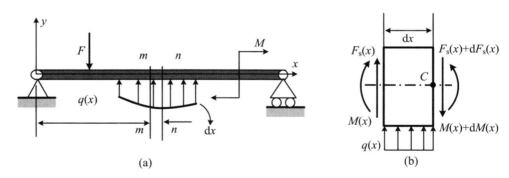

图 5.13

由微段梁的平衡方程 $\sum F_y = 0$ 可得

$$\sum F_y = F_\mathrm{s}(x) + q(x)\mathrm{d}x - F_\mathrm{s}(x) - \mathrm{d}F_\mathrm{s}(x) = 0$$

由此得

$$\frac{\mathrm{d}F_\mathrm{s}(x)}{\mathrm{d}x} = q(x) \tag{5.4}$$

由微段梁的平衡方程 $\sum M_C = 0$ 得

$$\sum M_C = M(x) + \frac{1}{2}q(x)(\mathrm{d}x)^2 + F_s(x)\mathrm{d}x - M(x) - \mathrm{d}M(x) = 0$$

忽略高阶微量,可得

$$\frac{\mathrm{d}M(x)}{\mathrm{d}x} = F_s(x) \tag{5.5}$$

将式(5.5)再对 x 求一次导数,并将式(5.4)代入可得

$$\frac{\mathrm{d}^2M(x)}{\mathrm{d}x^2} = \frac{\mathrm{d}F_s(x)}{\mathrm{d}x} = q(x) \tag{5.6}$$

式(5.4)说明剪力对 x 的一阶导数等于相应位置上的分布载荷集度,其几何意义是剪力图曲线上各点的斜率等于梁上各相应位置的分布载荷集度。式(5.5)说明弯矩对 x 的导数等于相应截面上的剪力,其几何意义是弯矩图曲线上各点的斜率等于相应截面上的剪力。式(5.6)说明弯矩图对 x 的二阶导数等于相应位置上的分布载荷集度,其几何意义是可根据 $q(x) > 0$ 或 $q(x) < 0$ 来判断弯矩图的凸、凹情况。

5.5.2　几种常见载荷作用下梁的内力图特征

根据载荷集度、剪力和弯矩之间的微分关系及其几何意义,将载荷与剪力图、弯矩图之间的关系总结如下:

(1) 当 $q = 0$ 时,$\frac{\mathrm{d}F_s}{\mathrm{d}x} = 0$,$F_s = $ 常量,剪力图为水平线段;$\frac{\mathrm{d}M}{\mathrm{d}x} = F_s = $ 常量,弯矩图为倾斜直线段。当 $F_s > 0$ 时,弯矩图中的直线斜率大于 0,向上倾斜;反之,当 $F_s < 0$ 时,弯矩图中的直线斜率小于 0,向下倾斜。

(2) 当 $q \neq 0$ 时,$\frac{\mathrm{d}^2M}{\mathrm{d}x^2} = \frac{\mathrm{d}F_s}{\mathrm{d}x} = q = $ 常量,剪力图为倾斜直线段,弯矩图为二次抛物线。当 $q < 0$ 时,F_s 图向下倾斜,M 图为向上凸的曲线;当 $q > 0$ 时,F_s 图向上倾斜,M 图为向上凹的曲线。抛物线顶点(极值点)的位置在剪力等于 0 的截面处。

(3) 集中力作用处,剪力图发生突变。突变值等于集中力的数值。若集中力 F 向上,从左向右看时,F_s 图向上突变;若集中力 F 向下,从左向右看时,F_s 图向下突变。弯矩图上出现尖点,发生转折。

(4) 集中力偶作用处,剪力图无变化。弯矩图发生突变,突变值等于集中力偶矩 m 的数值。若集中力偶为顺时针旋转,弯矩图 M 向上突变;若集中力偶为逆时针旋转,则弯矩图 M 向下突变。

(5) 最大剪力可能发生在集中力作用处的某一侧。最大弯矩可能发生在剪力等于 0 的截面、集中力作用处或集中力偶作用处的一侧。

例 5.5　一外伸梁受力如图 5.14(a)所示。试作梁的剪力图和弯矩图。

解　① 根据平衡条件求支座反力:

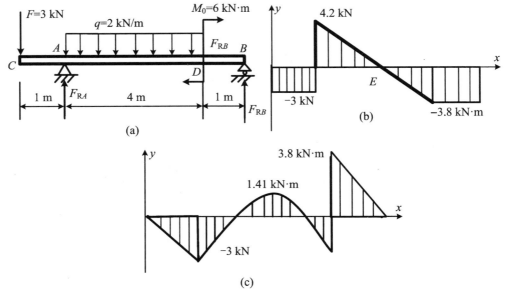

图 5. 14

由 $M_A = 0$,可得 $F_{RB} = 3.8$ kN

由 $M_B = 0$,可得 $F_{RA} = 7.2$ kN

由 $\sum F_y = 0$ 校核其无误。

② 由微分关系判断各段的 F_s 图、M 图形状见表 5.1。

表 5.1

	CA	AD	DB
载荷	$q=0$	$q=C<0$	$q=0$
F_s 图	——	＼	——
M 图	倾斜直线	⌢	倾斜直线

③ 从左向右绘制剪力图。在梁的左端面 C 点处有向下的 3 kN 集中力作用, 则剪力图在 C 点处向下突变大小为 3 kN,而在 CA 段内剪力图是一条水平线段,如 图 5.14(b)所示。在 A 截面处有集中支座反力作用,其大小为 7.2 kN,方向向上, 则剪力图在此处向上突变,大小为 7.2 kN。在 AD 段内,梁只受均布载荷作用,载 荷集度为 2 kN/m,方向向下,则在 AD 段内剪力图为一倾斜线段,且左端点值为 A 截面右侧剪力的大小,右端点值为 -3.8 kN。在 D 截面处没有突变,DB 段内剪

力图是一条水平线段,其值为 D 点处剪力的大小。在 B 截面处有向上的支座反力作用,大小为 3.8 kN,则剪力图在此处向上突变,高度为 3.8 kN。剪力图回到 x 轴,表明作用在梁上的所有外力构成一个平衡力系。

④ 从左向右绘制弯矩图。在梁 CA 段内没有载荷,剪力图是一条水平线段,其值 -3 kN,弯矩图为一条斜率为负的线段,而端点 C 处没有集中力偶,故弯矩为 0,则绘出弯矩图如图 5.14(c)所示。在 AD 段内,梁上作用有向下的均布载荷,剪力图为一倾斜线段,则该段内的弯矩图为二次抛物线,开口朝下;左端点 A 处的弯矩为 -3 kN·m,极值点为 $(3.1,1.41)$,右端点 D 处的弯矩为 2.2 kN·m,如图 5.14(c)所示。在 DB 段梁内,剪力图为一条水平直线段,其值为 -3.8 kN,则弯矩图为一条斜率为负的倾斜线段,且其左端点值为 3.8 kN·m,右端点值为 0,如图 5.14(c)所示。

注意 此处弯矩图可以先画 CA 段和 DB 段的两直线段,再画中间较复杂的 AD 段,如此端点处的弯矩值较容易得出。在实际作图和解题时,除了必要的计算步骤外,文字说明可以不写出来,可直接按步骤作图。

由此可以总结出剪力、弯矩与载荷集度之间的关系见表 5.2。

表 5.2

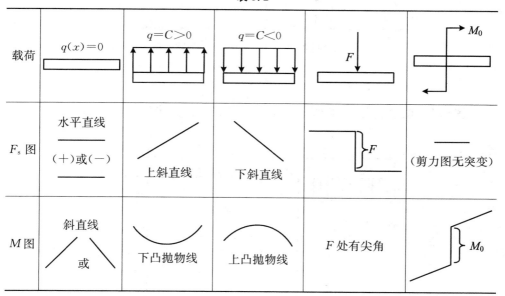

例 5.6 一外伸梁受力如图 5.15(a)所示。试作梁的剪力图和弯矩图。

解 梁的剪力图和弯矩图如图 5.15(b)所示:

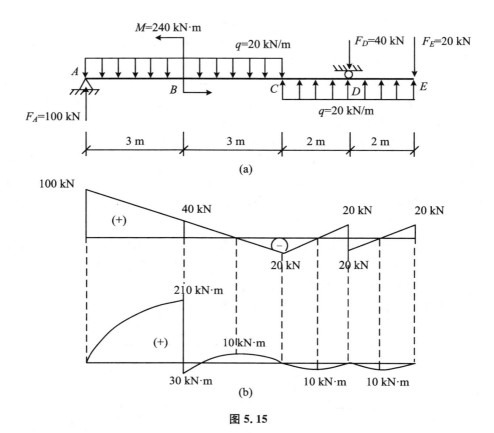

图 5.15

例 5.7　试绘制图 5.16 所示平面刚架 ABC 的弯矩图。

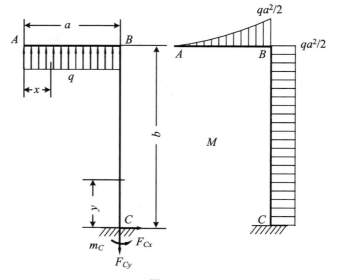

图 5.16

解　① 计算刚架支反力。根据平面刚架 ABC 的平衡条件：

$$\sum M_C = 0, \quad m_C - \frac{1}{2}qa^2 = 0$$

$$\sum F_y = 0, \quad qa - F_{Cy} = 0$$

$$\sum F_x = 0, \quad F_{Cx} = 0$$

可求得支反力为

$$F_{Cx} = 0, \quad F_{Cy} = qa, \quad m_C = \frac{1}{2}qa^2$$

② 写出刚架各杆的弯矩方程。在图 5.16 所示的坐标系中，各杆的弯矩方程分别为

$$AB\ \text{杆：}\quad M(x) = \frac{1}{2}qx^2 \quad (0 \leqslant x \leqslant a)$$

$$BC\ \text{杆：}\quad M(y) = \frac{1}{2}qa^2 \quad (0 \leqslant y \leqslant b)$$

③ 根据弯矩方程画弯矩图。根据弯矩方程画刚架弯矩图的方法和梁的弯矩图的绘制方法相同，这里不再赘述。但刚架弯矩图规定，弯矩图一律画在杆件受压的一侧，即画在杆件弯曲变形凹入的一侧，而不再标注弯矩的正负符号。绘制刚架 ABC 的弯矩图如图 5.16 所示。从图中看出，在点 B 处，有最大弯矩。

$$M_{\max} = \frac{1}{2}qa^2$$

5.6　按叠加原理作弯矩图

当梁在载荷作用下的变形微小时，其跨长的变化可以忽略不计，因而在求梁的支座反力、剪力和弯矩时，均可按其原始尺寸进行计算，所得到的结果均与梁上载荷成线性关系。此时，当梁上有几项载荷同时作用时，由每一项载荷所引起的梁的支座反力、剪力和弯矩都不受其他载荷的影响。这样，就可以先分别计算出梁在各项载荷作用下某一截面上的剪力和弯矩，再求出它们的代数和，即得到梁在这几项载荷共同作用下该截面上的剪力和弯矩。此即叠加法。

由于弯矩可以叠加，所以弯矩图也可以按叠加原理来绘制，即先分别作出各项载荷单独作用下梁的弯矩图，然后按其相应的弯矩值进行叠加，就可以得到梁在所有载荷共同作用时的弯矩图。当梁在简单载荷作用下的弯矩图已知时，按叠加法作出梁在几种载荷共同作用下的弯矩图是非常方便和快捷的，故在实际应用中比较常用。下面通过例题来说明叠加法的应用。

例 5.8　用叠加法作如图 5.17(a)所示梁的弯矩图。

解 首先分别分析简支梁承受跨间均布载荷 q 与端部力矩 M_A、M_B 作用时的弯矩,如图 5.17(b)、(c)所示。则该简支梁在三个载荷作用下的总弯矩图为两者之和,即弯矩图可由简支梁受端部力矩作用下的直线弯矩图与跨间均布载荷单独作用下的简支梁弯矩图叠加得到,如图 5.17(d)所示。其表达式为

$$M(x) = \overline{M}(x) + M_0(x)$$

注意 这里所说的弯矩叠加,是纵坐标的叠加而不是图形的拼合。图 5.17(d)中的纵坐标如同 M 图的纵坐标一样,也是垂直于杆轴线 AB。

利用内力图的特性和叠加法的原理,将叠加法绘制梁弯矩图的一般作法归纳如下:

(1) 选定集中力、集中力偶的作用点,分布力的起点和终点为控制截面,求出控制截面的弯矩值。

(2) 分段画弯矩图。当控制截面之间无载荷时,该段弯矩图是直线图形。当控制截面之间有载荷时,用叠加法作该段的弯矩图。

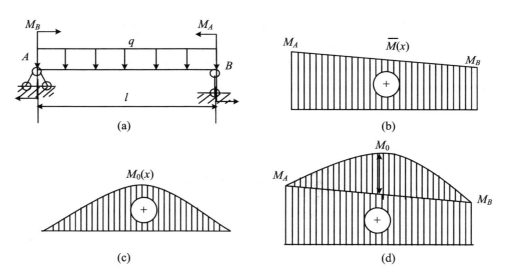

图 5.17

例 5.9 用叠加法作如图 5.18 所示梁的弯矩图。

解 ① 求弯矩方程:

$$M(x) = Fx - qx \cdot \frac{x}{2} = Fx - \frac{q}{2}x^2$$

② 根据弯矩方程作弯矩图,如图 5.18 所示。

讨论 由弯矩方程:

$$M(x) = Fx - \frac{q}{2}x^2$$

可知:第一项代表在集中力作用下的弯矩方程,第二项代表在均布载荷作用下

的弯矩方程。故上式表明：两者叠加就是两种载荷共同作用时的弯矩。

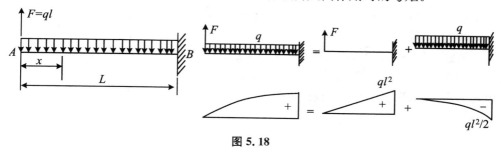

图 5.18

5.7　平面曲杆的弯曲内力

　　工程实践中除了直杆应用较为常见之外,在某些情况下也常用曲杆,如活塞环、链环、拱等。这些工程构件一般都有一个纵向对称面,且其曲线为一平面曲线,则称其为平面曲杆或平面曲梁。当载荷作用在杆的纵向对称面内时,曲杆将会发生弯曲变形,此时在杆的横截面上一般有轴力 F_N、剪力 F_s 和弯矩 M。

　　关于曲杆的内力分析,现以轴线为四分之一的圆周的曲杆为例来说明,如图 5.19(a)所示。以与竖直方向夹角为 φ 的横截面 m-m(径向截面)将曲杆分为两部分。取 m-m 截面右侧为研究对象,如图 5.20(b)所示。由平衡条件可求出截面上的内力。列平衡方程时,将所有作用力分别向轴线在 m-m 截面处的切向和法向投影,并对 m-m 截面的形心取矩,可容易求得内力：

$$F_N(\varphi) = F\sin\varphi + 2F\cos\varphi = F(\sin\varphi + 2\cos\varphi)$$
$$F_s(\varphi) = F\cos\varphi - 2F\sin\varphi = F(\cos\varphi - 2\sin\varphi)$$
$$M(\varphi) = 2Fa(1-\cos\varphi) - Fa\sin\varphi = Fa(2 - \cos\varphi - \sin\varphi)$$

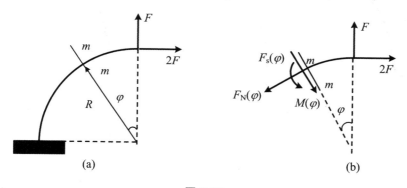

图 5.19

一般在曲杆内力分析中,其符号规定为:引起拉伸变形的轴力 F_N 为正;使轴线曲率增加的弯矩 M 为正;以 F_s 对所考虑的一段曲杆内任一点取矩,力矩为顺时针方向时为正,反之为负。

注意　作弯矩图时,将 M 画在轴线的法线方向,并画在杆件受压的一侧。

例 5.10　一端固定的四分之一圆环,如图 5.20(a)所示。已知半径为 R,在自由端 B 受轴线平面内的集中载荷 F 作用如图所示,试作出其内力图。

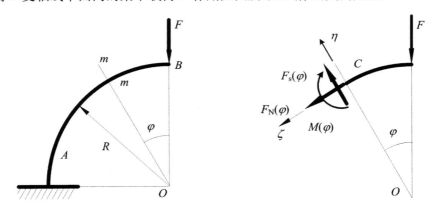

图 5.20

解　取分离体,如图 5.20(b)所示。写出其任意横截面 m-m 上的内力方程:

$$F_N(\varphi)=-F\sin\varphi \quad (0<\varphi<\pi/2)$$

$$F_s(\varphi)=F\cos\varphi \quad (0<\varphi<\pi/2)$$

$$M(\varphi)=FR\sin\varphi \quad (0\leqslant\varphi<\pi/2)$$

根据内力方程绘出内力图,如图 5.21 所示。

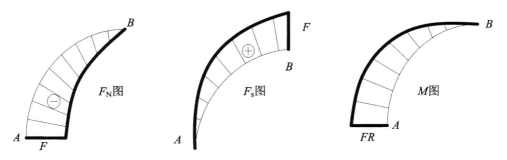

图 5.21

本 章 小 结

1. 弯曲变形的基本概念,平面弯曲的特征。

2. 弯曲变形内力的计算与分析。计算梁弯曲内力——剪力与弯矩的基本方法是截面法。在此基础上,可以运用简化计算方法,即利用外力直接确定剪力和弯矩。

横截面上的剪力等于此截面一侧梁上所有横向外力的代数和。

横截面上的弯矩等于此截面一侧梁上所有外力对该截面形心的力矩的代数和。

外力对弯曲内力正负号的影响:截面左侧向上的外力产生正剪力,截面右侧向下的外力产生正剪力;反之为负。截面左侧顺时针方向的力矩产生正弯矩,截面右侧逆时针方向的力矩产生正弯矩;反之为负。

3. 梁的弯曲内力与分布载荷之间的关系。

$$\frac{\mathrm{d}F_s(x)}{\mathrm{d}x} = q(x), \qquad \frac{\mathrm{d}M(x)}{\mathrm{d}x} = F_s(x), \qquad \frac{\mathrm{d}^2M(x)}{\mathrm{d}x^2} = \frac{\mathrm{d}F_s(x)}{\mathrm{d}x} = q(x)$$

可以利用这些关系更加快速准确地画出梁的弯曲内力图。

4. 解题方法。

(1) 用列方程描点的方法作梁的剪力图和弯矩图。

① 根据梁上的载荷情况,求出支座反力。

② 以集中载荷、集中力偶的作用点和分布载荷的两端点为分段点,将梁分为几段,列出各段梁的剪力方程和弯矩方程。列某一段梁的剪力方程和弯矩方程时,应用截面法从坐标为 x 的截面将梁截开,同时在截开面上加上正号剪力和弯矩,然后取截面任一边的梁为分离体,由分离体的平衡条件即可得到梁的剪力方程和弯矩方程。

③ 作剪力图和弯矩图:取适当的比例尺,以横截面上的剪力或弯矩为纵坐标,沿梁轴线的截面位置为横坐标,根据剪力方程和弯矩方程,用描点法作出剪力图和弯矩图(当剪力或弯矩为二次函数时,应采用求一阶导数的方法先确定极值点的坐标 x,再将 x 代入相应的方程求剪力或弯矩的极值)。按一般习惯将正值的剪力图和弯矩图画在 x 轴的上侧(土建类专业习惯将正值的弯矩图画在梁的受拉伸变形一侧,亦即画在 x 轴的下侧)。

(2) 根据微积分关系,用快速作图法画出梁的剪力图和弯矩图。

① 求出支座反力,并按上述方法将梁分为几段。

② 分段作剪力图和弯矩图(从左至右)。

不论是作各段梁的剪力图或弯矩图,归根到底都是确定一条曲线的始点(左端点)、形状及终点(右端点)的问题。

③ 作剪力图和弯矩图的约定(要求)。

(3) 用叠加法作剪力图和弯矩图。

因为梁在外力作用下的变形极小,沿梁轴线方向的位移可忽略不计,所以梁的剪力和弯矩都与载荷呈线性关系,故可按叠加原理先分别作出梁在各个载荷单独作用下的剪力图(或弯矩图),然后将各图相应的纵坐标叠加起来,就是梁在所有载荷共同作用下的剪力图(或弯矩图)。

思　考　题

1. 材料力学中内力的正负号规定与静力学中力和力矩的正负号规定有何不同?

2. 在列内力方程时,分段列写的分段点该如何确定?

3. 如何解释在集中力作用处剪力图有突变,弯矩图中出现尖点,而集中力偶作用处弯矩图有突变,剪力图中却无变化?

4. 在推导弯曲内力与分布载荷之间的关系时,若坐标系方向选取不同,微分关系将有何变化?

5. 如何判断梁的简支端、中间铰以及自由端处在有或没有集中力偶作用时截面上的弯矩及其正负?

6. 平面弯曲变形的特征是_____。

A. 弯曲时横截面仍保持为平面

B. 弯曲载荷均作用在同一平面内

C. 弯曲变形后的轴线是一条平面曲线

D. 弯曲变形后的轴线与载荷作用面在同一个平面内

7. 水平梁某截面上的剪力在数值上等于该截面_____在梁轴垂线上投影的代数和。

A. 以左和以右所有外力　　　B. 以左或以右所有外力

C. 以左和以右所有载荷　　　D. 以左或以右所有载荷

8. 水平梁某截面上的弯矩在数值上等于该截面_____的代数和。

A. 以左和以右所有集中力偶

B. 以左或以右所有集中力偶

C. 以左和以右所有外力对截面形心的力矩

D. 以左或以右所有外力对截面形心的力矩

9. 下列说法中,正确的是_____。

A. 当悬臂梁只承受集中力时,梁内无弯矩

B. 当悬臂梁只承受集中力偶时,梁内无剪力

C. 当简支梁只承受集中力时,梁内无弯矩

D. 当简支梁只承受集中力偶时,梁内无剪力

10. 如图 5.22 所示,如果将力 F 平移到梁的 C 截面上,则梁上的最大弯矩和最大剪力_____。

A. 前者不变,后者改变   B. 两者都改变

C. 前者改变,后者不变   D. 两者都不变

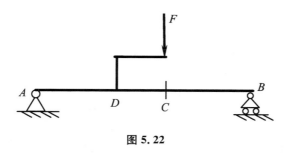

图 5.22

11. 对于剪力和弯矩的关系,下列说法正确的是_____。

A. 同一段梁上,剪力为正,弯矩也必为正

B. 同一段梁上,剪力为正,弯矩必为负

C. 同一段梁上,弯矩的正负不能由剪力唯一确定

D. 剪力为零处,弯矩也必为零

12. 在梁的中间铰处,若既无集中力,又无集中力偶作用,则该处梁的_____。

A. 剪力图连续,弯矩图连续但不光滑

B. 剪力图连续,弯矩图光滑且连续

C. 剪力图不连续,弯矩图连续但不光滑

D. 剪力图不连续,弯矩图光滑且连续

13. 工人站在木板 AB 的中点处工作,如图 5.23 所示。为了改善木板的受力和变形,下列说法正确的是_____。

A. 宜在木板的 A、B 端同时堆放适量的砖块

B. 在木板的 A、B 端同时堆放的砖块越多越好

C. 宜只在木板的 A 端或 B 端堆放适量的砖块

D. 无论在何处堆放砖块,堆多堆少都没有好处

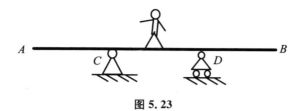

图 5.23

习　　题

1. 设已知如图 5.24 所示各梁的载荷 F、q、m 和尺寸 a。试求图示各梁中截面 1-1、2-2、3-3 上的剪力和弯矩，这些截面无限接近于截面 C 或截面 D。

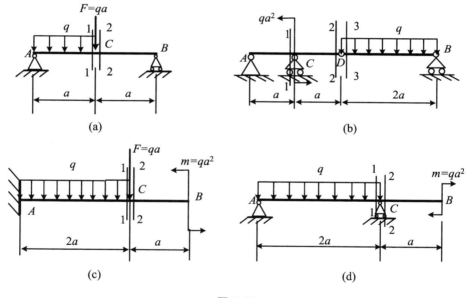

图 5.24

2. 设已知如图 5.25 所示各梁的载荷 F、q、m 和尺寸 a，要求：① 列出梁的剪力方程和弯矩方程；② 作剪力图和弯矩图；③ 确定 $|F_{smax}|$ 及 $|M_{max}|$。

3. 采用叠加法作如图 5.26 所示各梁的剪力图和弯矩图。

4. 作如图 5.27 所示刚架的内力图(轴力图、剪力图和弯矩图)。

5. 一段长为 2 m 的均匀木料，欲锯下 0.6 m 长的一段(图 5.28)。为使在锯开处两端面的开裂最小，应使锯口处的弯矩为零，木料放在两只锯架上，一只锯木架放在木料的一端，试问另一只锯木架放置在何处才能使木料锯口处的弯矩为零？

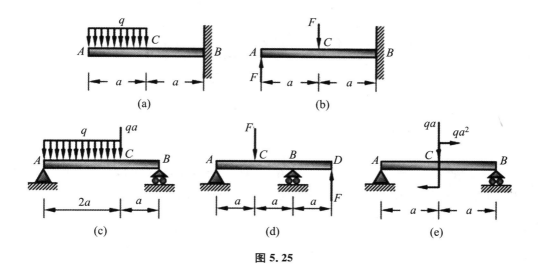

图 5.25

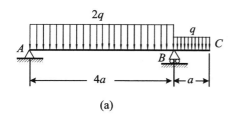

(a)

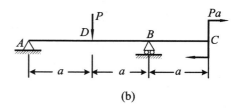

(b)

图 5.26

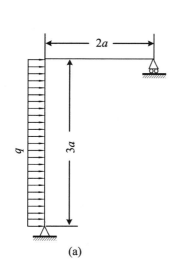

(a)

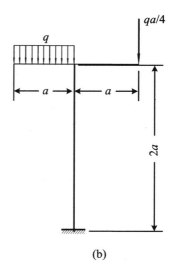

(b)

图 5.27

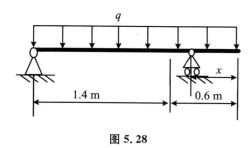

图 5.28

6. 如图 5.29 所示,起吊一根自重为 $q(\mathrm{N/m})$ 的等截面钢筋混凝土杆,问吊装时,起吊点位置 x 应为多少才最合理(最不容易使杆折断)?

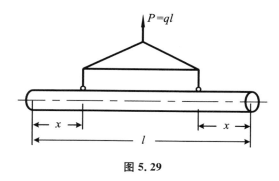

图 5.29

7. 桥式起重机大梁上的小车的每个轮子对大梁的压力均为 F(图 5.30),试问小车在什么位置时,梁内的弯矩最大? 其最大弯矩值为多少? 最大弯矩的作用截面在何处? 设小车的轮距为 d,大梁的跨度为 l。

8. 写出如图 5.31 所示各曲杆的轴力、剪力和弯矩方程式,并作弯矩图。曲杆的轴线为圆形。

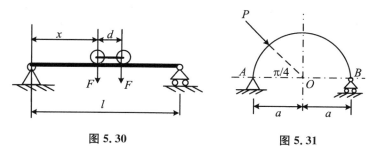

图 5.30　　　　　　　图 5.31

9. 如图 5.32 所示的简支梁,研究在不改变载荷大小和指向的前提下,减小 A、B 两处弯矩的可能性。

10. 钢筋长为 l,总重为 W,放在刚性平面上,在 A 端用 $\dfrac{W}{3}$ 的力提起此钢筋。试问钢筋中的最大弯矩为多少? 其位于哪个截面处?

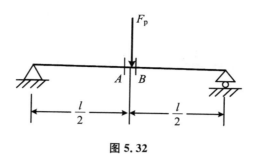

图 5.32

11. 列出如图 5.33 所示各曲杆的轴力、剪力和弯矩方程式,并作轴力图、剪力图和弯矩图。

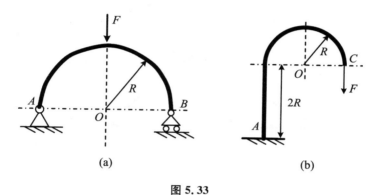

(a)　　　　　　　　　　　　　　　　　(b)

图 5.33

12. 已知梁的弯矩图如图 5.34 所示,试作梁的载荷图和剪力图。

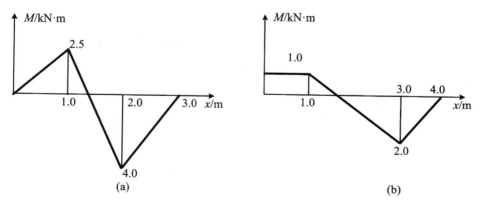

(a)　　　　　　　　　　　　　　　　　(b)

图 5.34

13. 如图 5.35 所示,试根据弯矩、剪力和载荷集度间的导数关系,改正所画剪力图和弯矩图中的错误。

14. 试绘制如图 5.36 所示的斜梁的内力图。

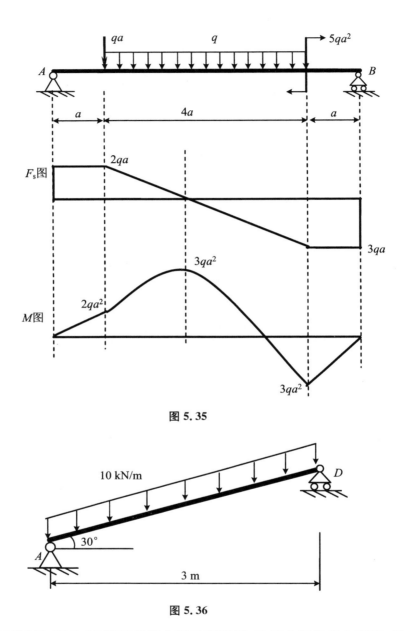

图 5.35

图 5.36

15. 试绘制如图 5.37 所示的简支梁的弯矩图,比较它们的最大弯矩,并由此总结载荷与弯矩的关系。

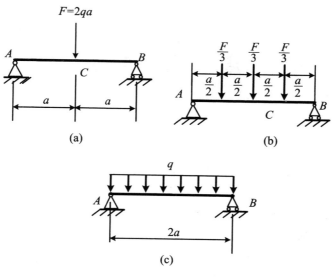

图 5.37

第6章 弯 曲 应 力

6.1 概　　述

在日常生活与工程实践中,常常会遇到搬运脆性构件的情况,如石膏板、玻璃板材和混凝土构件等。在搬运时,一般都是将其立起来[图 6.1(a)],而不是平放[图 6.1(b)]。建筑工人在搬运钢筋混凝土预制楼板时,都会将配有钢筋的那一侧放在下面,否则楼板在自身重力作用下将发生弯曲断裂破坏。类似的情况,在工程施工中如吊装或搬运工程构件时也经常遇到。

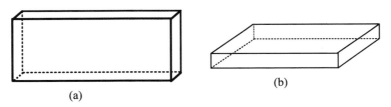

(a)　　　　　　　　　　　　　　　(b)

图 6.1

在第 5 章中,详细讨论了梁弯曲时横截面上的剪力和弯矩及其变化规律,并可确定梁横截面上的弯曲内力的最大值及相应的位置。但这只是梁发生弯曲变形时强度计算的基础。通过前面轴向拉压和圆轴扭转的学习,构件的强度与其工作时的最大应力有直接关系,而截面上的内力是截面上的分布应力的合力。为了研究梁弯曲变形时的强度问题,就必须研究横截面上的正应力 σ 和切应力 τ 的分布规律。

图 6.2(a)所示为一受对称载荷 F 作用的等截面简支梁,其剪力图和弯矩图如图 6.2(b)、(c)所示。内力图表明:在 AD 段和 EB 段内,梁的横截面上既有剪力又有弯矩,则横截面上既有正应力又有切应力,这种情况称为横力弯曲;在 DE 段内,梁横截面上的剪力为零,弯矩为常量,则横截面上只有正应力而无切应力,这种情况称为纯弯曲。工程中有很多构件在工作时会发生纯弯曲变形,如火车、汽车等轮轴在两轮之间的那一段。

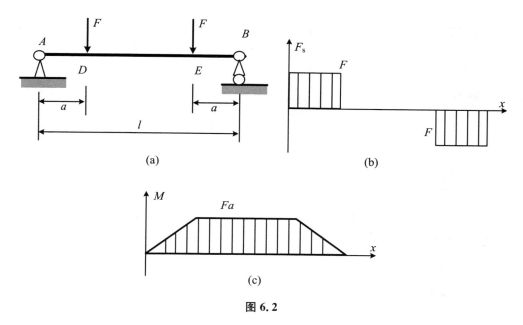

图 6.2

与第 5 章类似,这里主要研究梁在平面弯曲时其横截面上的应力分布情况。本章首先分析弯曲理论中最基本的情况——纯弯曲,推导出弯曲正应力的计算公式,而后再推广到横力弯曲中。

6.2　纯弯曲时的正应力

首先以纯弯曲为例推导梁横截面上的正应力。梁纯弯曲时,由截面法可知其任一横截面上的内力只有弯矩 M,大小等于外力偶矩 M_e,剪力等于零。梁纯弯曲时,横截面上的正应力计算公式的推导方法与计算杆在拉伸(压缩)时或圆轴扭转时的应力所用的方法类似,需要综合变形几何关系、物理关系和静力学等三个关系才能解决。

6.2.1　变形几何关系

由于无法直接观察到梁弯曲时横截面上的正应力分布情况,我们可以利用容易变形的材料制成矩形截面的等直梁来做纯弯曲实验,以便观察和分析梁纯弯曲时的变形特征。在弯曲变形前,先在梁的侧面绘制一些水平线和竖直正交直线段,如图 6.3(a)所示。

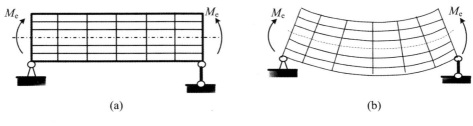

图 6.3

1. 变形现象和假设

在梁的两端施加一对大小相等、方向相反的力偶 M_e，使梁发生纯弯曲变形，如图 6.3(b)所示。梁在受弯变形后，可观察到下列现象：

（1）各纵向直线均变成了弧线，且靠上面部分的纵向线缩短，靠下面部分的纵向线伸长。

（2）各横向线在变形后仍保持为直线，只是相对转动了一个角度，且仍然垂直于变形后的纵向弧线。

（3）梁的矩形横截面变形后变成上宽下窄的梯形。

根据上述实验观察，经分析总结后，可得到如下假设：

（1）根据梁变形后原来的横向线仍保持为直线的现象，可以推断，梁的横截面在弯曲后仍保持为一个平面，其只是像刚性平面一样绕横截面内的某一轴旋转了一个角度，并且仍然垂直于梁变形后的轴线。这就是梁在纯弯曲时的平面假设。

（2）梁可看作是由一层层纵向纤维组成的，并假定纵向纤维之间无相互挤压作用，则各纵向纤维均处于单向受拉或受压的状态，此即单向受力状态假设。根据上面的分析与假设，由梁变形的连续性可知：梁变形后，靠近凹边的纤维缩短，靠近凸边的纤维伸长，那么在纵向纤维由缩短区过渡到伸长区之间必有一层纵向纤维既不缩短又不伸长，而保持原来的长度。这一层纵向纤维称为中性层。中性层与横截面的交线称为中性轴，如图 6.4 所示。

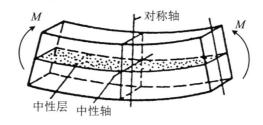

图 6.4

2. 几何关系

用 m-m 和 n-n 两个横截面从图 6.5(a)所示的梁中截取一 dx 微段。在横截面上建立坐标系 yOz，如图 6.5(b)所示，其中 y 轴为对称轴，z 轴为中性轴，其具体位置还是未知的。设变形前纵向线段 ab 距中性轴的距离为 y。横截面 $m-m$ 和 $n-n$ 在变形前相互平行,设其变形后的相对转动角为 $\mathrm{d}\varphi$,轴线 O_1O_2 和纵向线 ab 均变成了圆弧线 $\overset{\frown}{O_1O_2}$ 和 $\overset{\frown}{ab}$。设中性层 $\overset{\frown}{O_1O_2}$ 的曲率半径为 ρ,则纵向线 $\overset{\frown}{ab}$ 的曲率半径为 $\rho+y$,变形后如图 6.5(c)所示。

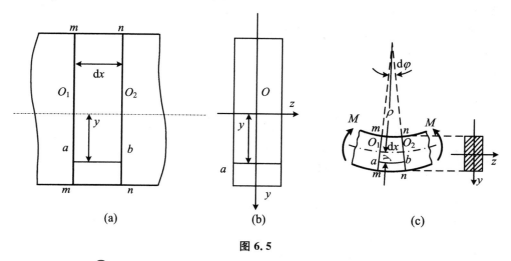

图 6.5

则纵向线 $\overset{\frown}{ab}$ 上任一点的线应变为

$$
\begin{aligned}
\varepsilon &= \frac{\overset{\frown}{ab}-ab}{ab} = \frac{\overset{\frown}{ab}-\overset{\frown}{O_1O_2}}{\overset{\frown}{O_1O_2}} \\
&= \frac{(\rho+y)\mathrm{d}\varphi-\rho\mathrm{d}\varphi}{\rho\mathrm{d}\varphi} \\
&= \frac{y}{\rho}
\end{aligned}
\tag{6.1}
$$

式(6.1)可进一步推广到横截面上任一点,其表明横截面上任一点的线应变与该点到中性轴的距离 y 成正比,这就是横截面上各点的线应变的变化规律。在图示坐标系中,当 y 为正时(在中性层以下),纵向纤维受拉;当 y 为负时(在中性层以上),纵向纤维受压。且线应变 ε 与 z 坐标无关。这个结论是在弯曲平面假设的前提下由梁挠曲线的几何条件推导出来的,其与材料的性质无关,故不论梁材料的应力与应变关系如何,该关系都成立。

需要指出的是,分析到此时中性轴的具体位置尚未确定,所以横截面上各点的 y 坐标也无法确定;此外,曲率半径 ρ 也是未知的。因此,横截面上各点的线应变 ε 的大小目前还是无法计算的。这需要通过后面的分析才能解决。

6.2.2 物理关系

根据单向受力状态假设,各纵向纤维均处于单向拉(压)状态。当应力不超过材料的比例极限时,正应力与线应变之间服从胡克定律 $\sigma = E\varepsilon$,将式(6.1)代入胡克定律可得

$$\sigma = E\frac{y}{\rho} \tag{6.2}$$

这就是纯弯曲时横截面上正应力变化规律的表达式。由式(6.2)可知:横截面上任一点处的正应力与其到中性轴的距离成正比,即任意纵向纤维上的正应力与其到中性层的距离成正比。由此可以画出弯曲正应力沿横截面高度的分布规律图,如图 6.6 所示。

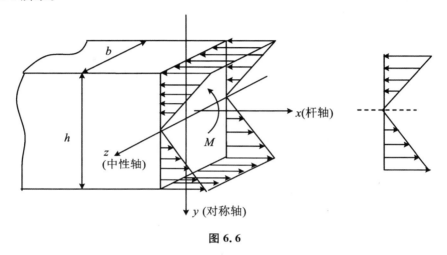

图 6.6

6.2.3 静力学关系

通过以上分析,得出了正应力在横截面上分布规律的计算式(6.2),但还不能用它来计算应力值的大小,其原因是中性轴的位置尚未确定,y 坐标无法计算,中性层的曲率 $\frac{1}{\rho}$ 也还未求出。为了确定式(6.2)中的曲率及横截面上中性轴的位置,需要用静力学关系来分析。

在横截面上距中性轴为 y 的地方取一微面积 dA,作用在此微面积上的法向内力可以认为是均匀分布的,设该点处的正应力为 σ,则微面积上的微内力为 σdA。横截面上各微面积上的微内力组成了一个平行于 x 轴的空间平行力系,该空间平行力系向横截面上对称轴与中性轴的交点简化结果为:平行于 x 轴方向的轴力 F_N、对 y 轴的力偶矩 M_y 和对 z 轴的力偶矩 M_z,计算式如下:

$$F_N = \int_A \sigma dA$$

$$M_y = \int_A z \cdot \sigma dA$$

$$M_z = \int_A y \cdot \sigma \mathrm{d}A$$

对纯弯曲梁而言,横截面上只有对 z 轴的弯矩 $M_z = M$,其他的为零,代入上面三式可得

$$F_N = \int_A \sigma \mathrm{d}A = 0 \tag{6.3}$$

$$M_y = \int_A z \cdot \sigma \mathrm{d}A = 0 \tag{6.4}$$

$$M_z = \int_A y \cdot \sigma \mathrm{d}A = M \tag{6.5}$$

将式(6.2)代入式(6.3)有

$$\int_A \sigma \mathrm{d}A = \int_A E \frac{y}{\rho} \mathrm{d}A = \frac{E}{\rho} \int_A y \mathrm{d}A = \frac{E}{\rho} S_z = 0$$

因为 $\frac{E}{\rho} \neq 0$,所以 $S_z = 0$。这说明中性轴不但垂直于对称轴,而且通过横截面形心。这样就确定了中性轴的位置。

将式(6.2)代入式(6.4)有

$$\int_A z \cdot \sigma \mathrm{d}A = \int_A E \frac{y \cdot z}{\rho} \mathrm{d}A = \frac{E}{\rho} \int_A y \cdot z \mathrm{d}A = \frac{E}{\rho} I_{yz} = 0$$

由于 y 轴是横截面的对称轴,所以惯性积 $I_{yz} = 0$,则上式自然满足。从式(6.3)、(6.4)的分析中可以确定平面弯曲时横截面上的对称轴 y 与中性轴 z 就是横截面的形心主惯性轴。

将式(6.2)代入式(6.5)有

$$\int_A y \cdot \sigma \mathrm{d}A = \int_A E \frac{y^2}{\rho} \mathrm{d}A = \frac{E}{\rho} \int_A y^2 \mathrm{d}A = \frac{E}{\rho} I_z = M$$

$$\frac{1}{\rho} = \frac{M}{EI_z} \tag{6.6}$$

式(6.6)是纯弯曲梁中性层的曲率公式,也是研究弯曲问题的基本公式。$\frac{1}{\rho}$ 即为梁弯曲后的曲率,其表示梁弯曲变形的程度。式(6.6)表明,梁的曲率与弯矩 M 成正比,而与 EI_z 成反比。EI_z 的值是由梁的材料和截面性质决定的,其值越大,梁越显得刚硬而不易弯曲,所以称 EI_z 为梁的抗弯刚度,它是表示梁抵抗弯曲变形能力大小的量。

经过上述讨论,通过确定中性轴的位置,进而确定横截面上任一点的 y 坐标;又得出梁曲率的表达式(6.6)。将其代入式(6.2)得到正应力计算式,即

$$\sigma = \frac{My}{I_z} \tag{6.7}$$

式(6.7)表明横截面上任一点处的正应力与 M、y 成正比,与 I_z 成反比。正应力的正负号的确定方法有两种:一是 M 按规定的符号代入,y 按选取的坐标系符号代

入,应力计算结果为正者是拉应力,负者是压应力。二是不考虑 M 与 y 的正负号,以绝对值代入,计算出应力也就是其绝对值,再由梁的弯曲变形来确定应力的正负号,凡使纵向纤维伸长者为拉应力,反之为压应力。最后在压应力数字后面注上(压)即可。工程中,经常采用第二种应力符号表示。

横截面上正应力的分布规律如图6.7(a)所示,在正弯矩作用下,梁横截面上的正应力呈线性分布,上侧为压应力,下侧为拉应力。实际应用中也常用图 6.7(b)表示其分布规律。

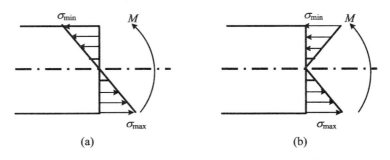

图 6.7

6.2.4　非对称梁的纯弯曲

前面讨论的是具有纵向对称面的梁发生平面弯曲时,横截面上正应力的计算。而在工程实际应用中,也常见一些非对称截面梁,或者虽然有纵向对称面,但弯曲力偶并不作用于这一平面的情况。对于在纯弯曲情况下的非对称截面梁,平面假设仍然适用。现在简单讨论其应力计算,如图6.8(a)所示, x 轴为梁的轴线, y 轴、z 轴为横截面的形心主惯性轴,设 M_y、M_z 为对 y 轴、z 轴的力偶矩。先讨论 $M_y = 0, M_z = M_e$ 的情况。

假设中性轴为 n-n,其位置尚未确定(若中性轴与 z 轴重合时,即 $\eta = y$):

$$\sigma = E \frac{\eta}{\rho}$$

式中, ρ 为变形后中性层的曲率半径。

由静力学平衡条件:

$$\begin{cases} F_N = \int_A \sigma \cdot dA = 0 \\ M_y = \int_A z \cdot \sigma \cdot dA = 0 \\ M_z = \int_A y \cdot \sigma \cdot dA = M_e \end{cases}$$

由前两式可得

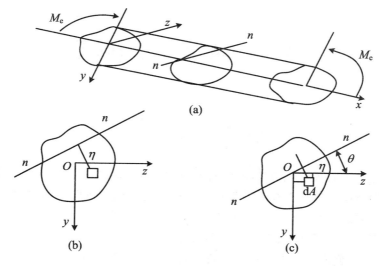

图 6.8

$$\begin{cases} F_{\text{N}} = \int_A \sigma \cdot \mathrm{d}A = \dfrac{E}{\rho} \int_A \eta \mathrm{d}A = 0 \\[2mm] M_y = \int_A z \cdot \sigma \cdot \mathrm{d}A = \dfrac{E}{\rho} \Big(\cos\theta \int_A yz \, \mathrm{d}A + \sin\theta \int_A z^2 \mathrm{d}A \Big) \\[2mm] \qquad = \dfrac{E}{\rho} (I_{yz} \cdot \cos\theta + I_y \sin\theta) = 0 \end{cases}$$

$\Rightarrow \begin{cases} \text{中性轴必过截面形心;} \\ \text{因为 } y \text{ 轴和 } z \text{ 轴为形心主对称轴,则 } I_{yz}=0 \text{,故可得 } \sin\theta=0 \Rightarrow \theta=0° \end{cases}$

即可得知:中性轴垂直于 M_{e} 的作用平面。

将结果代入第三式可得

$$\sigma = \frac{M_z y}{I_z}$$

上式与式(6.7)相同,所以对于非对称的实体梁,只要弯曲力偶作用于形心主惯性平面内,则中性轴与这个平面垂直,弯曲变形也发生在这个平面内,平面弯曲的结论仍然成立,用上面完全相同的方法还可证明,当外力偶矩的作用平面平行于实体梁的形心主惯性平面时,平面弯曲的结论仍然成立。

理论分析和实验结果表明:对于非对称截面梁,载荷必须作用在与梁形心主惯性平面相平行的某一特定平面内,才能保证梁只发生平面弯曲变形而不发生扭转变形。

6.3　横力弯曲的正应力及强度条件

6.3.1　横力弯曲时的正应力

　　当梁上有横向载荷作用时,横截面上一般既有弯矩又有剪力,梁在此种情况下将发生横力弯曲。这是工程中最常见的弯曲问题。横力弯曲时,梁横截面上的正应力计算主要还是利用纯弯曲中的结论。

　　横力弯曲时,由于梁的横截面上不仅有正应力而且还有切应力。由于切应力的存在,梁的横截面将产生剪切变形,使横截面发生翘曲,而不能保持为平面。此外,在与中性层平行的纵向截面上,还有由横向力引起的挤压应力,这样一来横截面上各点就不再是单向应力状态。因此,分析梁纯弯曲时所做的平面假设和单向受力状态假设在横力弯曲中都不再成立。从理论上讲,式(6.7)不能应用于横力弯曲的情况。但是,根据弹性理论的方法进行精确分析的结果表明:对于细长梁(梁的跨度大于梁的横截面高度 5 倍以上,即 $l>5h$),切应力和挤压应力对横截面上各点的弯曲正应力的影响很小,可以忽略不计。因此,由纯弯曲梁导出的式(6.7)仍可以用来计算梁横力弯曲时的正应力。由此,可以得出横力弯曲时的正应力计算式(6.7)的适用条件:

　　(1) 小变形。

　　(2) 材料处于比例极限范围内。

　　(3) 纯弯曲梁或横力平面弯曲的细长梁($l>5h$)。

　　(4) 直梁或小曲率梁($\rho>5h$)。

6.3.2　横截面上的最大正应力

　　由式(6.7)可知,对梁上某指定的横截面而言,M 与 I_z 为常量,σ 与 y 成正比。故横截面上最大拉应力和最大压应力发生在离中性轴最远的点处,即横截面的上、下边缘点处,其表达式为

$$\sigma_{\mathrm{t}} = \frac{My_1}{I_z}, \quad \sigma_{\mathrm{c}} = \frac{My_2}{I_z}$$

式中,σ_{t}、σ_{c} 分别表示横截面上的最大拉应力和最大压应力,y_1、y_2 分别为横截面上受拉区和受压区到中性轴的最远距离。

　　当中性轴也是横截面的对称轴时:

$$y_1 = y_2 = y_{\max}, \quad \sigma_t = \sigma_c = \sigma_{\max}$$

令

$$W_z = \frac{I_z}{y_{\max}}$$

则横截面上的最大正应力公式为

$$\sigma_{\max} = \frac{M}{W_z} \tag{6.8}$$

式中,W_z 为抗弯截面模量,其值与横截面的几何形状和尺寸有关,单位为 m^3。

对于矩形截面,设高为 h,宽为 b,则抗弯截面模量为

$$W_z = \frac{I_z}{\frac{h}{2}} = \frac{\frac{bh^3}{12}}{\frac{h}{2}} = \frac{bh^2}{6}$$

对于实心圆截面,设直径为 d,则抗弯截面模量为

$$W_z = \frac{I_z}{\frac{d}{2}} = \frac{\frac{\pi d^4}{64}}{\frac{d}{2}} = \frac{\pi d^2}{32} \approx 0.1d^3$$

对于空心圆截面,设外径为 D,内径为 d,$\alpha = \dfrac{d}{D}$,则抗弯截面模量为

$$W_z = \frac{I_z}{\frac{D}{2}} = \frac{\frac{\pi D^4 (1-\alpha^4)}{64}}{\frac{D}{2}} = \frac{\pi D^3 (1-\alpha^4)}{32} \approx 0.1D^3 (1-\alpha^4)$$

对于由型钢构件做成的梁,可以通过查型钢表得到其截面的抗弯截面模量。

6.3.3 梁的正应力强度条件

梁弯曲时,横截面上的正应力最大值发生在距离中性轴最远处,即横截面上的最大正应力计算为

$$\sigma_{\max} = \frac{M}{W_z} \tag{6.9}$$

对全梁而言,最大正应力的数值和位置不仅与截面形状有关,还与截面上的弯矩有关。在工程中应用最多的还是等直截面梁。而对于等直梁,显然最大正应力发生在弯矩最大的截面上。所以在进行梁的正应力强度分析时,首先确定梁的最大弯矩 $M_{\max}$ 的值,然后计算该截面上的最大弯曲正应力,其即为全梁的最大正应力:

$$\sigma_{\max} = \frac{M_{\max}}{W_z} \tag{6.10}$$

正应力强度条件:梁上的最大工作正应力 $\sigma_{\max}$ 不能超过材料的许用应力 $[\sigma]$,即

$$\sigma_{\max} \leqslant [\sigma] \tag{6.11}$$

对于等直梁，上式还可写成：

$$\frac{M_{\max}}{W_z} \leqslant [\sigma] \tag{6.12}$$

利用上面的强度条件计算式（6.11）、（6.12）可以进行梁的弯曲正应力强度校核、横截面选择与设计及确定许用载荷三方面的工作。

当梁的材料、截面和载荷已经确定，即 $[\sigma]$、W_z、$M_{\max}$ 已知时，可由式（6.11）来判断梁是否工作安全，此为强度校核。

当梁的材料和横截面已经确定，即 $[\sigma]$、$M_{\max}$ 已知时，可由式（6.12）确定 W_z 的最小值，再根据截面的几何性质来选择截面或设计截面形状。

当梁的材料和横截面已经确定，即 $[\sigma]$、W_z 已知时，可由式（6.12）确定梁所能承受的最大弯矩 $M_{\max}$，再根据弯矩与载荷的关系可确定梁的许用载荷。

例 6.1 如图 6.9(a)所示的外伸梁，受均布载荷作用，材料的许用应力 $[\sigma] = 160\ \text{MPa}$，试校核该梁的强度。

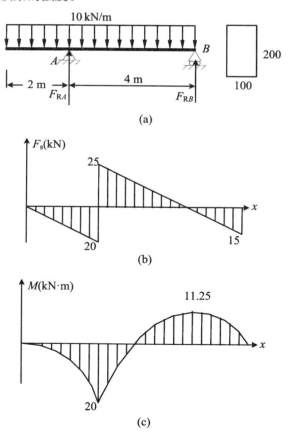

图 6.9

解　① 绘制弯矩图,确定最大弯矩。由静力学平衡方程求出支座反力为

$$F_{RA} = 45 \text{ kN}, \quad F_{RB} = 15 \text{ kN}$$

剪力图和弯矩图绘制如图 6.9(b)、(c)所示。最大弯矩为

$$M_{max} = 20 \text{ kN} \cdot \text{m}$$

发生在 A 截面上。

② 横截面的抗弯截面模量为

$$W_z = \frac{I_z}{\dfrac{b}{2}} = = \frac{bh^2}{6} = \frac{0.1 \cdot 0.2^2}{6}$$

③ 强度校核。梁的最大工作正应力为

$$\sigma_{max} = \frac{M_{max}}{W_z} = \frac{20 \times 10^3 \cdot 6}{0.1 \cdot 0.2^2} \text{ MPa} = 30 \text{ MPa}$$

$$\sigma_{max} = 30 \text{ MPa} < [\sigma] = 160 \text{ MPa}$$

满足强度要求,所以梁是安全的。

例 6.2　如图 6.10 所示,两矩形截面梁的尺寸和材料的许用应力均相等,但放置方式如图 6.10(a)、(b)所示。试按弯曲正应力强度条件确定两者的许用载荷之比 $\dfrac{F_1}{F_2}$ 是多少?

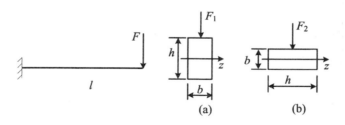

图 6.10

解　梁上最大弯矩都发生在梁的左端面上,大小为 $M_{max} = F \cdot l$,根据弯曲正应力计算式,可得

$$\begin{cases} \sigma_{max1} = \dfrac{M_{max1}}{W_{z1}} = \dfrac{F_1 l}{\dfrac{bh^2}{6}} \\[4mm] \sigma_{max2} = \dfrac{M_{max2}}{W_{z2}} = \dfrac{F_2 l}{\dfrac{hb^2}{6}} \end{cases}$$

由于两个梁的材料相同即许用应力相同。则两梁的强度条件可定成下式:

$$\sigma_{max1} = \sigma_{max2} = [\sigma]$$

计算可得

$$\frac{F_1}{F_2} = \frac{h}{b}$$

　　若梁的高度 h 大于宽度 b 时,梁按照如图 6.10(a)所示竖放置时,其最大正应力小于如图 6.10(b)所示横放置时的正应力,其承载能力也大一些。工程中常采用这种合理的放置方式。

　　例 6.3　如图 6.11 所示的铸铁梁,梁的截面为 T 形,其许用拉应力和许用压应力分别为$[\sigma_t]=40$ MPa 和$[\sigma_c]=160$ MPa,如图 6.11(a)、(b)所示(C 为截面形心)。试校核该梁的强度。

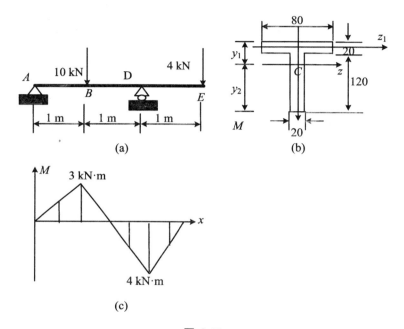

图 6.11

　　解　① 绘制弯矩图,确定不利位置。由静力学平衡方程可求得梁的支座反力:

$$F_{RA} = 3 \text{ kN}, \quad F_{RD} = 11 \text{ kN}$$

　　弯矩图如图 6.11(c)所示,最大正弯矩在 B 截面处,最大负弯矩在 D 截面处,分别为

$$M_B = 3 \text{ kN} \cdot \text{m}, \quad M_D = 4 \text{ kN} \cdot \text{m}$$

　　② 确定截面的几何性质与参数。选 z_1 轴为参考坐标轴,计算截面形心 C 的位置(即 z_1,z 坐标轴的间距)为

$$y_C = \frac{120 \times 20 \times (60 + 10)}{80 \times 20 + 120 \times 20} \text{ mm} = 42 \text{ mm}$$

上、下边缘距中性轴的距离为

$$y_1 = 52 \text{ mm}, \quad y_2 = 88 \text{ mm}$$

截面的惯性矩为

$$I_z = \frac{80 \times 20^3}{12} \text{ mm}^4 + 80 \times 20 \times 42^2 \text{ mm}^4 + \frac{20 \times 120^3}{12} \text{ mm}^4 + 120 \times 20 \times (80-52)^2$$
$$= 763 \times 10^4 \text{ mm}^4 = 763 \times 10^{-8} \text{ m}^4$$

③ 梁的强度校核。由于 T 形截面中性轴不对称,同一截面上的最大拉应力和压应力并不相等,而且该梁所用的材料其抗拉、抗压强度又不相等,所以对梁的最大拉应力和最大压应力都要分别进行强度校核。截面上的最大拉应力和最大压应力随弯矩的符号变化而变化,因此危险截面可能是最大正弯矩或最大负弯矩所在的截面。截面 D 处是最大负弯矩发生处,最大拉应力发生在上边缘各点处,为

$$\sigma_t = \frac{M_D y_1}{I_z} = \frac{4 \times 10^3 \times 52 \times 10^{-3}}{763 \times 10^{-8}} \text{ MPa} = 27.3 \text{ MPa} < [\sigma_t]$$

最大压应力发生在下边缘各点处为

$$\sigma_c = \frac{M_D y_2}{I_z} = \frac{4 \times 10^3 \times 88 \times 10^{-3}}{763 \times 10^{-8}} \text{ MPa} = 46.2 \text{ MPa} < [\sigma_c]$$

在 B 截面处,虽然其弯矩 M_B 的绝对值小于 M_D,但其是正弯矩最大值发生处,最大拉应力发生在截面的下边缘各点处,而下边缘到中性轴的距离比上边缘的远些,因此该截面上的最大拉应力就有可能比 D 截面上的大,且其大小为

$$\sigma_t = \frac{M_B y_2}{I_z} = \frac{3 \times 10^3 \times 88 \times 10^{-3}}{763 \times 10^{-8}} \text{ MPa} = 34.6 \text{ MPa} < [\sigma_t]$$

所以,最大拉应力是在截面 B 的下边缘各点处,显然 B 截面处的压应力小于 D 截面处的压应力。

综上可知,梁满足强度要求,是安全的。

例 6.4 T 形梁尺寸及所受载荷如图 6.12(a)所示,已知 $[\sigma_c] = 100$ MPa,$[\sigma_t] = 50$ MPa,$y_c = 17.5$ mm,$I_z = 18.2 \times 10^4$ mm^4。试校核该梁。

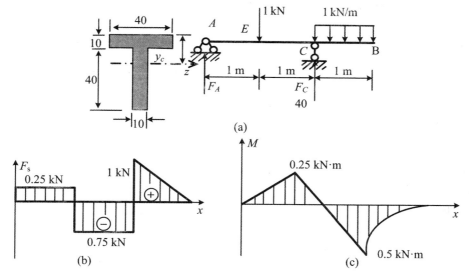

图 6.12

解　① 求支座反力，由静力学平衡方程可得

$$F_A = 0.25 \text{ kN}, \quad F_C = 1.75 \text{ kN}$$

② 绘制梁的剪力图和弯矩图，如图 6.12(b)、(c)所示。

最大剪力：$F_{smax} = 1 \text{ kN}$

最大正弯矩：$M_{max}^+ = 0.25 \text{ kN} \cdot \text{m}$

最大负弯矩：$M_{max}^- = 0.5 \text{ kN} \cdot \text{m}$

③ 正应力强度校核，因为该梁的横截面关于中性轴不对称，材料的许用拉应力和许用压应力不等，所以在最大正弯矩 C 处和最大负弯矩 E 处都要进行校核：

$$\begin{cases} \sigma_{Et} = \dfrac{M_E(0.05 - y_c)}{I_z} = 44.6 \text{ MPa} < [\sigma_t] \\[3mm] \sigma_{Ec} = \dfrac{M_E y_c}{I_z} = 24.0 \text{ MPa} < [\sigma_c] \end{cases}$$

$$\begin{cases} \sigma_{Ct} = \dfrac{M_C y_c}{I_z} = 48.0 \text{ MPa} < [\sigma_t] \\[3mm] \sigma_{Cc} = \dfrac{M_C(0.05 - y_c)}{I_z} = 89.2 \text{ MPa} < [\sigma_c] \end{cases}$$

所以梁是安全的。

6.4　弯曲切应力

梁在横力弯曲时，横截面上会同时出现切应力和正应力。一般来说，弯曲正应力是引起梁破坏的主要原因，这种情况下切应力可以不考虑。但在某些情况下，如深梁（跨度短而截面高）、腹板较薄的工字梁等，其横截面上的切应力也可能会达到较大的数值，甚至会导致梁发生剪切破坏。本节将以矩形截面梁为例介绍分析弯曲切应力的基本方法，并介绍工程中常见的几种截面梁的切应力计算。

6.4.1　矩形截面梁的切应力

分析矩形横截面上切应力的步骤是：首先提出假设，然后由此推导计算公式，最后得出切应力沿截面高度分布的规律。

如图 6.13(a)所示的矩形截面梁受任意载荷作用，设梁横截面上的剪力 F_s 的方向与对称轴 y 重合，如图 6.13(b)所示。为了得到横截面上的切应力分布规律，首先要做出两个必要的假设：① 横截面上各点的切应力都平行于剪力 F_s；② 切应力沿截面宽度方向均匀分布，即离中性轴等距离的各点处的切应力相等。对于狭长矩形截面，切应力沿宽度的变化不可能很大，故假设②是合理的。又因梁的侧面

上无切应力,由切应力互等定理可知,梁横截面上位于侧边各点处的切应力方向与侧边平行,由此假设其余各点处的切应力方向也与侧边平行,所以假设①也是合理的。再将根据这两个假设所得的解与弹性理论相比较,发现对于狭长矩形截面两者的结果很接近,具有足够的精确度。对于一般高度大于宽度的矩形截面梁,这两个假设也是适用的。

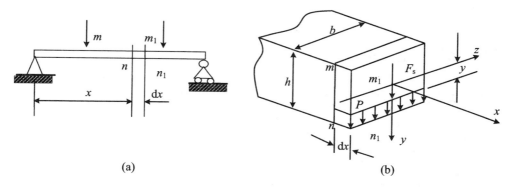

图 6.13

用 m-n 和 m_1-n_1 两横截面从梁中截取一 $\mathrm{d}x$ 微段,设截面 m-n 和 m_1-n_1 上的弯矩分别为 M 和 $M+\mathrm{d}M$,如图 6.14(a)所示。用平行于中性层且距离中性层为 y 的 pr 平面从梁中截取一部分 $prnn_1$,则在这一部分的左侧面 rn 上,作用着由弯矩 M 引起的正应力;而在右侧面 pn_1 上,作用着由弯矩 $M+\mathrm{d}M$ 引起的正应力;由切应力互等定理可知,在顶面上作用着切应力 τ',如图 6.14(b)所示。在左侧面 rn 上,由微内力 $\sigma \mathrm{d}A$ 组成的内力系的合力为

$$F_{\mathrm{N1}} = \int_{A_1} \sigma \mathrm{d}A$$

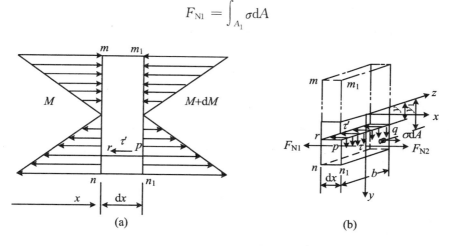

图 6.14

式中,A_1 为侧面 rn 的面积。将弯曲正应力公式(6.7)代入可得

$$F_{N1} = \int_{A_1} \frac{My_1}{I_z} dA = \frac{M}{I_z} \int_{A_1} y_1 dA = \frac{M}{I_z} S_z^*$$

式中，$S_z^* = \int_{A_1} y_1 dA$ 是横截面上的部分面积 A_1 对中性轴的静矩，即距中性轴为 y 的横线 pq 以下的面积对中性轴的静矩。同理，可以得出右侧面 pn_1 上的内力系的合力 F_{N2} 为

$$F_{N2} = \int_{A_2} \frac{(M + dM)y_1}{I_z} dA = \frac{M + dM}{I_z} \int_{A_2} y_1 dA = \frac{M + dM}{I_z} S_z^*$$

在顶面 rp 上，由 $\tau' \cdot (b dx)$ 组成的内力系的合力为

$$dF_s = \tau' \cdot b \cdot dx$$

这三个内力都是平行于轴线方向的，由平衡条件 $\sum F_{Ni} = 0$，即

$$F_{N2} - F_{N1} - dF_s = 0$$

将相应的表达式代入上式，可得

$$\frac{M + dM}{I_z} S_z^* - \frac{M}{I_z} S_z^* - \tau' \cdot b \cdot dx = 0$$

经简化后得

$$\tau' = \frac{dM}{dx} \cdot \frac{S_z^*}{I_z b}$$

由剪力与弯矩的关系可得

$$\frac{dM}{dx} = F_s$$

则上式可进一步写成：

$$\tau' = \frac{F_s S_z^*}{I_z b}$$

式中，τ' 是距中性层为 y 的 pr 平面上的切应力，由切应力互等定理，其等于横截面上的横线 pq 处的切应力 τ，即

$$\tau = \frac{F_s S_z^*}{I_z b} \tag{6.13}$$

式（6.13）即为矩形截面梁横截面上任一点的弯曲切应力计算公式。式中，F_s 是横截面上的剪力，I_z 是横截面对中性轴的惯性矩，b 是所求切应力处横截面的宽度。在式（6.13）的推导过程中，在 dx 微段上假设其是没有外载荷作用的。如果取出的微段上有分布载荷 q 作用，则微段两端的剪力将出现一个差值 dF_s。可以证明这个差值对切应力的影响是一个高阶微量，可以忽略不计。

对于水平纵向截面上切应力的存在性，可以用简单实验证明。选用两根材料、尺寸相同的梁做两个实验：① 将两根梁直接叠放在一起，形成简支梁，然后施加横向载荷，梁将发生弯曲变形，可以观察到上梁的下边缘伸长，下梁的上边缘缩短。这表明在两根梁的接触面上有相对滑动；② 将两根梁胶合在一起形成一根整梁，形成简支梁后，再施加横向载荷，该梁也将发生弯曲变形，可以观察到胶合面上没

有相对滑动,表明胶合面内一定有阻碍相对滑动的分布内力。该分布内力就是纵向截面上的切应力。由此可以证明:梁在横力弯曲变形时,各纵向截面内有相应的切应力。

进一步分析图 6.15(a)中矩形截面上的切应力的分布规律,由式(6.13)可知:在指定某一截面上的弯矩 M、I_z、b 为常量,因此切应力 τ 只与静矩 S_z^* 有关。对于矩形截面,其静矩 S_z^* 的计算如下。

取 $\mathrm{d}A = b \cdot \mathrm{d}y_1$,可得

$$S_z^* = \int_{A_1} y_1 \mathrm{d}A = \int_y^{h/2} b y_1 \mathrm{d}y_1 = \frac{b}{2}\left(\frac{h^2}{4} - y^2\right)$$

则式(6.13)可以写成:

$$\tau = \frac{F_s}{2I_z}\left(\frac{h^2}{4} - y^2\right) = \frac{6F_s}{bh^3}\left(\frac{h^2}{4} - y^2\right) \tag{6.14}$$

上式表明:矩形截面梁的横截面上切应力 τ 沿截面高度呈抛物线分布,如图 6.15(b)所示。当 $y = \pm\frac{h}{2}$ 时,$\tau = 0$,这表明梁横截面的上、下边缘各点处的切应力等于零。随着离中性轴的距离 y 的减小,切应力 τ 逐渐增大。当 $y = 0$ 时,切应力 τ 为最大,即最大切应力发生在横截面的中性轴上,大小为

$$\tau_{\max} = \frac{6F_s}{bh^2}\frac{h^2}{4} = \frac{3}{2}\frac{F_s}{bh} \tag{6.15}$$

由此可见,矩形截面梁的最大切应力是平均切应力 $\frac{F_s}{bh}$ 的 1.5 倍。

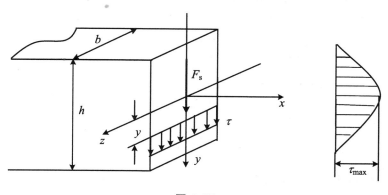

图 6.15

6.4.2　工字形截面梁的切应力

对于工字形截面梁,先研究其横截面内腹板上任一点处的切应力。由于腹板是狭长矩形,故可以采用前面矩形截面梁的两个假设。因此式(6.13)可以用来计算腹板内的切应力,可得

$$\tau = \frac{F_s S_z^*}{I_z b}$$

式中，F_s 为横截面上的剪力；I_z 为整个横截面对中性轴的惯性矩；b 为腹板宽度；S_z^* 为图 6.16(a)所示阴影面积对中性轴的静矩，其计算式为

$$S_z^* = \frac{B\left(\dfrac{H}{2} - \dfrac{h}{2}\right) \cdot \left(\dfrac{H}{2} + \dfrac{h}{2}\right)}{2} + \frac{b\left(\dfrac{h}{2} - y\right) \cdot \left(\dfrac{h}{2} + y\right)}{2}$$

$$= \frac{B}{8}(H^2 - h^2) + \frac{b}{2}\left(\frac{h^2}{4} - y^2\right)$$

所以可得

$$\tau = \frac{F_s}{I_z b}\left[\frac{B}{8}(H^2 - h^2) + \frac{b}{2}\left(\frac{h^2}{4} - y^2\right)\right] \tag{6.16}$$

由此可见，腹板内的切应力沿腹板高度呈抛物线规律分布，如图 6.16(b)所示。将 $y = 0$ 和 $y = \pm\dfrac{h}{2}$ 分别代入式(6.15)，可求出腹板上的最大和最小切应力分别为

$$\tau_{max} = \frac{F_s}{I_z b}\left[\frac{B}{8}(H^2 - h^2) + \frac{bh^2}{8}\right]$$

$$\tau_{min} = \frac{F_s}{I_z b}\left[\frac{B}{8}(H^2 - h^2)\right]$$

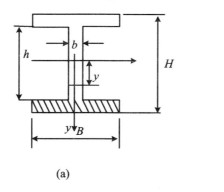
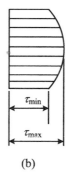

(a)　　　　　　　　　　　　(b)

图 6.16

因为 $B \gg b$，所以 $\dfrac{bh^2}{8}$ 相对于 $\dfrac{B(H^2 - h^2)}{8}$ 是一个很小的量，可以忽略不计，由上面两式可知腹板内的最大切应力与最小切应力在数值上相差很小。故可认为腹板内的切应力是近似均匀分布的，其近似值为

$$\tau_{max} = \frac{F_s}{bh} \tag{6.17}$$

式中，bh 是腹板的面积。

上式(6.17)一般只用于计算非标准工字钢梁。对于标准工字钢梁，可由型钢

表查出其惯性矩与最大静矩的比值 $\dfrac{I_z}{S_{z\max}^*}$，工程中常用的最大切应力计算公式为

$$\tau_{\max} = \frac{F_s}{\dfrac{I_z \cdot b}{S_{z\max}^*}} \tag{6.18}$$

在工字梁的翼缘上，也应有平行于 F_s 的切应力分量，分布情况比较复杂，但其数值很小，并无实际意义，通常不需要考虑。此外翼缘上还有平行于翼缘宽度 B 的切应力分量。它与腹板内的切应力相比较，一般来说也是次要的。

对于槽形截面和 T 形截面的腹板其切应力的公式推导与工字形截面类似。计算式也是 $\tau = \dfrac{F_s S_z^*}{I_z b}$，最大切应力也是出现在中性轴位置。读者可自行推导和验证。

6.4.3　薄壁圆环形截面梁的切应力

对一薄壁圆环形截面梁而言，设其环壁厚度为 δ，环的平均半径为 r_0，且 δ 相对于 r_0 很小，故可假设：① 横截面上切应力的大小沿壁厚方向无变化；② 切应力的方向与圆周相切。因为假设①与矩形截面梁相同，故可借用式(6.13)导出此横截面上任一点处的切应力公式。由对称关系可知，横截面与 y 轴相交的各点处的切应力为零，且切应力关于 y 轴对称。因此在求式(6.13)中的 S_z^* 时，可自 y 轴向一侧量取 φ 角，并以此 φ 角所包的一段圆环作为部分面积。此外，该式中的 b 应以壁厚 δ 代替。根据前面的叙述可知，环形截面梁上的最大切应力 $\tau_{\max}$ 仍在中性轴位置。因为

$$S_{z\max}^* = \pi r_0 \delta \times \frac{2r_0}{\pi} = 2r_0^2 \delta, \quad I_z = \pi r_0^3 \delta$$

可得

$$\tau_{\max} = \frac{F_s S_{z\max}^*}{I_z b} = \frac{F_s \times 2r_0^2 \delta}{\pi r_0^3 \delta \times 2\delta} = 2\frac{F_s}{A} \tag{6.19}$$

由此可见，薄壁圆环形截面梁的横截面上最大切应力约为平均切应力 $\dfrac{F_s}{A}$ 的 2 倍。

上述对薄壁圆环形截面所做的两个假设，同样适用于其他形式的薄壁截面。因此，可以依照上述方法来计算其横截面上的最大切应力。

6.4.4　圆形截面梁的切应力

对于圆形截面，不能假设截面上各点的切应力都平行于剪力 F_s。但由切应力互等定理可以证明边缘上各点的切应力必与圆周相切。

这样，在圆截面上任一水平弦的两端，A、B 点处的切应力 τ_A、τ_B 与圆周相切并

相交于 y 轴上的 K 点，如图 6.17(a)所示。由对称性可知，AB 弦中点 C 点处的切应力必然是竖直向下的，也过 K 点。由此可假设 AB 弦上各点的切应力作用线都通过 K 点。再假设 AB 弦上各点切应力的垂直分量 τ_y 相等，即 τ_y 沿 AB 弦均匀分布。于是可利用矩形截面的切应力计算式(6.13)来计算圆形截面上最大切应力的近似值，即

$$\tau = \frac{F_s S_z^*}{I_z b}$$

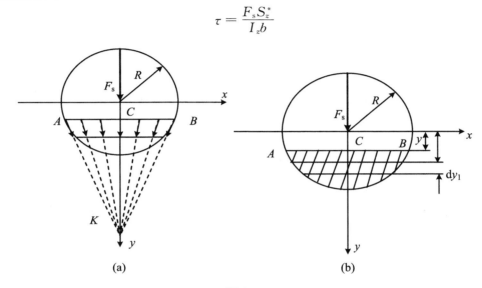

图 **6.17**

式中，F_s 为横截面上的剪力；I_z 为整个横截面对中性轴的惯性矩；b 为切应力点所在的弦长，$b = 2\sqrt{R^2 - y^2}$，如图 6.17(b)所示；S_z^* 为切应力所在弦的上方和下方面积对中性轴的静矩，即

$$S_z^* = \int_{A_1} y_1 \mathrm{d}A = \int_y^R 2y_1 \sqrt{R^2 - y^2} \mathrm{d}y_1 = \frac{2}{3}(R^2 - y^2)^{\frac{3}{2}}$$

最大切应力发生在中性轴上，且沿中性轴均匀分布，与剪力 F_s 平行。将圆形截面的几何特性 $S_{z\max}^*$ 和 I_z 代入可得

$$\tau = \frac{4}{3}\frac{F_s}{\pi R^2} = \frac{4}{3}\frac{F_s}{A} \tag{6.20}$$

可见，圆形截面梁的最大弯曲切应力是平均切应力的 $\frac{4}{3}$ 倍。

对圆截面梁所做的假设，还可用于截面是对称于 y 轴的其他形状的梁，如截面形状为椭圆形或梯形的梁。

6.4.5 弯曲切应力的强度校核

对于等直截面梁来说，其最大弯曲切应力一般都发生在剪力最大的横截面上，

且在中性轴处,而在中性轴上弯曲正应力 $\sigma=0$。在忽略纵向截面上的挤压应力后,则最大切应力所在处各点就可以看作是纯剪切应力状态。因此就可以按照纯剪切应力状态下的强度条件来建立梁的弯曲切应力强度条件,即

$$\tau_{max} \leqslant [\tau]$$

将弯曲切应力计算式(6.13)代入可得

$$\tau_{max} = \frac{F_{smax}S_{zmax}^*}{I_z b} \leqslant [\tau] \tag{6.21}$$

一般情况下,细长梁的强度控制因素,通常是弯曲正应力,根据正应力强度条件确定的梁截面,一般都能满足剪应力的强度条件,无需再进行剪应力的强度计算。只有在以下一些情况,要进行梁的剪应力校核:① 梁的跨度短,或者在支座附近处作用有较大的载荷,在这种情况下,梁的弯矩较小,而剪力可能很大;② 铆接或焊接的工字形截面钢梁,腹板截面的厚度一般较薄而高度较大,厚度与高度之比往往小于型钢的相应比值,这时需对腹板的剪应力进行校核;③ 对由几部分经焊接、胶合或铆接而成的梁,对焊缝、胶合面或铆钉等一般也要进行剪切强度校核;④ 木梁,由于木材在其顺纹方向的抗剪强度较差,在横力弯曲时可能会因中性层上的切应力过大而使梁沿中性层发生剪切破坏,因此还需对木材在顺纹方向的容许切应力 $[\tau]$ 进行校核。

例 6.5 某一圆形截面梁受力如图 6.18 所示。已知材料的许用应力 $[\sigma]=160$ MPa,$[\tau]=100$ MPa,试求最小直径 d_{min}。

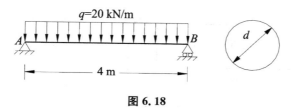

图 6.18

解 由内力分析,容易得知最大剪力发生在两端处,最大弯矩发生在梁的中点处,其大小分别为

$$F_{smax} = 40 \text{ kN}, \quad M_{max} = \frac{ql^2}{8} = 40 \text{ kN·m}$$

由弯曲正应力强度可得

$$\sigma_{max} = \frac{M_{max}}{W_z} \leqslant [\sigma]$$

即

$$\frac{40 \times 10^3}{\dfrac{\pi d^3}{32}} \leqslant 160 \times 10^6$$

得 $d \geqslant 137$ mm。

由横力弯曲切应力强度条件可得

$$\tau_{max} = \frac{4}{3}\frac{F_{smax}}{A} \leqslant [\tau]$$

即

$$\frac{4}{3} \times \frac{40 \times 10^3}{\frac{\pi d^2}{4}} \leqslant 100 \times 10^6$$

故 $d \geqslant 26.1$ mm。

梁的最小直径应取以上分析结果中的最大值,以保证梁满足所有强度要求,则得

$$d_{min} = 137 \text{ mm}$$

例 6.6 悬臂梁由三块木板粘接而成,如图 6.19(a)所示。跨度为 1 m。胶合面的许可切应力为 0.34 MPa,木材的 $[\sigma] = 10$ MPa,$[\tau] = 1$ MPa,求许用载荷。

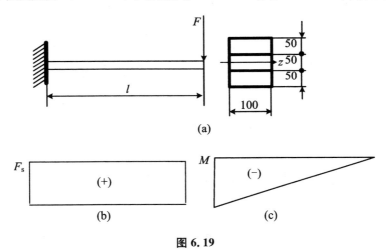

图 6.19

解 ① 首先分析梁上的弯曲内力,作梁的内力图如图 6.19(b)、(c)所示。梁中的最大剪力和最大弯矩分别为

$$F_{smax} = F, \quad M_{max} = Fl$$

② 按正应力强度条件计算许用载荷:

$$\sigma_{max} = \frac{M_{max}}{W_z} = \frac{6F_1 l}{bh^2} \leqslant [\sigma]$$

$$F_1 \leqslant \frac{[\sigma]bh^2}{6l} = \frac{10^7 \times 100 \times 150^2 \times 10^{-9}}{6} \text{ N}$$

$$= 3750 \text{ N} = 3.75 \text{ kN}$$

③ 按木材的切应力强度条件计算许用载荷:

$$\tau_{max} = \frac{3F_{smax}}{2A} = \frac{3F_2}{2bh} \leqslant [\tau]$$

$$F_2 \leqslant \frac{2[\tau]bh}{3} = \frac{2 \times 10^6 \times 100 \times 150 \times 10^{-6}}{3} \text{ N} = 10000 \text{ N} = 10 \text{ kN}$$

④ 按胶合面的许可切应力强度条件计算许用载荷：

$$\tau_{\text{胶}} = \frac{F_s S_z^*}{I_z b} = \frac{F_3 b \left(\dfrac{h}{3}\right)^2}{\dfrac{bh^3}{12} b} = \frac{4F_3}{3bh} \leqslant [\tau]_{\text{胶}}$$

$$F_3 \leqslant \frac{3bh[\tau]_{\text{胶}}}{4} = \frac{3 \times 100 \times 150 \times 10^{-6} \times 0.34 \times 10^6}{4} \text{ N} = 3825 \text{ N} = 3.825 \text{ kN}$$

⑤ 梁的许用载荷为

$$[F] = \{F_i\}_{\min} = \min\{3.75 \text{ kN}, 10 \text{ kN}, 3.825 \text{ kN}\} = 3.75 \text{ kN}$$

6.5　提高梁承载能力的措施

在前面的分析中，曾指出影响梁的弯曲强度的主要因素是弯曲正应力，即梁的设计与强度校核的主要依据为

$$\sigma_{\max} = \frac{M_{\max}}{W_z} \leqslant [\sigma]$$

从上式可以看出，梁的承载能力与其所用材料、横截面形状和尺寸以及梁所受载荷等因素有关。通常提高梁的承载能力可以从以下三个方面考虑。

1. 选择合理的截面形状

从弯曲强度方面来考虑，最合理的截面形状是用最少的材料获得最大抗弯截面模量的截面。将梁的弯曲正应力的强度条件改写为

$$M_{\max} \leqslant [\sigma]W_z \tag{6.22}$$

由此可见，梁所承受的最大弯矩 $M_{\max}$ 与抗弯截面模量 W_z 成正比。而梁所用材料的多少与截面成正比。因而合理的截面形状应该是截面面积 A 较小，而抗弯截面模量 W_z 较大。如上节中的例 6.2 中图 6.10 所示的矩形截面梁，经过分析可得

$$\frac{W_{z1}}{W_{z2}} = \frac{h}{b}$$

所以，如图 6.10(a)所示放置的梁的最大承载能力是如图 6.10(b)所示放置时的 $\dfrac{h}{b}$ 倍。

各种形状截面梁的抗弯截面模量是不同的。而弯曲正应力沿截面高度呈线性分布，离中性轴越远，其正应力就越大；离中性轴越近，其正应力就越小。这就表明只有离中性轴较远处的材料才能充分发挥其力学性能，为此应尽可能地将材料分布到离中性轴较远的地方。在工程中，常用 $\dfrac{W_z}{A}$ 的比值来衡量截面形状的合理性与

经济性。$\dfrac{W_z}{A}$ 的比值越大，则截面形状较为合理。工程中常见截面的比值 $\dfrac{W_z}{A}$ 见表 6.1。

表 6.1

截面形状	矩形	圆形	工字钢	槽钢
$\dfrac{W_z}{A}$	$0.167h$	$0.125d$	$(0.27\sim0.31)h$	$(0.27\sim0.31)h$

以上讨论是从理论角度分析梁在承受静载荷时的抗弯强度问题。由表 6.1 可知，虽然圆形截面梁的比值 $\dfrac{W_z}{A}$ 是最小的，但其在工程中也是很常用的。因为在实际工程中会有各种各样复杂的情况，如把一根细长的圆杆加工成空心杆，会因加工工序复杂导致成本有较大提高；轴类零件在承受弯曲的同时，还要承受扭转，需要完成传动任务，所以对其有结构和工艺上的要求。考虑到这些情况，采用圆轴是比较合理的。

在讨论选择合理截面时，还应考虑材料的特性。对于抗拉和抗压强度相等的材料，宜选用关于中性轴对称的截面，如圆形、矩形、工字形等，这样能使截面上、下边缘处的最大拉应力与最大压应力数值相等，能同时接近许用应力。对于抗拉和抗压强度不等的材料，如 $[\sigma_c]>[\sigma_t]$，宜采用非对称截面，且中性轴偏于受拉一侧的截面形状，工程中常用的有如图 6.20 所示的截面形状。对于这类截面，如能使 y_1 和 y_2 之比接近如下关系：

$$\frac{\sigma_{tmax}}{\sigma_{cmax}} = \frac{\dfrac{M_{max}y_1}{I_z}}{\dfrac{M_{max}y_2}{I_z}} = \frac{y_1}{y_2} = \frac{[\sigma_t]}{[\sigma_c]}$$

式中，$[\sigma_t]$ 和 $[\sigma_c]$ 分别表示拉伸和压缩的许用应力，则梁的危险截面上的最大拉应力和最大压应力也可以同时接近许用应力。

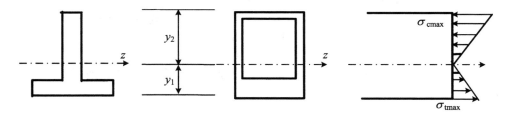

图 6.20

2. 合理安排梁的受力情况

提高梁弯曲强度的另一个重要措施是合理安排梁的受力情况，以改善梁的受力状态，尽量降低梁内的最大弯矩，以达到提高梁的承载能力的目的。

首先,可以合理布置梁的支座,以降低梁上的最大弯矩。如图 6.21(a)所示,受均布载荷作用的简支梁,其最大弯矩为

$$M_{(a)max} = \frac{ql^2}{8} = 0.125ql^2$$

若将两端支座各向中间移动 $0.2l$,如图 6.21(b)所示,则最大弯矩变为

$$M_{(b)max} = \frac{ql^2}{40} = 0.025ql^2$$

其仅为前者的 $\frac{1}{5}$,即按图 6.21(b)所示布置支座时梁的承载能力是按图 6.21(a)布置时的 5 倍。在工程实际中,如门式起重机的大梁、柱形容器等结构都将支撑点向中间移动,以达到减小最大弯矩 M_{max} 的效果。

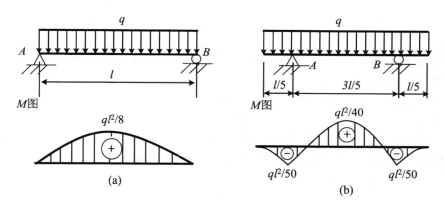

图 6.21

其次,合理布置载荷也可以达到降低最大弯矩的目的。如图 6.22(a)所示,跨中受集中力 F 作用的简支梁,其最大弯矩为

$$M_{(a)max} = \frac{Fl}{4} = 0.25Fl$$

若将载荷分成两个集中力,如图 6.22(b)所示,其最大弯矩为

$$M_{(b)max} = \frac{Fl}{8} = 0.125Fl$$

后者所示的梁的承载能力是前者的 2 倍。另外可以将载荷布置在支座附近,如工程中常将齿轮安装在紧靠轴承的位置,也可减小最大弯矩。读者可以自行验证。

3. 采用变截面梁或等强度梁

前面的讨论都是针对等直截面梁的。而在一般情况下,梁内各横截面上的弯矩随截面位置的变化而变化。因此,在按最大弯矩设计的等截面梁中,只有最大弯矩所在的截面上的最大工作应力才有可能接近材料的许用应力。其余各截面上的最大应力都低于材料的许用应力,其所用材料的力学性能都没有得到充分利用。

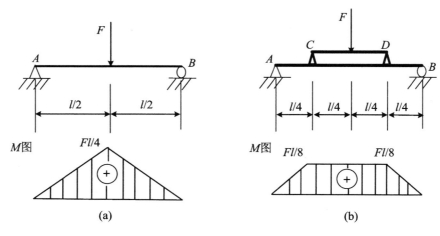

图 6.22

为了节省材料,减小自重,在工程实际应用中常根据弯矩的变化情况,采用变截面梁。在弯矩较大处,采用较大的截面;在弯矩较小处,采用较小的截面。这种截面沿轴线变化的梁称为变截面梁。变截面梁的弯曲正应力计算仍可近似采用等截面梁的计算公式。

若梁各横截面上的最大正应力都相等,且都等于材料的许用应力,工程中称这种梁为等强度梁。设梁的各横截面上的弯矩和抗弯截面模量分别为 $M(x)$ 和 $W(x)$。根据等强度梁的要求,可得

$$\sigma_{\max} = \frac{M(x)}{W(x)} = [\sigma]$$

可将其改写为

$$W(x) = \frac{M(x)}{[\sigma]} \qquad\qquad (6.23)$$

上式就是等强度梁的抗弯截面模量沿梁轴线变化的规律。

如图 6.23(a)所示的简支梁,若截面为矩形,高度 h 为常数,宽度 b 为 x 的函数,令 $b = b(x)\left(0 \leqslant x \leqslant \dfrac{l}{2}\right)$,则可得截面抗弯模量 $W(x)$ 为

$$W(x) = \frac{b(x)h^2}{6} = \frac{M(x)}{[\sigma]} = \frac{\frac{F}{2}x}{[\sigma]}$$

故可得

$$b(x) = \frac{3F}{[\sigma]h^2}x$$

显然截面宽度 $b(x)$ 为一次函数。在两端处,$x=0$,$b(x)=0$,梁的横截面面积为零,这不符合剪切强度的要求。因此在两端附近处,应由剪切强度理论来设计梁的横截面宽度。设梁的最小横截面宽度为 $b_{\min}$,由切应力强度条件可得

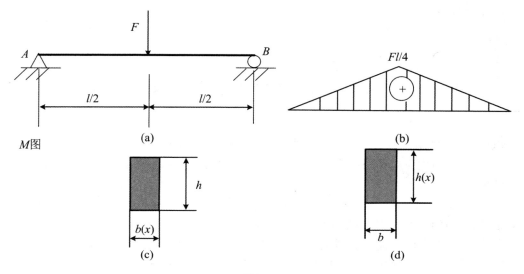

图 6.23

$$\tau_{max} = \frac{3}{2} \frac{F_{smax}}{A} = \frac{3}{2} \times \frac{\dfrac{F}{2}}{b_{min} \cdot h} = [\tau]$$

由此可求得

$$b_{min} = \frac{3F}{4h[\tau]}$$

若矩形截面梁的宽度为常数，高度 h 为 x 的函数，同理可推导出高度沿轴线变化的规律：

$$h(x) = \sqrt{\frac{3Fx}{b[\sigma]}}$$

$$h_{min} = \frac{3F}{4b[\tau]}$$

由上式确定的梁的形状，工程中有多种应用形式，如车辆上经常使用的叠板弹簧、厂房建筑中广泛应用的"鱼腹梁"等。

本 章 小 结

1. 梁平面弯曲时的正应力计算。在平面假设和纵向纤维之间无挤压的假设前提下，得到纯弯曲时梁横截面上的正应力公式为

$$\sigma = \frac{M \cdot y}{I_z}$$

最大弯曲正应力为

$$\sigma_{\max} = \frac{M}{W_z}$$

该式可以推广到横力弯曲情况。

2. 梁弯曲切应力计算。以矩形截面为例推导出弯曲切应力计算式:

$$\tau = \frac{F_s \cdot S_z^*}{I_z b}$$

该式原则上也适用于工字形、圆形等截面梁的横力弯曲时的切应力计算。

3. 梁的正应力和切应力强度计算。梁弯曲正应力强度条件和切应力强度条件为

$$\sigma_{\max} \leqslant [\sigma], \quad \tau_{\max} \leqslant [\tau]$$

根据强度条件,可以进行梁的强度校核、截面设计、许用载荷计算等。

4. 根据梁的弯曲应力计算与强度条件,提高梁的弯曲承载能力的相关措施有:合理选择梁的横截面,合理布置梁支座与受力状况,采用等强度梁。

5. 非对称弯曲的基本概念,弯曲中心的概念及其位置的确定方法。

思 考 题

1. 试在推导过程中对梁横截面上的正应力、圆轴扭转横截面上的切应力和杆件轴向拉压横截面上的正应力公式进行比较,其中的异同点有哪些?

2. 建立纯弯曲正应力公式时,做了哪些假设? 其依据是什么?

3. 横力弯曲正应力计算公式是如何建立的? 其应用条件是什么?

4. 梁在横力弯曲变形中时,什么时候需要校核剪切强度?

5. 弯矩最大的截面是否就是梁最危险的截面?

6. 对称截面梁和非对称截面梁发生平面弯曲的条件有何不同? 这种不同产生的原因是什么?

7. 梁的截面合理设计的原则是什么? 何谓等强度梁?

习 题

1. 长度为 314 mm,截面尺寸为 $h \times b = 0.8$ mm $\times 25$ mm 的薄钢尺,由于两端外力偶的作用而弯成中心角为 90°的圆弧。已知弹性模量为 210 GPa。试求钢尺横截面上的最大正应力。

2. 把直径为 1 mm 的钢丝卷成直径为 2.5 m 的圆环,已知钢丝的弹性模量为 200 GPa。试求此钢丝横截面上的最大正应力。

3. 简支梁承受均布载荷如图 6.24 所示,横截面为空心圆环,外径为 40 mm,内径为 36 mm。试求截面 C 上 1、2、3、4、5 五个点的正应力。

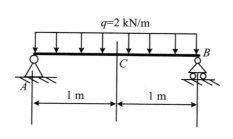
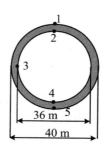

图 6.24

4. 如图 6.25 所示,箱式截面悬臂梁承受均布载荷。试求:① 1-1 截面 A、B 两点处的正应力;② 该梁的最大正应力。

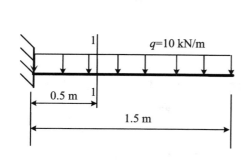
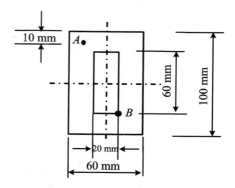

图 6.25

5. 某圆轴的外伸部分是空心圆截面,载荷情况如图 6.26 所示,已知圆轴直径为 60 mm,空心截面内径为 40 mm。试作该轴的弯矩图,并求该轴内的最大正应力。

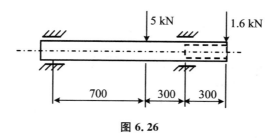

图 6.26

6. 矩形截面悬臂梁如图 6.27 所示,已知 $l=4$ m,$b=300$ mm,$h=450$ mm,$q=$

$10\ kN/m$，$[\sigma]=10\ MPa$。试校核该梁的正应力强度。

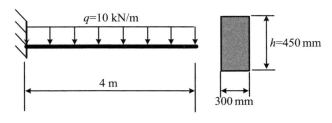

图 6.27

7. 某一工字钢梁所受载荷如图 6.28 所示，已知 $F=50\ kN$，$[\sigma]=160\ MPa$。试确定工字钢的型号。

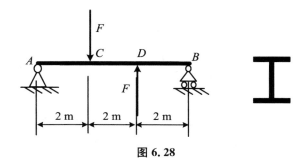

图 6.28

8. 如图 6.29 所示，已知 T 形铸铁外伸梁 $[\sigma_t]=35\ MPa$，$[\sigma_c]=120\ MPa$，$I_z=5000\times10^4$，$y_1=70\ mm$，$y_2=130\ mm$，z 轴过形心，试求许用载荷 $[F]$。

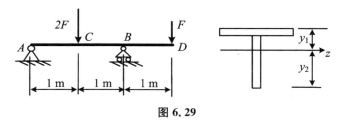

图 6.29

9. 如图 6.30 所示，一矩形截面悬臂梁具有如下三种截面形式：① 整体；② 两块上下叠合；③ 两块左右并排。试分别计算梁的最大正应力，并画出正应力沿高度的分布规律。

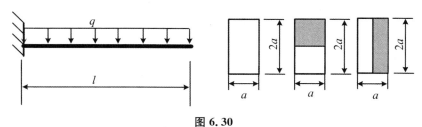

图 6.30

10. 如图 6.31 所示的矩形截面钢梁,测得梁底边上 AB 长度(2 m)内的伸长量为 1.3 mm,求均布载荷集度 q 和最大正应力。设 $E=200$ GPa。

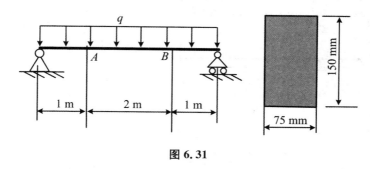

图 6.31

11. 矩形截面梁的尺寸及载荷如图 6.32 所示。试求 1-1 截面上,在画阴影线的面积内,由 σdA 组成的内力系的合力。

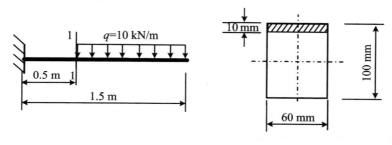

图 6.32

12. 如图 6.33 所示为轧辊轴的力学简图,轧辊轴的直径为 280 mm,$[\sigma]=$ 100 MPa,试求轧辊轴所能承受的最大轧制力 q。

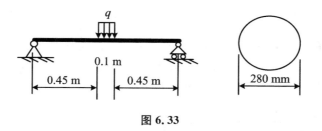

图 6.33

13. T 字形截面的铸铁梁的尺寸与受载情况如图 6.34 所示,试求梁上的最大拉应力和最大压应力,若 $[\sigma_t]=40$ MPa,$[\sigma_c]=65$ MPa。并指出此梁是否符合强度要求。若将 T 字形横截面倒置,即翼缘在下成为倒 T 字形,是否还能满足强度要求?

14. 矩形截面梁受载荷如图 6.35 所示。试求图中所标各点的切应力。

15. 试计算如图 6.36 所示矩形截面梁的 1-1 截面上 a 点和 b 点的正应力和切应力,并求出梁内的最大正应力和最大切应力。

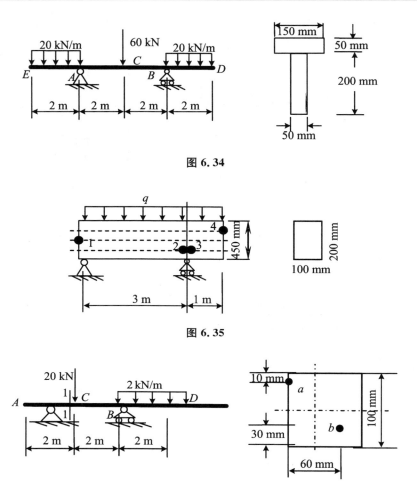

图 6.34

图 6.35

图 6.36

16. 矩形截面悬臂梁受力如图 6.37 所示,若假想沿中性层把梁分开为上、下两部分:① 试求中性层截面上切应力沿 x 轴的变化规律,并求出中性层截面上切应力的合力;② 试说明此合力由何力来平衡。

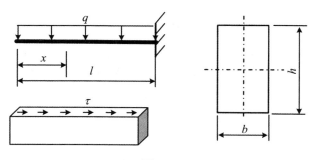

图 6.37

17. 如图 6.38 所示,起重机下的梁由两根工字钢组成,起重机自重 $P=50$ kN,起重量 $F=10$ kN。许用应力 $[\sigma]=160$ MPa,$[\tau]=100$ MPa。若暂不考虑梁的自重,试按正应力强度条件选定工字钢型号,然后再按切应力强度条件进行校核。

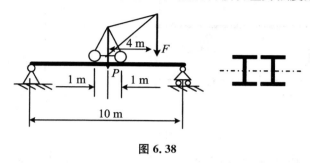

图 6.38

18. 一已知直梁的横截面如图 6.39 所示,横向载荷作用在纵向对称平面内,该梁危险截面上的剪力为 12 kN,弯矩为 12 kN·m。试计算该截面上的最大正应力和最大切应力,并绘出正应力和切应力的分布图。

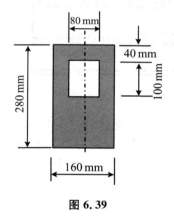

图 6.39

19. 由三根木条胶合而成的悬臂梁截面尺寸如图 6.40 所示,跨度为 0.9 m。若胶合面上的许用切应力为 0.45 MPa,木材的许用弯曲正应力为 10 MPa,许用切应力为 1 MPa,试求许用载荷 $[F]$。

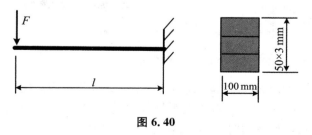

图 6.40

20. T 字形截面梁由相同材料的两部分胶合而成,受载情况如图 6.41 所示,试求梁上的最大拉应力和最大压应力,最大切应力及胶合面上的切应力。

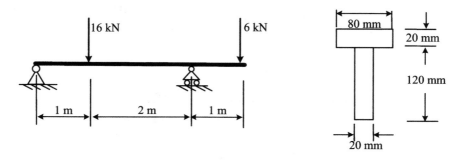

图 6.41

21. 如图 6.42 所示,梁由两根 36a 号工字钢铆接而成。铆钉的间距 $s = 150$ mm,直径为 20 mm,许用切应力为 90 MPa。梁横截面上的剪力为 40 kN。试校核铆钉的剪切强度。

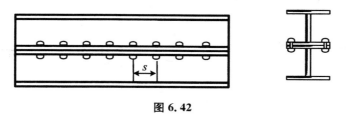

图 6.42

22. 如图 6.43 所示,一桥式起重机,跨度为 10.5 m,用 36a 号的工字钢作梁,工字钢尺寸等见本书附录,梁的许用正应力为 140 MPa,电葫芦重 12 kN,当起吊重量为 50 kN 时,试校核梁的正应力强度,若不够,可在工字钢的上下边缘各焊一块钢板(钢板宽为 136 mm,厚度为 16 mm)来加固。请校核加了钢板后的强度,并求加固钢板的最小长度。

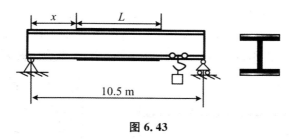

图 6.43

23. 在木梁两侧用钢板加固,连接成整体,受力及截面如图 6.44 所示。已知钢板的弹性模量为 200 GPa,木头的弹性模量为 10 GPa。试求梁的最大正应力。(提示:此梁为组合梁,弯曲时木梁和钢板的弯曲曲率是相同的,由此得到变形几何条件;梁上的弯矩由钢板和木梁分担,即静力平衡条件,然后联立方程求解得钢板和木梁各自承担的弯矩。）

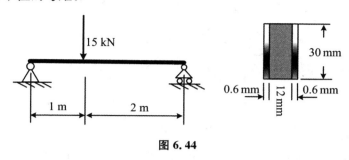

图 6.44

24. 如图 6.45 所示，在 18 号工字梁上作用有可移动的载荷 F。已知梁的许用应力$[\sigma] = 160\,\text{MPa}$。为提高梁的承载能力，试确定 x 的合理值及相应的许用载荷。

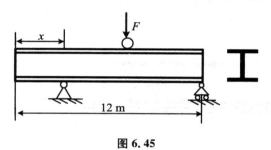

图 6.45

25. 为改善载荷分布，在主梁 AB 上安置有辅助梁 CD，如图 6.46 所示。设主梁和辅助梁的抗弯截面系数分别为 W_1 和 W_2，材料相同，试确定辅助梁的合理长度。

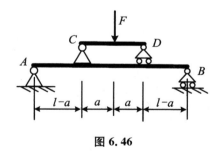

图 6.46

26. 边长为 a 的正方形截面梁按照如图 6.47(a)所示的方式放置。试问按图 6.47(b)的方式截去两个角，截面的抗弯截面系数是增加还是减小，为什么？当 x 为多大时，抗弯截面系数可以达到极值？

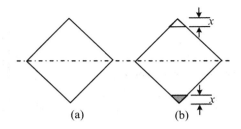

图 6.47

27. 如图 6.48 所示,矩形截面外伸梁由圆木制成。已知作用力 $F=5\,kN$,许用应力 $[\sigma]=10\,MPa$,试确定所需木材的最小直径 d。(提示:应充分利用木料,也就是要使制成的木梁截面抗弯截面系数最大。)

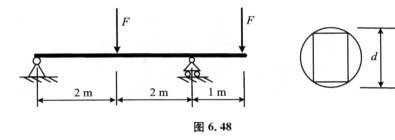

图 6.48

第7章 弯曲变形

7.1 概念与实例

7.1.1 工程实践中的弯曲变形问题

上一章中讨论了梁弯曲时的强度计算与校核。而在工程实践中,对于某些受弯构件,除了强度要求之外,往往还要求其弯曲变形不能过大,即要求构件满足刚度条件。如传动机构中的齿轮轴或车床的主轴,其变形需加以控制,否则将影响齿轮的啮合和轴承的配合,使得传动不平稳,磨损过快,噪音大,导致机构的寿命缩短,还会进一步影响加工精度,如图 7.1(a)所示。又如桥式起重机若其变形过大,将会使小车出现爬坡现象,行走困难,并会产生较大的振动,影响工作的平稳性,如图 7.1(b)所示。

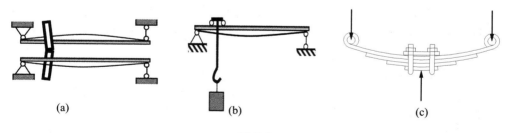

(a)　　　　　　　(b)　　　　　　　(c)

图 7.1

在另外一些情况中,却要求构件具有较大的弹性变形,以达到特定的目的。如各种车辆中广泛应用的叠板弹簧,要求其有足够大的弯曲变形,以缓冲车辆所受到的冲击和振动,如图 7.1(c)所示。又如电磁继电器和某些传感器中的簧片,在电磁力作用下簧片要产生适量的变形,才能达到接通或切断电路的目的。

此外,在求解静不定梁时,需要考虑梁的弯曲变形以确定变形与载荷的关系,再联立变形协调条件建立补充方程。

本章主要研究梁的平面弯曲变形计算方法,并进行刚度校核以及求解简单静不定梁。

7.1.2　弯曲变形的基本概念

在工程应用中,梁的弯曲变形大小相对于梁的跨度常为一微小量。如同前面所讨论的一样,在平面弯曲时,忽略剪力的影响,梁在变形过程中横截面将仍保持为平面,且其仍然垂直于梁变形后的轴线。以图 7.2 中受集中载荷作用的简支梁为例,分析梁的弯曲变形。以变形前的轴线为 x 轴,垂直向上的轴线为 y 轴,xOy平面为梁的纵向对称面。

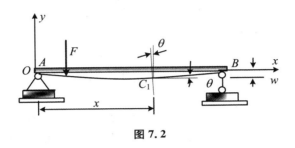

图 7.2

1. 挠曲线

在平面弯曲情况下,变形后梁的轴线在 xOy 平面内（即纵向对称面）变成一条曲线,此曲线称为挠曲线,其为一平坦、连续而光滑的曲线。挠曲线通常用如下表达式表示:

$$w = f(x)$$

式中,x 为梁在变形前轴线上任一点的横坐标,w 为该点的挠度。由于所讨论的变形是在线弹性范围内的,该挠曲线也称为弹性曲线,上式称为挠曲线方程或挠度方程。

2. 挠度与转角

梁的任一截面形心在垂直于轴线方向的位移称为梁在该截面处的挠度,常用 w 表示,其正负号与坐标一致,在如图 7.2 所示的坐标系中,向上的挠度为正,向下的挠度为负。

严格地说,梁在弯曲变形时,其横截面的形心除了垂直于轴线方向的位移之外,一般还有沿轴线方向的位移。但在小变形前提下,挠曲线是一条平坦而光滑的曲线,曲率很小,其沿轴线方向的位移是垂直于轴线方向位移的高阶小量,故可以忽略不计,仅取梁的挠度来表示弯曲变形的线位移。

梁的任一横截面相对于变形前初始位置所转过的角度称为梁在该截面处的转角,常用 θ 表示。由平面假设可知,变形后的横截面仍垂直于梁的轴线,所以转角 θ 就是挠曲线的法线与 y 轴的夹角,也等于挠曲线在 x 点处的切线与 x 轴的夹角。由微分学可以确定挠度与转角之间的关系,挠曲线上任意一点的切线与 x 轴夹角

的正切就是挠曲线上该点的斜率,即

$$\tan\theta = \frac{\mathrm{d}w}{\mathrm{d}x} = w'$$

在工程实际中,常见梁的转角一般都是很小的,为一微量,且有 $\tan\theta \approx \theta$,故上式可写为

$$\theta = \frac{\mathrm{d}w}{\mathrm{d}x} = w'$$

在图 7.2 所示的坐标系中,转角以逆时针转向为正,以顺时针转向为负。

这样用梁的挠度和转角就可以描述梁任一横截面处的弯曲变形。由此可见,挠度和转角是度量梁弯曲变形的两个基本量。

7.2 挠曲线近似微分方程

要确定梁的弯曲变形的大小,需要知道梁的任一截面处的挠度与转角。而由上面的分析可知,若梁的挠曲线方程 $w = f(x)$ 已知,就可以求得梁任意截面上的挠度与转角。因此确定挠曲线方程 $w = f(x)$ 是计算弯曲变形的关键所在。

在前面推导梁纯弯曲正应力公式时,曾得出梁弯曲后弯矩和与中性层曲率的关系式:

$$\frac{1}{\rho} = \frac{M}{EI}$$

虽然上式是在纯弯曲条件下推导出来的,但对于横力弯曲而言,当梁的跨度大于其高度的 5 倍以上时,剪力 F_s 对弯曲变形的影响很小,可以忽略不计。这样上式也可以用来计算横力弯曲时的弯曲变形,其可以写为

$$\frac{1}{\rho(x)} = \frac{M(x)}{EI} \tag{7.1}$$

式中,$M(x)$ 为 x 截面上的弯矩,$\rho(x)$ 为挠曲线在 x 截面处的曲率半径,EI 为梁的抗弯刚度。

由高等数学可知,平面曲线 $w = f(x)$ 上任一点的曲率为

$$\frac{1}{\rho(x)} = \pm \frac{\dfrac{\mathrm{d}^2 w}{\mathrm{d}x^2}}{\left[1 + \left(\dfrac{\mathrm{d}w}{\mathrm{d}x}\right)^2\right]^{\frac{3}{2}}}$$

将式(7.1)代入上式,可得

$$\pm \frac{\dfrac{\mathrm{d}^2 w}{\mathrm{d}x^2}}{\left[1 + \left(\dfrac{\mathrm{d}w}{\mathrm{d}x}\right)^2\right]^{\frac{3}{2}}} = \frac{M(x)}{EI} \tag{7.2}$$

式(7.2)称为梁的挠曲线微分方程,这是一个二阶非线性常微分方程,求解非常困难。而在工程实际中,梁的变形一般很小,在小变形前提下,挠曲线为一平坦曲线,其$\dfrac{\mathrm{d}w}{\mathrm{d}x}$为一小量,则$\left(\dfrac{\mathrm{d}w}{\mathrm{d}x}\right)^2$与1相比可以忽略不计。则式(7.2)可以简化为

$$\pm \frac{\mathrm{d}^2 w}{\mathrm{d}x^2} = \frac{M(x)}{EI} \tag{7.3}$$

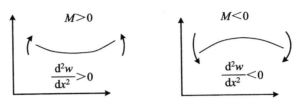

图 7.3

式中的正负号与弯矩的正负号及坐标系有关。若弯矩的正负号按第 5 章弯曲内力的符号规定,坐标系如图 7.3 所示,当弯矩 $M(x)$ 为正时,梁的挠曲线呈凹形,由微分学可知,此时$\dfrac{\mathrm{d}^2 w}{\mathrm{d}x^2}$在该坐标系中也为正值;当弯矩 $M(x)$ 为负时,梁的挠曲线呈凸形,此时$\dfrac{\mathrm{d}^2 w}{\mathrm{d}x^2}$在该坐标系中也为负值。所以弯矩 $M(x)$ 和$\dfrac{\mathrm{d}^2 w}{\mathrm{d}x^2}$的符号是一致的。则式(7.3)可写为

$$w'' = \frac{\mathrm{d}^2 w}{\mathrm{d}x^2} = \frac{M(x)}{EI} \tag{7.4}$$

式(7.4)称为梁的挠曲线近似微分方程。之所以说其是近似的,是因为忽略了剪力 F_s 对弯曲变形的影响,并在化简时忽略了分母中的$\left(\dfrac{\mathrm{d}w}{\mathrm{d}x}\right)^2$项。大量的工程实践结果表明该式可以满足工程精度要求。

7.3　用积分法求弯曲变形

在上节建立梁的挠曲线近似微分方程之后,求解这个微分方程就可以得到梁的挠度方程和转角方程。

对于等直截面梁,EI 为常数,挠曲线近似微分方程(7.4)可以写成

$$EIw'' = M(x) \tag{7.5}$$

对式(7.5)两边的变量 x 积分一次,得

$$EIw' = EI\theta = \int M(x)\mathrm{d}x + C \tag{7.6}$$

再对 x 积分一次，得

$$EIw = \iint M(x)\mathrm{d}x\mathrm{d}x + Cx + D \tag{7.7}$$

以上两式中的积分常数 C、D 可由边界条件和连续条件来确定。边界条件是指梁在某些点处的变形是已知的，如固定端约束处的转角和挠度都为零，简支约束处的挠度为零，弯曲变形的对称点处的转角为零，等等。连续条件是指梁的挠曲线是一条连续且光滑的曲线，所以梁内任一横截面左、右两侧的转角和挠度分别相等，梁弯曲变形后的挠曲线不能出现尖点。当梁的弯矩方程必须分段建立时，梁的挠曲线近似微分方程也必须分段建立。在各段积分中，将分别出现两个积分常数。为了确定这些积分常数，还需要用到梁的连续性条件。如图 7.4(a) 所示的悬臂梁的边界条件为

$$当 x = 0 时，\quad \theta_A = 0，\quad w_A = 0$$

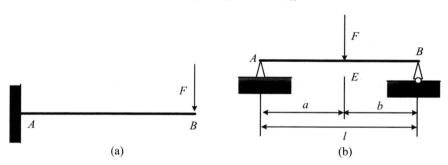

图 7.4

如图 7.4(b) 所示，简支梁的边界条件为

$$当 x = 0 时，\quad w_A = 0$$
$$当 x = l 时，\quad w_B = 0$$

连续条件为

$$x = a 时，\quad \theta_1 = \theta_2，\quad w_1 = w_2$$

例 7.1　如图 7.5 所示，悬臂梁受集中载荷 F 作用，其抗弯刚度为 EI，试用积分法求转角方程和挠曲线方程，并确定最大转角和最大挠度。

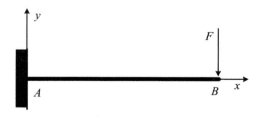

图 7.5

解　① 列出梁的弯矩方程并积分,建立如图 7.5 所示坐标系,则弯矩方程为

$$M(x) = -Fl + Fx$$

将 $M(x)$ 代入式(7.6)和式(7.7),积分可得

$$EI\theta = \int (-Fl + Fx)\,\mathrm{d}x + C = -Flx + \frac{1}{2}Fx^2 + C$$

$$EIw = \frac{1}{6}Fx^3 - \frac{1}{2}Flx^2 + Cx + D$$

② 确定积分常数。边界条件为

$$x = 0 \text{ 时},\quad \theta_A = 0,\quad w_A = 0$$

将上式代入转角方程和挠度方程得

$$D = 0,\quad C = 0$$

③ 建立转角方程和挠度方程:

$$\theta = \frac{Fx}{2EI}(x - 2l)$$

$$w = \frac{Fx^2}{6EI}(x - 3l)$$

④ 求最大转角与挠度。由图 7.5 可以看出,在自由端 B 处的转角和挠度的绝对值最大,则得

$$\theta_{\max} = |\theta_B| = \frac{Fl^2}{2EI}$$

$$w_{\max} = |w_B| = \frac{Fl^3}{3EI}$$

由转角方程和挠度方程也可得到同样的结论,且可得到 B 点的转角和挠度皆为负值,说明 B 处横截面是沿顺时针方向转动,其形心向下运动。

例 7.2　如图 7.6 所示简支梁,抗弯刚度为 EI,集中载荷 F 作用在 E 点。试用积分法求梁的转角方程和挠度方程,并确定最大转角和挠度。

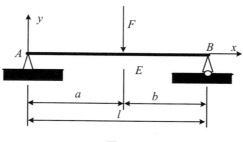

图 7.6

解　① 求梁的支反力,列梁的弯矩方程。由平衡条件求得支反力:

$$F_{RA} = \frac{Fb}{l},\quad F_{RB} = \frac{Fa}{l}$$

显然梁的 AE 段和 EB 段的弯矩方程是不同的函数,故必须分段建立 AE、EB 段的

弯矩方程,得

$$AE \text{ 段：} \quad M_1(x) = \frac{Fbx}{l} \quad (0 \leqslant x \leqslant a)$$

$$EB \text{ 段：} \quad M_2(x) = \frac{Fbx}{l} - P(x-a) \quad (a \leqslant x \leqslant l)$$

② 列挠曲线近似微分方程并积分。由于弯矩方程为分段函数,则挠曲线近似微分方程也分段列写与积分见表 7.1。

表 7.1

AE 段$(0 \leqslant x \leqslant a)$	EB 段$(a \leqslant x \leqslant l)$
$EIw_1'' = \dfrac{Fbx}{l}$	$EIw_2'' = \dfrac{Fbx}{l} - P(x-a)$
$EIw_1' = EI\theta_1 = \dfrac{Fbx^2}{2l} + C_1$	$EIw_2' = EI\theta_2 = \dfrac{Fbx^2}{2l} - \dfrac{F}{2}(x-a)^2 + C_2$
$EIw_1 = \dfrac{Fbx^3}{6l} + C_1 x + D_1$	$EIw_2 = \dfrac{Fbx^3}{6l} - \dfrac{F}{6}(x-a)^3 + C_2 x + D_2$

③ 确定积分常数。此处有四个积分常数 C_1、C_2、D_1、D_2 需要确定。已知边界条件为

$$\text{当 } x = 0 \text{ 时,} \quad w_A = 0$$
$$\text{当 } x = l \text{ 时,} \quad w_B = 0$$

连续条件为

$$x = a \text{ 时,} \quad \theta_1 = \theta_2, \quad w_1 = w_2$$

将四个条件代入转角方程和挠度方程,可得

$$D_1 = D_2, \quad C_1 = C_2 = \frac{-Fb}{6l}(l^2 - b^2)$$

④ 建立转角方程和挠度方程。将四个积分常数代入,可得 AE 段梁和 EB 段梁的转角方程和挠度方程见表 7.2。

表 7.2

AE 段$(0 \leqslant x \leqslant a)$	EB 段$(a \leqslant x \leqslant l)$
$EIw_1' = -\dfrac{Fb}{6l}(l^2 - b^2 - 3x^2)$	$EIw_2' = -\dfrac{Fb}{6l}\left[l^2 - b^2 - 3x^2 + \dfrac{3l}{b}(x-a)^2\right]$
$EIw_1 = -\dfrac{Fbx}{6l}(l^2 - b^2 - x^2)$	$EIw_2 = -\dfrac{Fb}{6l}\left[(l^2 - b^2)x - x^2 + \dfrac{l}{b}(x-a)^3\right]$

⑤ 确定最大转角与最大挠度。由变形图、转角方程与挠度方程可知梁的两端的转角可能最大,即

$$\theta_A = -\frac{Fab(l+b)}{6EIl}$$

$$\theta_B = \frac{Fab(l+a)}{6EIl}$$

当 $a>b$ 时,绝对值最大的转角为 θ_B,反之为 θ_A。当 $a>b$ 时,最大挠度显然在 AE 段内,设梁在 x' 处的挠度最大,由高等数学可知,该处截面的转角为 0,即将 x' 代入表 7.2 中 AE 段梁的转角方程,则有 $\theta_1(x')=0$,可得

$$x' = \sqrt{\frac{l^2 - b^2}{3}}$$

故最大挠度为

$$|w|_{max} = \frac{Fb}{9\sqrt{3}EIl}\sqrt{(l^2-b^2)^3}$$

⑥ 讨论:由上式可以看出,当力 F 无限靠近 B 支座时,即 $b\to0$ 时,$x'\to\dfrac{l}{\sqrt{3}}=$ $0.577l$。这说明载荷无论在梁的什么位置,梁的最大挠度发生的位置都非常靠近梁的中点。所以在工程中,只要简支梁的挠曲线上没有拐点,就可以近似以梁的中点挠度代替实际最大挠度。当 $a=b$ 时,虽然弯矩方程还是分段函数,但弯曲变形是对称的。在求解时可以利用对称性,简化计算,大幅减小工作量。在对称面 E 处,$\theta_E=0$,联立 AE 段的边界条件,可直接解出 AE 段的转角方程和挠度方程。

例 7.3 已知梁的抗弯刚度为 EI。试求如图 7.7 所示简支梁在均布载荷 q 作用下的转角方程和挠曲线方程,并确定 θ_{max} 和 w_{max}。

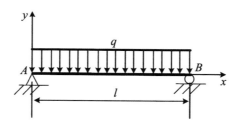

图 7.7

解 ① 求支反力。列弯矩方程,得

$$M(x) = \frac{ql}{2}x - \frac{q}{2}x^2$$

② 建立挠曲线近似微分方程,并积分得

$$EIw'' = \frac{ql}{2}x - \frac{q}{2}x^2$$

$$EIw' = \frac{ql}{4}x^2 - \frac{q}{6}x^3 + C$$

$$EIw = \frac{ql}{12}x^3 - \frac{q}{24}x^4 + Cx + D$$

③ 确定积分常数,边界条件为

$$x = 0 \text{ 时}, \quad w(0) = 0$$
$$x = l \text{ 时}, \quad w(l) = 0$$

得

$$C = -\frac{ql^3}{24}, \quad D = 0$$

④ 建立转角方程与挠度方程:

$$\theta = \frac{q}{24EI}(6lx^2 - 4x^3 - l^3)$$

$$w = \frac{qx}{24EI}(2lx^2 - x^3 - l^3)$$

⑤ 确定最大转角与挠度:

$$\theta_{max} = -\theta_A = \theta_B = \frac{ql^3}{24EI}$$

$$w_{max} = w_{x=\frac{l}{2}} = -\frac{5ql^4}{384EI}$$

积分法作为求梁弯曲变形的基本方法,其优点是可以直接通过数学分析求得梁的转角方程和挠度方程。但由上例可以看出,当梁上的载荷越复杂时,梁的弯矩方程的分段就越多,则梁的挠曲线近似微分方程的数目也越多。从而导致待定积分常数成倍增多,确定积分常数的工作也将特别繁琐。而在工程中常常只需求梁某些特定截面的转角和挠度,所以工程实际中并不常用积分法来求梁的弯曲变形。

作为本节的小结,表 7.3 列出了几种不同形式的简单载荷作用时梁的挠曲线近似微分方程、端面转角以及最大挠度的计算公式和结果。

表 7.3　梁在简单载荷作用下的变形

序号	梁的支承与载荷	挠曲线方程	端面转角	最大挠度
1		$w = -\frac{mx^2}{2EI}$	$\theta_B = -\frac{ml}{EI}$	$w_B = -\frac{ml^2}{2EI}$
2		$w = -\frac{Fx^2}{6EI}(3l-x)$	$\theta_B = -\frac{Fl^2}{2EI}$	$w_B = -\frac{Fl^3}{3EI}$

序号	梁的支承与载荷	挠曲线方程	端面转角	最大挠度
3		$w=-\dfrac{qx^2(x^2-4lx+6l^2)}{24EI}$	$\theta_B=-\dfrac{ql^3}{6EI}$	$w_B=-\dfrac{ql^4}{8EI}$
4		$w=-\dfrac{Fx^2}{6EI}(3c-x)$, $(0\leqslant x\leqslant c)$ $w=-\dfrac{Fc^2}{6EI}(3x-c)$, $(c\leqslant x\leqslant l)$	$\theta_B=-\dfrac{Fc^2}{2EI}$	$w_B=-\dfrac{Fc^2}{6EI}(3l-c)$
5		$w=-\dfrac{Fx(3l^2-4x^2)}{48EI}$, $\left(0\leqslant x\leqslant\dfrac{l}{2}\right)$	$\theta_A=-\dfrac{Fl^2}{16EI}$ $\theta_B=\dfrac{Fl^2}{16EI}$	中点 C 处的挠度： $w_C=-\dfrac{Fl^3}{48EI}$
6		$w=-\dfrac{Fbx(l^2-x^2-b^2)}{6EIl}$, $(0\leqslant x\leqslant a)$ $w=-\dfrac{Fb}{6EIl}\Big[\dfrac{l}{b}(x-a)^3$ $+(l^2-b^2)x-x^3\Big]$, $(a\leqslant x\leqslant l)$	$\theta_A=-\dfrac{Fab(l+b)}{6EIl}$ $\theta_B=\dfrac{Fab(l+a)}{6EIl}$	设 $a>b$，在 $x=$ $\sqrt{\dfrac{l^2-b^2}{3}}$ 处： $w_{\max}=-\dfrac{Fb\,(l^2-b^2)^{\frac{3}{2}}}{9\sqrt{3}EIl}$ $w_{x=\frac{l}{2}}=$ $-\dfrac{Fb(3l^2-4b^2)}{48EI}$
7		$w=-\dfrac{qx(l^3-2lx^2+x^3)}{24EI}$	$\theta_A=-\dfrac{ql^3}{24EI}$ $\theta_B=\dfrac{ql^3}{24EI}$	中点 C 处的挠度： $w_C=-\dfrac{5ql^4}{384EI}$
8		$w=-\dfrac{mx(l^2-x^2)}{6EIl}$	$\theta_A=-\dfrac{ml}{6EI}$ $\theta_B=\dfrac{ml}{3EI}$	在 $x=\dfrac{l}{\sqrt{3}}$ 处： $w_{\max}=-\dfrac{ml^2}{9\sqrt{3}EI}$ $w_{x=\frac{l}{2}}=-\dfrac{ml^2}{16EI}$

序号	梁的支承与载荷	挠曲线方程	端面转角	最大挠度
9		$w=-\dfrac{mx(l^2-x^2-3b^2)}{6EIl}$, $(0\leqslant x\leqslant a)$ $w=\dfrac{m}{6EIl}\big[3l(x-a)^2 -x^2+(l^2-3b^2)x\big]$, $(a\leqslant x\leqslant l)$	$\theta_A=\dfrac{m(l^2-3b^2)}{6EIl}$ $\theta_B=\dfrac{m(l^2-3a^2)}{6EIl}$	在 $x=\sqrt{\dfrac{l^2-3b^2}{3}}$ 处: $w_1=\dfrac{m(l^2-3b^2)^{\frac{3}{2}}}{9\sqrt{3}EIl}$ 在 $x=\sqrt{\dfrac{l^2-3a^2}{3}}$ 处: $w_2=-\dfrac{m(l^2-3a^2)^{\frac{3}{2}}}{9\sqrt{3}EIl}$

7.4　用叠加法计算梁的变形

从上节分析中可知,用积分法求梁的弯曲变形时,当梁上作用的载荷比较复杂时计算过程过于繁冗。尤其当只需分析某些特定截面上的弯曲变形时,积分法更显得繁琐。而在小变形条件下,当梁的材料遵从胡克定律时,其挠曲线近似微分方程为

$$EIw'' = M(x)$$

该方程是一个线性微分方程。同理,在小变形条件下,计算弯矩时,用的是梁变形前的位置,所以弯矩 $M(x)$ 与作用在梁上的载荷也是线性关系。因此,当梁上同时作用几种载荷时,每一种载荷所引起的位移是相互独立且互不影响的。计算梁在几种载荷共同作用下某一截面的挠度和转角时,可分别计算出各个载荷单独作用时同一截面的挠度和转角,然后将这些位移叠加求和,即为梁在几种载荷共同作用时的总位移。这种求解梁变形的方法称为叠加法。

因为叠加法的基础——叠加原理仅适用于线性函数,所以用叠加法求梁的弯曲变形位移时,要求梁的各个截面的挠度和转角与梁上的载荷呈线性关系。一般要求其具有如下条件:

(1) 弯矩与载荷呈线性关系,要求梁的变形为小变形,即各载荷引起的轴向位移可忽略不计。

(2) 弯矩 M 与曲率 $\dfrac{1}{\rho}$ 呈线性关系,要求材料处于线弹性范围内,即满足胡克定律。

（3）挠曲率$\dfrac{\mathrm{d}^2 w}{\mathrm{d}x^2}$与弯矩$M$呈线性关系，要求梁的变形为小变形，即截面转角$\theta$为小量，其与1相比很小，可以忽略不计。

为了便于工程计算，把简单基本载荷作用下梁的挠曲线方程、最大挠度和最大转角的计算公式编入手册，以便查用，见表7.3。利用表中的结果，再应用叠加法，就能很方便地计算出梁在复杂载荷作用下的变形。下面举例说明叠加法的应用。

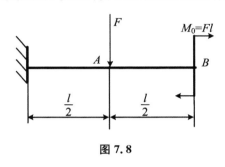

图7.8

例7.4 用叠加法求如图7.8所示梁的截面A的挠度和截面B的转角。$EI=$常量。

解 ① 当F单独作用时，梁的左半段变形如同悬臂梁在末端受集中力作用时的变形；右半段AB部分梁没有变形位移，但有刚体位移。刚体位移可以看作随A截面的平动与绕A截面的转动。所以B截面的转角等于A截面的转角。

$$(w_A)_F = -\frac{F\left(\dfrac{l}{2}\right)^3}{3EI} = -\frac{Fl^3}{24EI}$$

$$(\theta_B)_F = -\frac{F\left(\dfrac{l}{2}\right)^2}{2EI} = -\frac{Fl^2}{8EI}$$

② 当M_0单独作用时，A、B两截面的变形位移可以直接从表7.3中查出。

$$(w_A)_{M_0} = -\frac{Fl\left(\dfrac{l}{2}\right)^2}{2EI} = -\frac{Fl^3}{8EI}$$

$$(\theta_B)_{M_0} = -\frac{Fl \cdot l}{EI} = -\frac{Fl^2}{EI}$$

③ 当F和M_0共同作用时，应用叠加法可知，A截面的挠度为两种载荷的代数和，B截面的转角也为两者的代数和。

$$w_A = (w_A)_F + (w_A)_{M_0} = -\frac{Fl^3}{6EI}$$

$$\theta_B = (\theta_B)_F + (\theta_B)_{M_0} = -\frac{9Fl^2}{8EI}$$

例7.5 用叠加法求如图7.9(a)所示梁的w_C,θ_A,θ_B，$EI=$常量。

解 该简支梁AB受集中力偶M、集中力F和分布载荷q三种载荷作用。该梁上任意点的位移可以看作该梁拆成如图7.9(b)所示的三种基本载荷作用下简支梁位移的代数和。

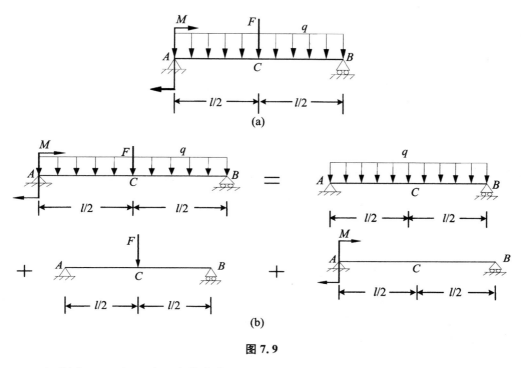

图 7.9

根据表 7.3，这三种基本载荷作用时梁上指定截面的弯曲变形可以直接查出。故可得

$$w_C = -\frac{5ql^4}{384EI} - \frac{Fl^3}{48EI} - \frac{Ml^2}{16EI}$$

$$\theta_A = -\frac{ql^3}{24EI} - \frac{Fl^2}{16EI} - \frac{Ml}{3EI}$$

$$\theta_B = \frac{ql^3}{24EI} + \frac{Fl^2}{16EI} + \frac{Ml}{3EI}$$

上述三式中，等号右边的第一项是分布载荷作用时梁的位移，第二项是集中载荷作用时梁的位移，第三项是集中力偶作用时梁的位移。

由以上例题可知，这种叠加法的特点是将原来同时作用在梁上的载荷分解为各个简单载荷单独作用的基本变形，再直接查表 7.3，而后将所查得的变形量叠加即可得出梁的总变形。这种计算变形的叠加法称为载荷叠加法。

例 7.6 求如图 7.10(a)所示外伸梁 C 端的位移，$EI=$常量。

解 ① 分析 BC 段梁时，将 AB 段梁视为刚体，则 BC 段梁相当于悬臂梁在末端受集中力作用，如图 7.10(b)所示，则得

$$w_{C1} = -\frac{Fa^3}{3EI}$$

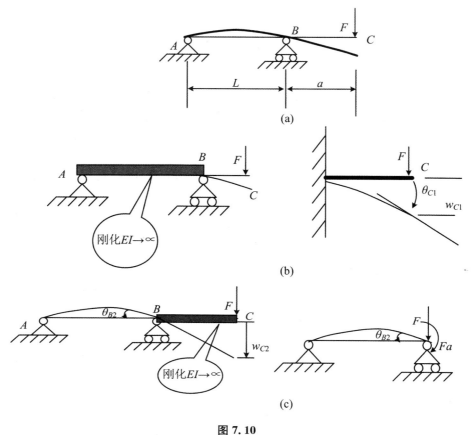

图 7.10

$$\theta_{C1} = -\frac{Fa^2}{2EI}$$

② 分析 AB 段梁的弯曲变形时,将 BC 段梁视为刚体,载荷 F 对 AB 段梁的作用效果相当于载荷 F 和力偶 Fa 共同作用在 B 点,如图 7.10(c)所示。得

$$w_{C2} = \theta_{B2} \cdot a = \frac{-FaL}{3EI} a$$

$$\theta_{B2} = -\frac{FaL}{3EI}$$

③ 在图 7.10(b)中,BC 段为一悬臂梁,AB 段为刚体不变形也无位移;在图 7.10(c)中 AB 段为简支梁,其端部受集中力偶作用,其变形可由表 7.3 查得,而 BC 段不变形,但其有刚体位移。则 C 点的位移为上面两者之和,故得

$$w_C = w_{C1} + w_{C2} = \frac{-Fa^2(L+a)}{3EI}$$

$$\theta_C = \theta_{C1} + \theta_{C2} = -\frac{Fa(3a+2L)}{6EI}$$

由上例可以看出,为求梁的某截面的转角和挠度,常把构件分为几段分别进行刚化处理,通过查表 7.3 和计算,求出各段变形在该截面处引起的挠度和转角,然后将它们叠加起来。这种计算变形的方法称为逐段刚化法,这是用叠加法计算变形位移的另一种常用方法,又称位移叠加法。

在工程实际应用中,计算梁某截面的位移,常常需要综合运用载荷叠加法和位移叠加法这两种方法,利用表 7.3 和常见的基本变形公式,把一个复杂的问题化为多个简单的问题来计算。

例 7.7 求如图 7.11(a)所示悬臂梁 A 端的挠度与转角。

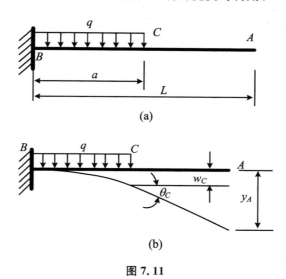

图 7.11

解 悬臂梁 BA 上作用有局部分布的载荷 q。很显然在梁的 CA 段上没有弯曲内力,所以该段内没有弯曲变形。则此悬臂梁的变形可以分为两段,一段是 BC 段为悬臂梁受均布载荷 q 作用;另一段是 CA 段没有弯曲变形,只有刚性位移,如图 7.11(b)所示。

悬臂梁 C 处的挠度和转角,可由表 7.3 查得

$$w_C = \frac{qa^4}{8EI_z}$$

$$\theta_C = \frac{qa^3}{6EI_z}$$

由于 CA 段上无载荷,且 A 端面又是自由端,所以 CA 段梁变形后仍是直杆,如图 7.11(b)所示,由杆件的变形连续条件,可知

$$\theta_A = \theta_C$$

$$w_A = w_C + (L-a)\theta_C$$

将 C 处的挠度与转角代入,得

$$\theta_A = \theta_C = \frac{qa^3}{6EI_z}$$

$$w_A = \frac{qa^4}{8EI_z} + (L-a)\frac{qa^3}{6EI_z}$$

例 7.8　求外伸梁 ABC 的外伸端 A 的挠度和转角。

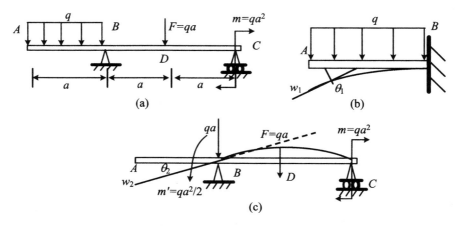

图 7.12

解　① 将 BC 段刚化，如图 7.12(b)所示，查表 7.3 可得

$$w_1 = -\frac{qa^4}{8EI}$$

$$\theta_1 = \frac{qa^3}{6EI}$$

② 将 AB 段刚化，如图 7.12(c)所示，查表 7.3 可得

$$\theta_2 = \theta_B = \theta_{Bm'} + \theta_{BF} + \theta_{Bm} = \frac{5qa^3}{12EI}$$

$$w_2 = -\theta_2 \cdot a = -\frac{5qa^4}{12EI}$$

③ 最后进行总位移叠加计算，结果为

$$w = w_1 + w_2 = -\frac{13qa^4}{24EI}$$

$$\theta = \theta_1 + \theta_2 = \frac{7qa^3}{12EI}$$

7.5 简单静不定梁

7.5.1 静不定梁的基本概念

前面讨论的梁,其约束反力都是直接通过静力学平衡方程求得的,这种梁称为静定梁。而在工程实际中,有时为了提高梁的强度和刚度,或是为了满足构造上的特殊要求,往往还可能在静定梁的基础上增加一个或多个约束。这时梁的未知反力的数目将多于静力学平衡方程的数目,仅由静力学平衡方程不能求出全部的约束反力和内力,这种梁称为静不定梁或超静定梁。如图 7.13(a)所示,悬臂梁是静定的,若在自由端 B 处增加一个可动铰支座,则梁的弯曲变形变小,但是该梁变成了静不定梁,如图 7.13(b)所示。

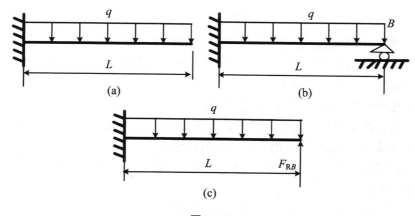

图 7.13

在静不定梁中,凡是多于维持平衡所必需的约束,称为多余约束,与其相应的支座反力或支座反力偶统称为多余支反力。多余约束以及多余支反力是针对平衡而言的,但就梁的强度、刚度或构造而言,它们不仅不是多余的,而且还是必要的。未知约束反力的数目与静力学平衡方程的数目之差称为静不定次数。

静不定梁的多余约束解除后,所得到的受力与原静不定梁相同的静定梁,称为原梁的相当系统。被解除的多余约束,用其约束反力代替,如图 7.13(c)所示。一般来说,相当系统可以有多种选择。

7.5.2　用变形比较法求解静不定梁

　　与求解拉压静不定问题类似,在求解静不定梁时也需根据梁的变形协调条件和载荷与变形间的物理关系,建立补充方程,然后与静力学平衡方程联立求解出多余的约束反力。最后,对梁进行强度与刚度的计算与校核。建立补充方程是求解静不定梁的关键所在。

　　所谓变形协调条件,是指相当系统在载荷和多余支反力作用下多余约束处的变形位移应与原静不定梁相同的条件。在图 7.13(c)中,B 点处的变形协调条件为

$$w_B = (w_B)_q + (w_B)_{F_{RB}} = 0$$

查表 7.3 可得 $(w_B)_q$ 和 $(w_B)_{F_{RB}}$ 的挠度值,将其代入上式可得图 7.13(c)所示的补充方程:

$$-\frac{ql^4}{8EI} + \frac{F_{RB}l^3}{3EI} = 0$$

由上式可解出多余约束反力:

$$F_{RB} = \frac{3}{8}ql$$

然后用与静定梁相同的方法进行梁弯曲强度和刚度问题分析。

　　利用变形协调条件建立补充方程求解多余约束反力的方法,称为变形比较法。用变形比较法求解静不定梁的一般步骤为:

　　(1) 选择基本静定系,确定多余约束反力。

　　(2) 比较基本静定系与静不定梁在多余处的变形,确定变形协调条件。

　　(3) 计算各自的变形,利用叠加法列出补充方程。

　　(4) 由平衡方程和补充方程求出多余反力,其后内力、强度、刚度的计算与静定梁完全相同。

　　例 7.9　如图 7.14 所示的静不定梁,等截面梁 AC 的抗弯刚度为 EI,拉杆 BD 的抗拉刚度为 EA,在力 F 的作用下,试求 BD 杆的拉力和截面 C 的挠度。

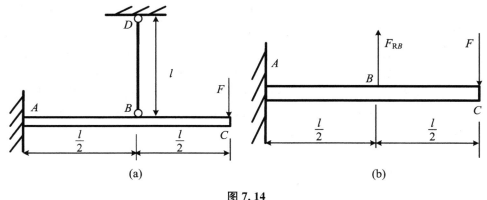

图 7.14

解 ① 选择基本静定梁。解除 BD 杆约束,以反力 F_{RB} 代替,如图 7.14(b) 所示。

② 列出变形协调条件:

$$w_B = \Delta l_{BD}$$

而 B 处的竖直方向位移为载荷 F 和多余约束反力 F_{RB} 作用之和,故得

$$w_B = (w_B)_F - (w_B)_{F_{RB}}$$

$$(w_B)_F = \frac{Fx^2}{6EI}(3l - x)\Big|_{x = \frac{l}{2}} = \frac{5Fl^3}{48EI}(\downarrow)$$

$$(w_B)_{F_{RB}} = \frac{F_{RB}\left(\frac{l}{2}\right)^3}{3EI}(\uparrow)$$

$$w_B = \Delta l_{BD} = \frac{F_{RB}l}{EA}$$

$$\frac{5Fl^3}{48EI} - \frac{F_{RB}l^3}{24EI} = \frac{F_{RB}l}{EA}$$

$$F_{RB} = \frac{5F}{2} \cdot \frac{1}{\left(1 + 24\dfrac{I}{Al^2}\right)}$$

③ 在基本静定梁上由叠加法求 w_C。

$$(w_C)_F = \frac{Fl^3}{3EI}(\downarrow)$$

$$(w_C)_{F_{RB}} = \frac{F_{RB}x^2}{6EI}(3l - x)\Big|_{x = \frac{l}{2}} = \frac{25Fl^3}{96EI}\left[\frac{1}{1 + 24\dfrac{I}{Al^2}}\right](\uparrow)$$

$$w_C = (w_C)_F - (w_C)_{F_{RB}} = \frac{Fl^3}{3EI}\left[1 - \frac{25}{32\left(1 + 24\dfrac{I}{Al^2}\right)}\right]$$

例 7.10 如图 7.15(a)所示的简支梁 ABC,受均布载荷作用,试绘其内力图。

解 ① 将 B 端约束去掉,以 F_{RB} 代替,如图 7.15(a)所示。

② 列变形协调条件:$w_B = 0$。

③ B 点的挠度由 q 和 F_{RB} 引起,查表 7.3 可得

$$(w_B)_q = -\frac{5ql^4}{384EI}, \quad (w_B)_{F_{RB}} = \frac{F_{RB}l^3}{48EI}$$

④ 综合变形协调条件和 B 点的挠度计算公式,可得

$$w_B = (w_B)_q + (w_B)_{F_{RB}} = -\frac{5ql^4}{384EI} + \frac{F_{RB}l^3}{48EI} = 0$$

⑤ 求出多余约束支反力,得

$$F_{RB} = \frac{5}{8}ql$$

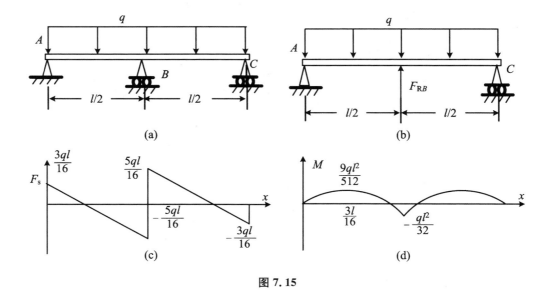

图 7.15

⑥ 进一步求得

$$F_{RA} = \frac{3}{16}ql, \quad F_{RC} = \frac{3}{16}ql$$

⑦ 绘制弯曲内力图分别如图 7.15(c)、(d)所示。

7.6　梁的刚度条件及提高梁的刚度措施

7.6.1　梁的刚度条件

在工程设计中,通常先根据梁的强度条件来确定梁横截面的形状与尺寸。为了保证构件正常工作,必要时还需对其进行刚度校核,即对构件的最大挠度和最大转角(或特定截面挠度与转角)的数值进行一定的规定与限制。这种限制条件称为刚度条件。梁的刚度条件为

$$|w|_{\max} \leqslant [w], \quad |\theta|_{\max} \leqslant [\theta] \tag{7.8}$$

式中,$|w|_{\max}$ 和 $|\theta|_{\max}$ 为梁变形位移中挠度和转角的绝对值的最大值。$[w]$ 和 $[\theta]$ 为构件的许可挠度和许可转角,它们取决于构件正常工作的要求,与构件所用的材料无关。常见的规定如下。

普通传动轴:　　$[w]=(0.0003\sim0.0005)l$

　　　　　　　$[\theta]=0.001\sim0.005 \text{ rad}$

齿轮轴：　　　$[\theta] = 0.001 \text{ rad}$

吊车梁：　　　$[w] = \left(\dfrac{1}{750} \sim \dfrac{1}{400}\right) l$

楼盖梁：　　　$[w] = \left(\dfrac{1}{400} \sim \dfrac{1}{250}\right) l$

对于一般的机械零部件和工程构件，许可挠度与许可转角可查阅相关的设计手册。

例 7.11　如图 7.16 所示的工字钢梁，$l = 8 \text{ m}$，$I_z = 2370 \text{ cm}^4$，$W_z = 237 \text{ cm}^3$，$[w] = \dfrac{l}{500}$，$E = 200 \text{ GPa}$。试根据梁的刚度条件，确定梁的许用载荷 $[F]$ 并校核其强度。

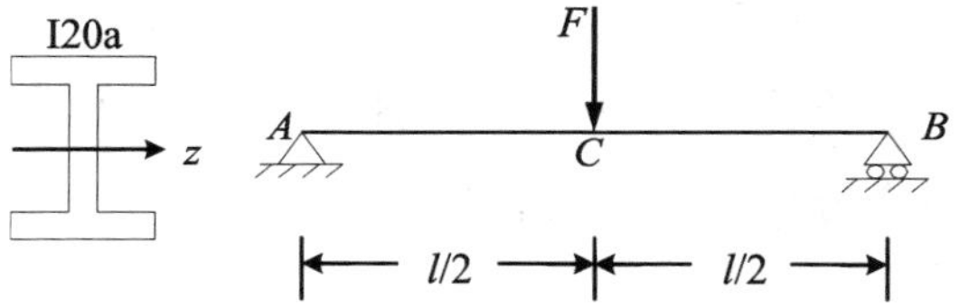

图 7.16

解　由刚度条件可得

$$w_{\max} = \frac{Fl^3}{48EI} \leqslant [w] = \frac{l}{500}$$

解得

$$F \leqslant \frac{48EI}{500l^2} = \frac{48 \times 200 \times 10^9 \times 2370 \times 10^{-8}}{500 \times 8^2} = 7.11 \text{ kN}$$

所以得

$$[F] = 7.11 \text{ kN}$$

梁的最大弯曲应力为

$$\sigma_{\max} = \frac{M_{\max}}{W_z} = \frac{Fl}{4W_z} = 60 \text{ MPa} \leqslant [\sigma]$$

满足强度条件。

7.6.2　提高梁的刚度措施

通过以上对梁的弯曲变形的计算与分析，可以看出梁的变形不仅与梁的受力和支承情况有关，而且还与梁的材料、截面形状与大小以及梁的长度有关。因此，要提高梁的弯曲刚度，应该从以下诸方面入手。

1. 增大梁的抗弯刚度

通过前面的分析可知梁的变形与梁的抗弯刚度 EI 成反比，所以梁的抗弯刚度越大,梁的弯曲变形越小。而梁的抗弯刚度与梁所用材料的弹性模量和惯性矩都成正比。在工程中,常用的钢铁类梁的弹性模量的差异很小,其他材质的梁也有相似的规律。所以增大抗弯刚度的主要措施是增大梁横截面的惯性矩 I。为了满足经济与安全的要求,在工程中比较常用是的工字形、箱形、槽形以及空心截面梁。

2. 减小梁的跨度

因为梁的挠度与梁的跨度 l 呈指数关系,如受集中力作用时挠度与跨度呈三次方关系,则梁的跨度减小一半时,梁的挠度将减至 $\dfrac{1}{8}$。所以梁的长度对梁弯曲变形的影响很大,减小梁的跨度对提高梁的弯曲刚度有显著效果。通常可以通过改变支座的位置或增加支座的数目,达到此目的。

3. 改变加载方式和支座位置

梁的挠度和转角与梁的弯矩大小有关,减小弯矩也可以达到减小挠度、提高梁的弯曲刚度的目的。在图 7.17(a)中,受集中力 F 作用的简支梁的最大挠度为 $\dfrac{Fl^3}{48EI}$,若将载荷 F 改变为两个集中载荷,其大小为 $\dfrac{F}{2}$,作用位置如图 7.17(b)所示,则梁的最大挠度为 $\dfrac{\frac{23}{27}Fl^3}{48EI}$;若将其换为均布载荷 $q=\dfrac{F}{l}$,如图 7.17(c)所示,则梁的最大挠度为 $\dfrac{\frac{5}{8}ql^4}{48EI}$。

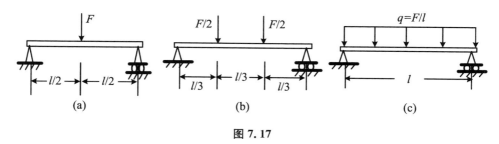

图 7.17

此外,在结构允许的情况下,调整支承的位置也可提高梁的刚度。若把受均布载荷作用的简支梁的两端支座向内移动 $\dfrac{2l}{9}$,此时梁的最大挠度仅为原来简支梁最大挠度的 2.2%。因此在工程实际应用中,如龙门吊车的大梁、大体积的油罐等结构,在安放时都将其支承向中间移动了适当的距离,其实质是将简支梁改成双外伸梁的结构形式,这样可以显著提高梁的抗弯刚度。

本 章 小 结

1. 在小变形条件下,建立了梁的挠曲线近似微分方程,用积分法求梁的挠曲线方程和转角方程。对于积分常数,需要应用边界条件和连续条件。

2. 在小变形条件和线弹性范围内,用叠加法求解梁的弯曲变形位移。当梁受到复杂载荷作用时,可先计算其在各基本载荷作用下的变形位移,然后进行叠加求和,由此得到梁的总体变形位移,也可以用逐段刚化法求解。

3. 根据梁的刚度条件,进行梁的弯曲刚度校核,也可进行截面设计或容许载荷的计算。此外,还介绍了提高梁的弯曲刚度的有关措施。

4. 静不定梁的基本概念,用变形比较法求解静不定梁。利用梁的变形协调条件,结合变形与载荷的关系,建立补充方程,求出多余约束反力,以便进一步分析梁的强度、刚度等问题。

思 考 题

1. 什么是梁挠曲线、挠度和转角? 它们之间有何关系?

2. 梁变形的基本公式是什么? 如何导出梁的挠曲线近似微分方程?

3. 什么是梁的边界条件和连续条件? 其在用积分法求梁的弯曲变形时有何作用?

4. 应用叠加原理的条件是什么?

5. 从解超静定梁的过程可以看出,首先要解除多余约束形成的"基本结构",此后的计算都是在这个基本结构上进行的。为什么基本结构的解可以作为原结构的解? 何为变形协调?

习 题

1. 下列这些关于梁的弯矩与变形间关系的说法中,正确的是_____。

A. 弯矩为正的截面转角为正　　　　B. 弯矩最大的截面挠度最大

C. 弯矩突变的截面转角也有突变　　D. 弯矩为零的截面曲率必为零

2. 当用积分法求如图 7.18 所示简支梁的挠曲线方程时,确定积分常数的条件有以下几组,其中_____是错误的。

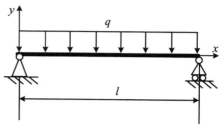

A. $y(0)=0, y(l)=0$

B. $y(0)=0, \theta\left(\dfrac{l}{2}\right)=0$

C. $y(l)=0, \theta\left(\dfrac{l}{2}\right)=0$

D. $y(0)=y(l), \theta(0)=\theta\left(\dfrac{l}{2}\right)$

3. 挠曲线近似微分方程的近似性反映在哪里?

图 7.18

4. 左端固定的悬臂梁,在其右端作用一集中力偶 M, 由 $\dfrac{1}{\rho}=\dfrac{M}{EI}$ 可知,梁的挠曲线应为一圆弧。而由积分法求得的挠曲线为 $w=\dfrac{Mx^2}{2EI}$, 其为一抛物线,为什么?

5. 如图 7.19 所示,两梁的尺寸及材料完全相同,所受外力如图所示。这两梁的转角方程及挠曲线方程是否相同?

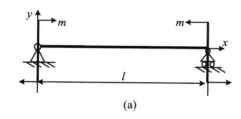

(a)

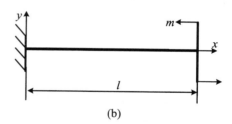

(b)

图 7.19

6. 已知图 7.20(a)所示的梁中点挠度 $w_{C1}=\dfrac{5ql^4}{384EI}$, 则图 7.20(b)所示的梁中点挠度 $w_{C2}=$_____。

A. $\dfrac{5q_0 l^4}{384EI}$　　　B. $\dfrac{5q_0 l^4}{768EI}$　　　C. $\dfrac{5q_0 l^4}{192EI}$　　　D. $\dfrac{q_0 l^4}{48EI}$

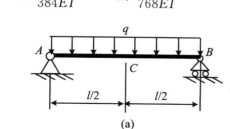

(a)

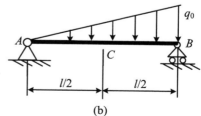

(b)

图 7.20

7. 在如图 7.21 所示的梁中,梁的弹簧所受压力与弹簧刚度 k 有关的是 _____。

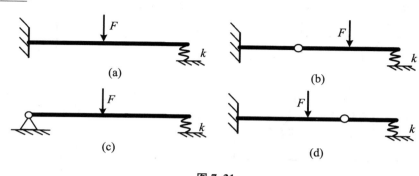

图 7.21

8. 如图 7.22 所示的变截面梁,用积分法求挠曲线方程时应分为几段? 共有几个积分常数? _____。

A. 分 2 段,共有 2 个积分常数　　B. 分 2 段,共有 4 个积分常数

C. 分 3 段,共有 6 个积分常数　　D. 分 4 段,共有 8 个积分常数

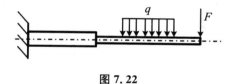

图 7.22

9. 为使连续梁中间铰 B 点的挠度为零(图 7.23),则 $m=$ _____。

10. 试列出决定积分常数的边界条件和连续条件(图 7.24)。

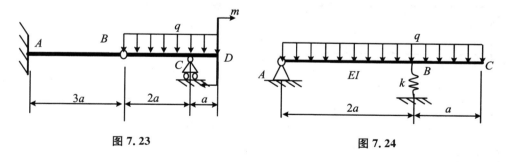

图 7.23　　　　　　　　　图 7.24

11. 写出如图 7.25 所示各梁的边界条件。图 7.25(d)中支座 B 的弹簧刚度为 k。

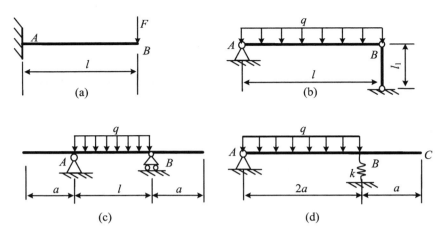

图 7.25

12. 用积分法求图 7.26 所示各梁的挠曲线方程及自由端的挠度和转角。设 EI 为常数。

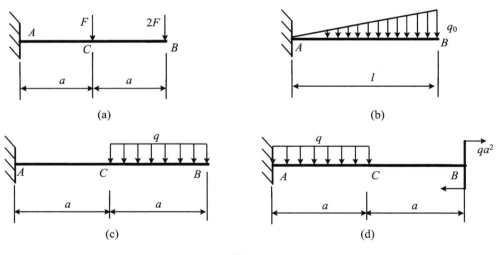

图 7.26

13. 用积分法求图 7.27 所示各梁的挠曲线方程及自由端的挠度和转角。设 EI 为常数。

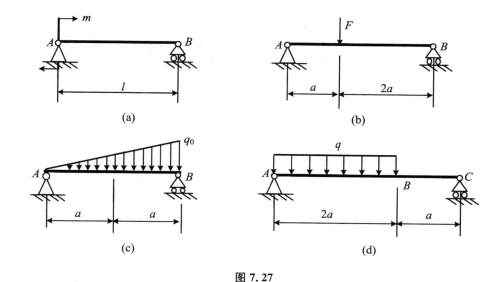

图 7.27

14. 已知一直梁的近似挠曲线方程为 $w=\dfrac{q_0 x}{48EI}(l^3-3lx^2+2x^3)$，设 x 轴水平向右，y 轴竖直向上，试求：① 端点($x=0,x=l$)的约束情况；② 最大弯矩及最大剪力；③ 载荷情况，并画出梁的简图。

15. 用积分法求图 7.28 所示各变截面梁的挠曲线方程及端截面转角和最大挠度。

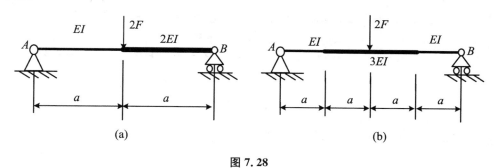

图 7.28

16. 用叠加法求图 7.29 所示各梁截面 A 的挠度和截面 B 的转角。EI 为已知常数。

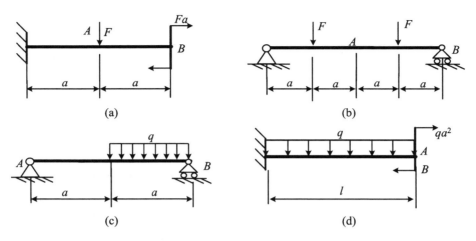

图 7.29

17. 用叠加法求图 7.30 所示外伸梁外伸端的挠度和转角。EI 为已知常数。

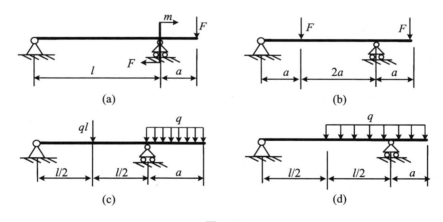

图 7.30

18. 求图 7.31 所示变截面梁自由端的挠度和转角。

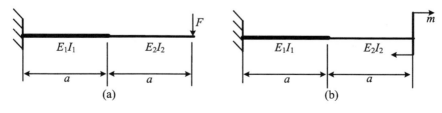

图 7.31

19. 吊车大梁由 32a 号工字钢制成,如图 7.32 所示,其跨度为 8.76 m,材料的

弹性模量为 $200\,\mathrm{GPa}$,吊车的最大起重量为 $20\,\mathrm{kN}$,规定梁的 $[w]=\dfrac{l}{500}$,试校核大梁的刚度。

20. 悬臂梁承受载荷如图 7.33 所示,已知 $q=15\,\mathrm{kN/m}$,$a=1\,\mathrm{m}$,$E=200\,\mathrm{GPa}$,$[\sigma]=160\,\mathrm{MPa}$,$[w]=\dfrac{l}{500}(l=2a)$,试选取工字钢的型号。

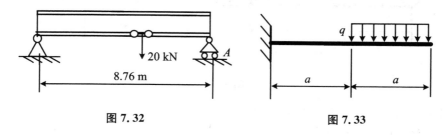

图 7.32　　　　　　　　　　　　　　　图 7.33

21. 第 19 题中滚轮沿大梁移动时,若要求滚轮恰好走一水平路径,试问需将梁的轴线预先弯成怎样的曲线? 已知梁的 $EI=$ 常数。

22. 一具有初曲率的钢条 AB,当两端增加力后成一直线,刚性平面 MN 的反力呈均匀分布,如图 7.34 所示.钢的 $E=200\,\mathrm{GPa}$,钢条的截面为 $25\times25\,\mathrm{mm}$,$\delta=2.5\,\mathrm{mm}$,试求使钢条成一直线时的压力 F 和此时钢条内的最大弯曲应力。

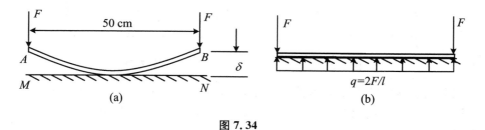

(a)　　　　　　　　　　　　　　　　(b)

图 7.34

23. 梁杆结构和静定组合梁及其承载分别如图 7.35 所示,分别计算各结构中梁 D 截面的挠度。

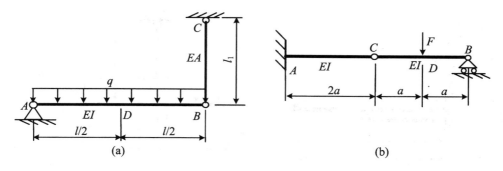

(a)　　　　　　　　　　　　　　　　(b)

图 7.35

24. 求图 7.36 所示简单刚架自由端 C 的水平和垂直位移，设 EI 为已知常数。

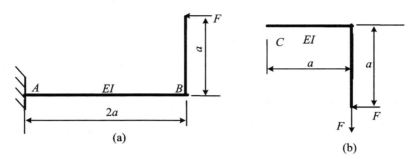

图 7.36

25. 抗弯刚度为 EI 的梁 AB 约束情况如图 7.37 所示，B 截面有一个微小的竖向位移，试求梁的支座反力。

26. 如图 7.38 所示，两梁的抗弯刚度相同，均为 EI。则支承 C 处的反力为多少？

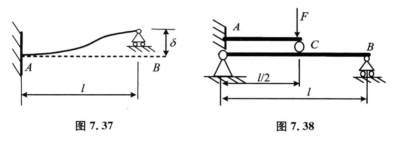

图 7.37　　　　　　　　　图 7.38

27. 悬臂梁 AB 因强度和刚度不足，用同材料同截面的一根短梁 AC 加固，如图 7.39 所示。则支承 C 处的反力为多少？梁 AB 的最大弯矩和 B 点挠度比没有梁 AC 支承时减少多少？

28. 如图 7.40 所示的结构，梁和杆的弹性模量均为 E，梁的截面惯性矩为 I，杆的横截面面积为 A，求杆的轴力。

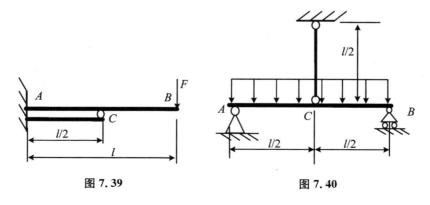

图 7.39　　　　　　　　　图 7.40

29. 如图 7.41 所示,悬臂梁的自由端恰好与光滑斜面接触。若温度升高 ΔT, 试求梁内最大弯矩,设 E、A、I、a 已知,且梁的自重以及轴力对弯曲变形的影响皆忽略不计。

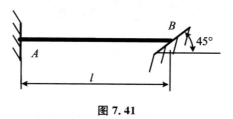

图 7.41

第 8 章　应力状态分析和强度理论

8.1　应力状态分析

　　在前面几章中,我们分别讨论了轴向拉伸与压缩、圆轴扭转、弯曲等基本变形下杆件的强度和刚度问题,了解到在危险截面上,各点处应力的大小、方向一般是不同的。例如,扭转时圆轴横截面上的切应力沿半径按照线性规律分布,弯曲时梁横截面上的正应力沿高度也是按照线性规律分布。而通过轴向拉压斜截面上的应力分析,了解到即使在同一点,其不同方向上的应力一般也是不同的。

　　在第 2 章中,我们已经了解了一点处的应力状态以及应力状态的分类。为了研究强度问题,我们需要用平衡的方法,分析过一点不同方向面上应力的相互关系,确定这些应力中的极大值和极小值以及它们的作用面。这种由单元体某些已知截面上的应力确定出其他截面上的应力的过程,称为对该点的应力状态分析。

　　现以轴向拉伸直杆为例,设想围绕 A 点以纵横六个截面从杆内截取单元体,并放大为图 8.1(b),其平面图可表示为图 8.1(c)。单元体的左、右两侧面是杆件横截面的一部分,面上的应力皆为 $\sigma = F/A$。单元体的上、下、前、后四个面都是平行于轴线的纵向面,面上都没有应力。但如果按图 8.1(d)所示的方式截取单元体,使其四个侧面虽然与纸面垂直,但与杆件轴线既不平行也不垂直,成为斜截面,则在这四个面上,不仅有正应力还有切应力。所以,随着所取截面方位的不同,单元体各面上的应力也会不同。

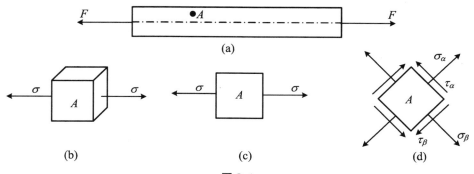

图 8.1

围绕点 A 取出的单元体,因为在三个方向上的尺寸均为无穷小,所以可以认为在它的每个面上,应力都是均匀的;且在单元体内相互平行的截面上,应力都是相同的,均等于通过 A 点的平行面上的应力。因此这样的单元体的应力状态可以代表一点的应力状态。研究通过一点的不同截面上的应力变化情况,就是应力状态分析的内容。

在图 8.1(b)中,单元体的三个相互垂直的面上都无切应力,这种切应力等于零的面称为主平面。主平面上的正应力称为主应力。一般来说,通过受力构件的任意点皆可找到三个相互垂直的主平面,因而每一点都有三个主应力。对于轴向拉伸(或压缩),三个主应力中只有一个不等于零,称为单向应力状态。若三个主应力中有两个不等于零,称为二向或平面应力状态。当三个主应力皆不等于零时,称为三向或空间应力状态。有时也把单向应力状态称为简单应力状态,二向和三向应力状态统称为复杂应力状态。研究一点的应力状态时,通常用 σ_1、σ_2、σ_3 代表该点的三个主应力,并以 σ_1 代表代数值最大的主应力,σ_3 代表代数值最小的主应力,即 $\sigma_1 \geqslant \sigma_2 \geqslant \sigma_3$。

8.2　材料的破坏形式

在前面的学习中,曾提到过一些材料的破坏现象,如以低碳钢和铸铁两种材料为例,它们在拉伸(压缩)和扭转实验时的破坏现象虽然各有不同,但都可以把材料的破坏形式分为如下两类:

(1) 脆性断裂:材料失效时未发生明显的塑性变形而突然断裂。如铸铁在单向拉伸或扭转时发生的破坏,石料在压缩时的破坏。

(2) 塑性屈服:材料失效时产生明显的塑性变形并伴有屈服现象。如低碳钢在单向拉伸、压缩或扭转时,当试件的应力达到屈服点后,就会发生明显的塑性变形,使其丧失正常的工作能力。又如铸铁压缩时的破坏,因在试件被剪断前材料已产生了明显的塑性变形,所以也属于塑性屈服的破坏形式。

通常情况下,脆性材料(如铸铁、高碳钢等)的破坏形式是脆性断裂;而一般塑性材料(如低、中碳钢,铝,铜等)的破坏形式是塑性屈服。

实验研究的结果表明,金属材料具有两种极限抵抗能力:一种是抵抗脆性断裂的极限抗力,如铸铁拉伸时用抗拉强度 σ_b 来表示;另一种是抵抗塑性屈服的极限抗力,如低碳钢拉伸时用屈服时的切应力 τ_s 来表示。材料在受力后是否发生破坏,取决于构件的应力是否超过材料的极限抗力。例如,铸铁拉伸时,试件沿横截面发生脆性断裂,这是因为横截面上的最大正应力达到了极限值,而铸铁压缩时,试件沿着与轴线接近 45° 的斜截面上发生破坏,这是由于此截面上的最大切应力

τ_{max} 的作用。

　　值得注意的是，材料的破坏形式并不仅仅以材料为塑性材料或脆性材料来区分，还与材料的应力状态有很大关系。例如，铸铁在拉伸时呈脆性断裂，而在压缩时则有较大的塑性变形。又如，大理石为脆性材料，在单向压缩时发生的破坏为脆性断裂，如图 8.2(a)所示；但若表面受均匀径向压力，施加轴向力后将出现明显的塑性变形，成为腰鼓形，显然其破坏形式为塑性屈服，如图 8.2(b)所示。很多实验证明，同一种材料在不同的应力状态下，会发生不同形式的破坏。在三向拉伸应力状态下，即使是塑性材料也会发生脆性断裂。但若处于三向压缩应力状态（如大理石各侧面受压），即使是脆性材料，也表现有较大的塑性。

　　此外，变形速度和温度等对材料的破坏形式也有较大的影响。

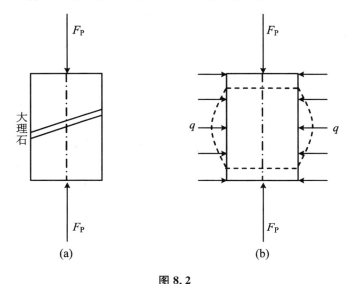

图 8.2

8.3　平面应力状态

8.3.1　平面应力状态分析——解析法

1. 任意 α 斜截面上的应力

　　平面应力状态是经常见到的情况。如图 8.3 所示的单元体为平面应力状态最一般的情况。在构件中截取单元体时，总是选取这样的截面位置，使得单元体上作用的应力为已知。然后在此基础上，分析任意斜截面上的应力。

如图 8.3 所示,应力状态具有以下特点:在单元体的六个侧面上,仅在四个侧面上作用有应力,且其作用线均平行于单元体的不受力表面。这种应力状态称为平面应力状态,它是一种常见的应力状态。实际上,单向应力状态与纯剪切应力状态均为平面应力状态的特殊情况。平面应力状态的一般形式如图 8.3(a) 所示,在垂直于坐标轴 x 的截面上,应力用 σ_x 与 τ_{xy} 来表示;在垂直于坐标轴 y 的截面上,应力用 σ_y 与 τ_{yx} 来表示。设上述的应力已知,研究与坐标轴 z 平行的任一横截面 ef 上的应力。

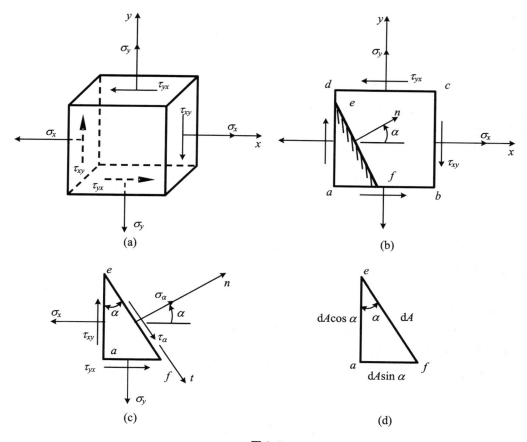

图 8.3

如图 8.3(b) 所示,斜截面平行于 z 轴且与 x 面成倾角 α,单独切取 aef 部分进行分析。把作用于 aef 部分上的力投影到 ef 面的外法线 n 和切线 t 方向,由力的平衡条件:

$$\sum F_n = 0$$

得

$$\sigma_a \mathrm{d}A - (\sigma_x \mathrm{d}A\cos\alpha)\cos\alpha + (\tau_{xy} \mathrm{d}A\cos\alpha)\sin\alpha - (\sigma_y \mathrm{d}A\sin\alpha)\sin\alpha$$
$$+ (\tau_{yx} \mathrm{d}A\sin\alpha)\cos\alpha = 0$$

由切应力互等定理可知，τ_{xy} 和 τ_{yx} 在数值上相等，将 $\tau_{xy} = \tau_{yx}$ 代入上式可得

$$\sigma_a = \sigma_x \cos^2\alpha + \sigma_y \sin^2\alpha - 2\tau_{xy}\sin\alpha\cos\alpha \tag{8.1}$$

又由三角函数关系，因为

$$\cos 2\alpha = \cos^2\alpha - \sin^2\alpha = 1 - 2\sin^2\alpha = 2\cos^2\alpha - 1$$

所以

$$\cos^2\alpha = \frac{1 + \cos 2\alpha}{2}, \quad \sin^2\alpha = \frac{1 - \cos 2\alpha}{2}$$

代入上式可得

$$\sigma_a = \sigma_x \cdot \frac{1 + \cos 2\alpha}{2} + \sigma_y \cdot \frac{1 - \cos 2\alpha}{2} - \tau_{xy}\sin 2\alpha$$

$$\sigma_a = \frac{\sigma_x + \sigma_y}{2} + \frac{\sigma_x - \sigma_y}{2}\cos 2\alpha - \tau_{xy}\sin 2\alpha \tag{8.2}$$

由 $\sum F_t = 0$ 可得

$$\tau_a = \frac{\sigma_x - \sigma_y}{2}\sin 2\alpha + \tau_{xy}\cos 2\alpha \tag{8.3}$$

由式(8.2)、(8.3)，即可根据已知的应力 σ_x、σ_y、τ_{xy} 求得任意 α 截面上的正应力 σ_a、切应力 τ_a。

注意 （1）在图8.3中应力均为正值，并规定倾角 α 自 x 轴开始逆时针转动者为正，反之为负。

（2）利用式(8.2)、(8.3)计算时，还应注意符号规定：正应力以拉应力为正，压应力为负；切应力在其绕单元体内任一点为顺时针转向时为正，反之为负。

（3）式中，τ_{xy}、τ_{yx} 均为垂直于坐标轴 x 的截面上的切应力，且已按切应力互等定理用 τ_{xy} 代换 τ_{yx}，一般情况下可简写为 τ_x。

例8.1 一单元体如图8.4所示，已知 σ_x、σ_y、τ_{xy}、α，求 σ_a、τ_a（单位：MPa）。

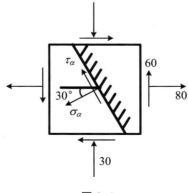

图 8.4

解　根据应力和夹角的规定,可知

$$\sigma_x = 80 \text{ MPa}, \quad \sigma_y = -30 \text{ MPa}, \quad \tau_{xy} = -60 \text{ MPa}, \quad \alpha = 210°(\text{或} -150°)$$

若以 x 轴向左,则 $\alpha = 30°$,代入式(8.2)、(8.3),得

$$\sigma_\alpha = \frac{80 + (-30)}{2} + \frac{80 - (-30)}{2}\cos 60° - (-60)\sin 60° \text{ MPa} = 104.46 \text{ MPa}$$

$$\tau_\alpha = \frac{80 - (-30)}{2}\sin 60° + (-60)\cos 60° \text{ MPa} = 17.63 \text{ MPa}$$

2. 极值应力

将正应力公式对 α 取导数,得

$$\frac{\mathrm{d}\sigma_\alpha}{\mathrm{d}\alpha} = -2\left[\frac{\sigma_x - \sigma_y}{2}\sin 2\alpha + \tau_{xy}\cos 2\alpha\right] \tag{8.4}$$

若 $\alpha = \alpha_0$ 时,能使导数 $\dfrac{\mathrm{d}\sigma_\alpha}{\mathrm{d}\alpha} = 0$,则

$$\frac{\sigma_x - \sigma_y}{2}\sin 2\alpha_0 + \tau_{xy}\cos 2\alpha_0 = 0$$

$$\tan 2\alpha_0 = -\frac{2\tau_{xy}}{\sigma_x - \sigma_y} \tag{8.5}$$

上式有两个解:α_0 和 $\alpha_0 \pm 90°$。在它们所确定的两个互相垂直的平面上,正应力取得极值,且其中一个对应最大正应力所在的平面,另一个对应最小正应力所在的平面。由式(8.5)求出 $\sin 2\alpha_0$ 和 $\cos 2\alpha_0$,代入式(8.2)求得最大或最小正应力为

$$\left.\begin{array}{r}\sigma_{\max}\\[4pt]\sigma_{\min}\end{array}\right\} = \frac{\sigma_x + \sigma_y}{2} \pm \sqrt{\left(\frac{\sigma_x - \sigma_y}{2}\right)^2 + \tau_{xy}^2} \tag{8.6}$$

在使用这些公式时,如约定用 σ_x 表示两个正应力中代数值较大的一个,即 $\sigma_x \geqslant \sigma_y$,则在式(8.5)确定的两个角度中,绝对值较小的一个确定 $\sigma_{\max}$ 所在的平面。将 α_0 代入切应力式(8.3),τ_{α_0} 为零。这就是说,正应力为最大或最小时所在的平面,就是主平面。所以,主应力就是最大或最小的正应力。

用完全相似的方法,可以确定最大和最小切应力以及它们所在的平面。将切应力公式(8.3)对 α 求导,得

$$\frac{\mathrm{d}\tau_\alpha}{\mathrm{d}\alpha} = (\sigma_x - \sigma_y)\cos 2\alpha - 2\tau_{xy}\sin 2\alpha \tag{8.7}$$

若 $\alpha = \alpha_1$ 时,能使导数 $\dfrac{\mathrm{d}\tau_\alpha}{\mathrm{d}\alpha} = 0$,则在 α_1 所确定的截面上,切应力取得极值。通过求导,可得

$$(\sigma_x - \sigma_y)\cos 2\alpha_1 - 2\tau_{xy}\sin 2\alpha_1 = 0$$

$$\tan 2\alpha_1 = \frac{\sigma_x - \sigma_y}{2\tau_{xy}} \tag{8.8}$$

求得切应力的最大值和最小值为

$$\left.\begin{array}{c}\tau_{\max}\\\tau_{\min}\end{array}\right\}=\pm\sqrt{\left(\dfrac{\sigma_x-\sigma_y}{2}\right)^2+\tau_{xy}^2} \tag{8.9}$$

与正应力的极值和所在两个平面方位的对应关系相似，切应力的极值与所在两个平面方位的对应关系是：若 $\tau_{xy}>0$，则绝对值较小的 α_1 对应最大切应力所在的平面。

例 8.2 从悬臂梁中取出一单元体，试确定 E 点处的主应力数值及主平面位置（单位：MPa）。

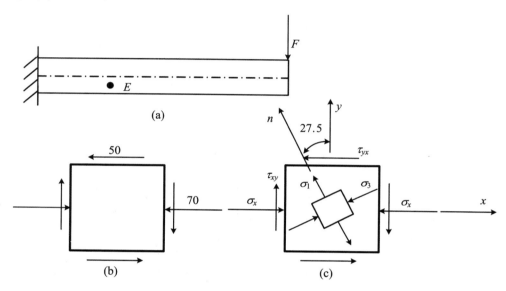

图 8.5

解 ① 求主应力。由图示单元体，可知

$$\sigma_x=-70\ \text{MPa},\quad \tau_{xy}=50\ \text{MPa},\quad \sigma_y=0,\quad \tau_{yx}=-50\ \text{MPa}$$

代入式(8.6)，得主应力值为

$$\sigma_1=\sigma_{\max}=\frac{\sigma_x+\sigma_y}{2}+\sqrt{\left(\frac{\sigma_x-\sigma_y}{2}\right)^2+\tau_{xy}^2}$$

$$=\frac{-70+0}{2}+\sqrt{\left(\frac{-70+0}{2}\right)^2+50^2}$$

$$=-35+61=26\ (\text{MPa})$$

$$\sigma_3=\sigma_{\min}=\frac{\sigma_x+\sigma_y}{2}-\sqrt{\left(\frac{\sigma_x-\sigma_y}{2}\right)^2+\tau_{xy}^2}$$

$$=-35-61=-96\ (\text{MPa})$$

因为 $-96<0$，所以该主应力应为 σ_3 而非 $\sigma_2(\sigma_2=0)$。

② 确定主平面方位。由式(8.5)，得

$$\tan 2\alpha_0 = \frac{-2\tau_{xy}}{\sigma_x - \sigma_y} = \frac{-2 \times 50}{-70 - 0} = \frac{10}{7}$$

可知

$$2\alpha_0 = 55° \quad 及 \quad 2\alpha_0 = 55° + 180° = 235°$$

可得

$$\alpha_0 = 27.5° \quad 及 \quad \alpha_0 = 117.5°$$

因为

$$\sigma_y = 0, \quad \sigma_x = -70 \text{ MPa}$$

所以，α_0 应从 y 轴按逆时针（$\alpha_0 > 0$）量取，故确定 σ_1 所在主平面位置如图 8.5(c) 所示。

3. 主应力所在的平面与切应力极值所在的平面之间的关系

α_0 与 α_1 之间的关系为

$$\tan 2\alpha_0 = -\frac{1}{\tan 2\alpha_1}, \quad 2\alpha_1 = 2\alpha_0 + \frac{\pi}{2}$$

故可知

$$\alpha_1 = \alpha_0 + \frac{\pi}{4} \tag{8.10}$$

这表明，最大和最小切应力所在的平面与主平面的夹角为 45°。

8.3.2　平面应力状态分析——图解法

1. 应力圆方程

将式 $\begin{cases} \sigma_\alpha = \dfrac{\sigma_x + \sigma_y}{2} + \dfrac{\sigma_x - \sigma_y}{2}\cos 2\alpha - \tau_{xy}\sin 2\alpha \\ \\ \tau_\alpha = \dfrac{\sigma_x - \sigma_y}{2}\sin 2\alpha + \tau_{xy}\cos 2\alpha \end{cases}$ 中的 α 消掉，得

$$\left(\sigma_\alpha - \frac{\sigma_x + \sigma_y}{2}\right)^2 + \tau_\alpha^{\ 2} = \left(\frac{\sigma_x - \sigma_y}{2}\right)^2 + \tau_{xy}^2 \tag{8.11}$$

由上式确定的以 σ_α 和 τ_α 为变量的圆，称作应力圆。圆心的横坐标为 $\dfrac{1}{2}(\sigma_x + \sigma_y)$，

纵坐标为零，圆的半径为 $\sqrt{\left(\dfrac{\sigma_x + \sigma_y}{2}\right)^2 + \tau_{xy}^2}$。

2. 应力圆的画法

取坐标系 $\sigma O\tau$，按选定比例尺取 $\overline{OB_1} = \sigma_x$，$\overline{B_1 D_1} = \tau_{xy}$，$\overline{OB_2} = \sigma_y$，$\overline{B_2 D_2} = \tau_{yx}(<0)$，连接 D_1、D_2 两点与 σ 轴相交于 C 点。以 C 为圆心、$\overline{CD_1}$ 或 $\overline{CD_2}$ 为半径画圆即为所求。D_1 点坐标代表 cd 面（x 面）的正应力和切应力（σ_x, τ_{xy}）；D_2 点坐标代表 ad 面（y 面）的正应力和切应力（σ_y, τ_{yx}）。D_1、D_2 点所对圆心角为 180°，而它们所对应的 cd 面和 ad 面外法线的夹角为 90°，所以不难推知：在单元体上任取两

个斜截面,它们的外法线夹角若为 α,则在应力圆上这两截面对应的夹角必为 2α。

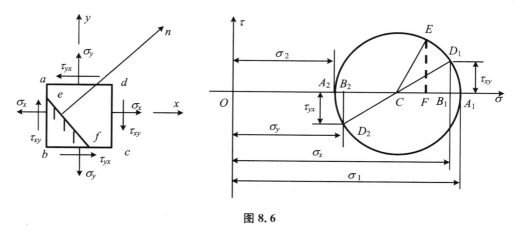

图 8.6

利用应力圆求 α 斜截面 ef 上应力的方法:将半径 $\overline{CD_1}$ 逆时针转过 2α 到 CE 处,则 E 点坐标 OF、EF 即为 ef 面上的应力 $(\sigma_\alpha,\tau_\alpha)$。

3. 单元体与应力圆的对应关系

(1)圆上一点的坐标等于微元体一个截面的应力值。

(2)圆上两点所夹圆心角等于两截面法线夹角的 2 倍。

(3)对应夹角转向相同。

4. 在应力圆上标出极值应力

$$\begin{cases} \sigma_{\max} \\ \sigma_{\min} \end{cases} = \frac{\sigma_x+\sigma_y}{2} \pm \sqrt{\left(\frac{\sigma_x-\sigma_y}{2}\right)^2 + \tau_{xy}^2}$$

$$\begin{cases} \tau_{\max} \\ \tau_{\min} \end{cases} = \pm R = \pm \frac{\sigma_{\max}-\sigma_{\min}}{2} = \pm \sqrt{\left(\frac{\sigma_x-\sigma_y}{2}\right)^2 + \tau_{xy}^2}$$

例 8.3 受力构件中某一点处于二向应力状态,在该点取出的单元体如图 8.7 所示,作应力圆,并确定此单元体在 $\alpha=-40°$ 斜截面上的应力,以及主应力、极值切应力和主平面方位(单位均为 MPa)。

解 ① 选定比例尺。在 σ-τ 坐标平面,选定比例尺,如图 8.7(b)所示。

② 画应力圆。根据已知条件 x 面上的应力 $\sigma_x=-30$ MPa,$\tau_{xy}=-40$ MPa,以及 y 面上的应力 $\sigma_y=60$ MPa,$\tau_{yx}=40$ MPa,得应力圆上的两点 D_1 及 D_2,连接 D_1、D_2 交 σ 坐标轴于 C 点,以 C 点为圆心、$\overline{CD_1}$ 为半径画出应力圆。

③ 定出 σ_α 和 τ_α。由 D_1 点沿应力圆顺时针旋转 $80°$ 得 E 点,按选定比例尺量得

$$\sigma_\alpha = -\overline{OF} = -32.2 \text{ MPa}, \quad \tau_\alpha = \overline{EF} = 37.4 \text{ MPa}$$

④ 定主应力、极值切应力和主平面方位。由应力圆与坐标轴 σ 的交点 A、B 量得

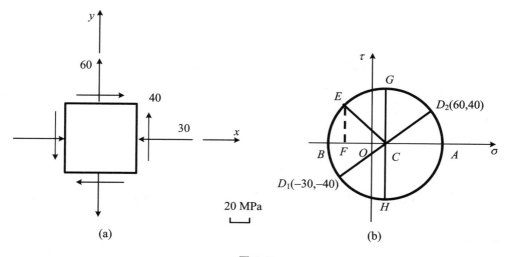

图 8.7

$$\sigma_{\max} = \overline{OA} = 75.2\,\text{MPa}, \quad \sigma_{\min} = -\overline{OB} = -45.2\,\text{MPa}$$

得

$$\sigma_1 = 75.2\,\text{MPa}, \quad \sigma_2 = 0, \quad \sigma_3 = -45.2\,\text{MPa}$$

由图量得 $\angle D_1CB = 2\alpha_0 = 42°$，即由 x 轴顺时针旋转 $\alpha_0 = 21°$ 至 $\sigma_{\min}$ 作用面的法线。

显然，应力圆的最高点 G 和最低点 H 的纵坐标即为极值切应力 $\tau_{\max}$、$\tau_{\min}$，由图量得

$$\tau_{\max} = \overline{CG} = 60.2\,\text{MPa}, \quad \tau_{\min} = -\overline{CH} = -60.2\,\text{MPa}$$

由图可见，由 A 点逆时针旋转 $90°$ 至 G 点，即由 $\sigma_{\max}$ 作用面逆时针旋转 $45°$ 至 $\tau_{\max}$ 作用面。

8.4　空间应力状态

8.4.1　三向应力状态

若通过一点的单元体上三个主应力均不为零，则该单元体处于三向应力状态。可以证明：过该点所有截面上的最大正应力为 σ_1，最小正应力为 σ_3，即

$$\begin{cases} \sigma_{\max} = \sigma_1 \\ \sigma_{\min} = \sigma_3 \end{cases} \tag{8.12}$$

而最大切应力为

$$\tau_{\max} = \frac{\sigma_1 - \sigma_3}{2} \tag{8.13}$$

8.4.2 广义胡克定律

单向应力状态：

$$\sigma = E\varepsilon \Rightarrow \varepsilon = \frac{\sigma}{E} \tag{8.14}$$

$$\varepsilon' = -\nu\varepsilon = -\nu\frac{\sigma}{E} \tag{8.15}$$

对于三向应力状态,若材料各向同性且最大应力不超过比例极限,则任一方向的线应变都可以利用胡克定律叠加得到。

如图 8.8 所示,在 σ_1 单独作用下,沿 σ_1 方向的主应变为 $\varepsilon' = \dfrac{\sigma_1}{E}$。

在 σ_2 单独作用下,沿 σ_1 方向的主应变为 $\varepsilon'' = -\nu\dfrac{\sigma_2}{E}$。

在 σ_3 单独作用下,沿 σ_1 方向的主应变为 $\varepsilon''' = -\nu\dfrac{\sigma_3}{E}$。

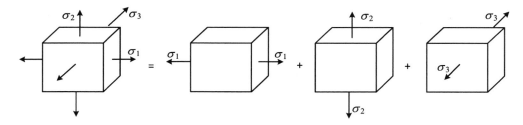

图 8.8

根据叠加原理,在三个主应力共同作用下,沿 σ_1 方向的主应变为

$$\varepsilon_1 = \varepsilon' + \varepsilon'' + \varepsilon''' = \frac{\sigma_1}{E} - \nu\frac{\sigma_2}{E} - \nu\frac{\sigma_3}{E} = \frac{1}{E}[\sigma_1 - \nu(\sigma_2 + \sigma_3)]$$

同理可求得沿 σ_2 和 σ_3 方向的主应变为

$$\varepsilon_2 = \frac{1}{E}[\sigma_2 - \nu(\sigma_1 + \sigma_3)], \quad \varepsilon_3 = \frac{1}{E}[\sigma_3 - \nu(\sigma_1 + \sigma_2)]$$

即有

$$\begin{cases} \varepsilon_1 = \dfrac{1}{E}[\sigma_1 - \nu(\sigma_2 + \sigma_3)] \\[2mm] \varepsilon_2 = \dfrac{1}{E}[\sigma_2 - \nu(\sigma_1 + \sigma_3)] \\[2mm] \varepsilon_3 = \dfrac{1}{E}[\sigma_3 - \nu(\sigma_1 + \sigma_2)] \end{cases} \tag{8.16a}$$

式中 $\varepsilon_1 \geqslant \varepsilon_2 \geqslant \varepsilon_3$，$\varepsilon_1$ 为最大线应变。

对于线弹性小变形条件下的各向同性材料，线应变只与正应力有关，不受切应力影响。因此，如果在单元体各侧面上除有正应力 σ_x、σ_y 和 σ_z 之外，还分别存在切应力，那么单元体沿 σ_x、σ_y、σ_z 方向的线应变 ε_x、ε_y、ε_z 与正应力 σ_x、σ_y、σ_z 之间的关系，也将具有与式(8.16a)相同的表达式：

$$\begin{cases} \varepsilon_x = \dfrac{1}{E}\left[\sigma_x - \nu(\sigma_y + \sigma_z)\right] \\[2mm] \varepsilon_y = \dfrac{1}{E}\left[\sigma_y - \nu(\sigma_x + \sigma_z)\right] \\[2mm] \varepsilon_z = \dfrac{1}{E}\left[\sigma_z - \nu(\sigma_x + \sigma_y)\right] \end{cases} \tag{8.16b}$$

切应变和切应力之间的关系服从剪切胡克定律，与正应力分量无关。此时在 xy、yz、zx 三个面内的切应变分别为

$$\gamma_{xy} = \frac{\tau_{xy}}{G}, \quad \gamma_{yz} = \frac{\tau_{yz}}{G}, \quad \gamma_{zx} = \frac{\tau_{zx}}{G} \tag{8.16c}$$

式(8.16b)和式(8.16c)称为广义胡克定律。

8.5 强 度 理 论

在长期的生产活动中，人们综合分析材料的失效现象，对强度失效提出了各种不同的假说。尽管假说各有差异，但它们都认为：材料之所以按某种方式失效（屈服或断裂），是由应力、应变和比能等诸因素中的某一因素引起的。按照这类假说，无论是单向应力状态还是复杂应力状态，造成失效的原因是相同的，即引起失效的因素是相同的。通常这类假说被称为强度理论。

由于材料存在脆性断裂和塑性屈服两种破坏形式，因而强度理论也分为两类：一类是解释材料脆性断裂破坏的强度理论，其中有最大拉应力理论和最大伸长线应变理论；另一类是解释材料塑性屈服破坏的强度理论，其中有最大切应力理论和最大形状改变比能理论。

1. 第一强度理论——最大拉应力理论

该理论认为材料发生脆性断裂的主要因素是该点的最大主拉应力 σ_1。即无论材料是处于复杂应力状态还是单向拉伸状态，只要构件内有一点的最大主拉应力 σ_1($\sigma_1 > 0$)达到单向拉伸断裂时横截面上的极限应力 σ_b，材料就会发生断裂破坏。破坏条件为

$$\sigma_1 \geqslant \sigma_b \quad (\sigma_1 > 0)$$

强度条件为

$$\sigma_1 \leqslant [\sigma] \quad (\sigma_1 > 0) \tag{8.17}$$

式中,$[\sigma]$为单向拉伸时材料的许用应力,计算公式为$[\sigma] = \dfrac{\sigma_b}{n}$。

实验表明,该理论主要适用于脆性材料在二向或三向受拉(如铸铁、玻璃、石膏等)。对于有压应力的脆性材料,只要最大压应力值不超过最大拉应力值,也是适用的。

2. 第二强度理论——最大伸长线应变理论

该理论认为材料发生脆性断裂的主要因素是该点的最大伸长线应变ε_1。即无论材料是处于复杂应力状态还是单向拉伸状态,只要构件内有一点的最大拉应变ε_1达到单向拉伸断裂时最大伸长应变的极限值ε_u,材料就会发生断裂破坏。由广义胡克定律,可知

$$\varepsilon_1 = \frac{1}{E}\left[\sigma_1 - \nu(\sigma_2 + \sigma_3)\right]$$

单向拉伸断裂时,有

$$\varepsilon_u = \frac{\sigma_b}{E}$$

于是破坏条件为

$$\frac{1}{E}\left[\sigma_1 - \nu(\sigma_2 + \sigma_3)\right] \geqslant \frac{\sigma_b}{E}$$

即

$$\sigma_1 - \nu(\sigma_2 + \sigma_3) \geqslant \sigma_b$$

所以强度条件为

$$\sigma_1 - \nu(\sigma_2 + \sigma_3) \leqslant [\sigma] = \frac{\sigma_b}{n} \tag{8.18}$$

此理论考虑了三个主应力的影响,形式上比第一强度理论完善,但用于工程上其可靠性很差,现在很少采用。

3. 第三强度理论——最大切应力理论

该理论认为材料发生塑性屈服的主要因素是最大切应力。即无论材料是处于复杂应力状态还是单向拉伸状态,只要构件内有一点处的最大切应力τ_{max}达到单向拉伸屈服时切应力的屈服极限τ_s,材料就在该处发生塑性屈服。复杂应力状态下的最大切应力为

$$\tau_{max} = \frac{\sigma_1 - \sigma_3}{2}$$

单向拉伸时,有

$$\tau_s = \frac{\sigma_s}{2}$$

破坏条件为

$$\sigma_1 - \sigma_3 \geqslant \sigma_s$$

于是强度条件为

$$\sigma_1 - \sigma_3 \leqslant [\sigma] = \frac{\sigma_s}{n} \tag{8.19}$$

该理论对于单向拉伸和单向压缩的抗力大体相当的材料（如低碳钢）是适合的。

4. 第四强度理论——最大形状改变比能理论

构件受力后，其形状和体积都会发生一定的变化，同时构件内部也积蓄了一定的变形能，一般包括两个部分：因体积改变和因形状改变而产生的比能。该理论认为材料发生塑性屈服的主要因素是该点的形状改变比能。即无论材料是处于复杂应力状态还是单向拉伸状态，只要构件内有一点处的形状改变比能 v_d 达到材料单向拉伸屈服时形状改变比能的极限值 v_u，材料就会发生塑性屈服。

在此我们忽略了详细的推导过程，直接给出按这一理论建立的、在复杂应力状态下的破坏条件。即

$$\sqrt{\frac{1}{2}\left[(\sigma_1 - \sigma_2)^2 + (\sigma_2 - \sigma_3)^2 + (\sigma_3 - \sigma_1)^2\right]} \geqslant \sigma_s$$

于是强度条件为

$$\sqrt{\frac{1}{2}\left[(\sigma_1 - \sigma_2)^2 + (\sigma_2 - \sigma_3)^2 + (\sigma_3 - \sigma_1)^2\right]} \leqslant [\sigma] = \frac{\sigma_s}{n} \tag{8.20}$$

实验表明，对于金属塑性材料，此理论比第三强度理论更符合实验结果。

综合以上四个强度理论的强度条件，可以把它们写成如下统一形式：

$$\sigma_r \leqslant [\sigma] \tag{8.21}$$

式中，σ_r 称为相当应力。四个强度理论的相当应力分别为

$$\sigma_{r1} = \sigma_1$$

$$\sigma_{r2} = \sigma_1 - \nu(\sigma_2 + \sigma_3)$$

$$\sigma_{r3} = \sigma_1 - \sigma_3$$

$$\sigma_{r4} = \sqrt{\frac{1}{2}\left[(\sigma_1 - \sigma_2)^2 + (\sigma_2 - \sigma_3)^2 + (\sigma_3 - \sigma_1)^2\right]}$$

说明 （1）应用以上四种强度理论时，脆性材料如铸铁、混凝土等一般用第一和第二强度理论；塑性材料如低碳钢一般用第三和第四强度理论。

（2）对于脆性材料或塑性材料，在三向拉应力状态下，应用第一强度理论；在三向压应力状态下，应用第三或第四强度理论。

（3）第三强度理论概念直观，计算简洁，计算结果偏于保守；第四强度理论着眼于形状改变比能，但其本质仍然是一种切应力理论。

（4）在不同的情况下，如何选用强度理论，不仅是个力学问题，也与工程技术部门长期积累的经验，以及根据这些经验制定的一整套计算方法和许用应力值 $[\sigma]$ 有关。

8.6　应用举例

　　在工程实际应用中经常会遇到薄壁圆筒的容器,如蒸汽锅炉、液压缸、储能器等。如图 8.9 所示即为一薄壁圆筒,内部受到压强为 p 的压力作用,其壁厚 δ 远小于圆筒的平均直径 D。一般规定,$\delta \leqslant \dfrac{1}{10}D$ 的圆筒,称作薄壁圆筒。

　　由于容器的器壁较薄,在内压作用下,只能承受拉力作用。在圆筒筒壁的纵向和横向截面上,只有拉应力作用,并认为拉应力沿壁厚方向是均匀分布的。

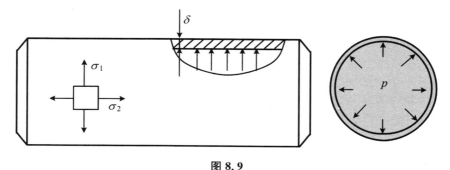

图 8.9

　　将圆筒筒壁在纵向截面上的周向应力设为 σ_1,可用截面法以通过圆筒直径的纵向截面将圆筒截为两半,取其中一部分为研究对象,并将筒内的压力视为作用于圆筒的直径平面上,由平衡可求得

$$\sigma_1 = \frac{pD}{2\delta} \tag{8.22}$$

将圆筒筒壁在横截面上的轴向应力设为 σ_2,由平衡可求得

$$\sigma_2 = \frac{pD}{4\delta} \tag{8.23}$$

因为 $D \gg \delta$,圆筒内压远小于 σ_1 和 σ_2,因而垂直于筒壁的径向应力很小,可忽略不计。在筒壁上截取一个单元体处于平面应力状态,作用在其上的主应力为

$$\sigma_1 = \frac{pD}{2\delta}, \quad \sigma_2 = \frac{pD}{4\delta}, \quad \sigma_3 = 0$$

　　例 8.4　钢制封闭圆筒,在最大内压作用下测得圆筒表面任一点的 $\varepsilon_x = 1.5 \times 10^{-4}$。已知 $E = 200\,\text{GPa}$,$\nu = 0.25$,$[\sigma] = 160\,\text{MPa}$,按第三强度理论校核该圆筒的强度。

　　解　由薄壁圆筒的应力分布,可知

$$\sigma_y = 2\sigma_x, \quad \sigma_z = 0$$

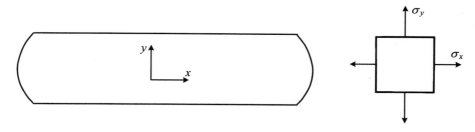

图 8.10

且由广义胡克定律式(8.16b)可得

$$\varepsilon_x = \frac{1}{E}(\sigma_x - \nu\sigma_y) = 1.5 \times 10^{-4}$$

由以上两式可求得

$$\sigma_x = 60 \text{ MPa}, \quad \sigma_y = 120 \text{ MPa}$$

故有

$$\sigma_1 = 120 \text{ MPa}, \quad \sigma_2 = 60 \text{ MPa}, \quad \sigma_3 = 0$$

由第三强度理论可得

$$\sigma_{r3} = \sigma_1 - \sigma_3 = 120 \text{ MPa} < [\sigma]$$

因此满足强度条件。

　　例 8.5　一工字形截面简支梁受力如图 8.11 所示,工字形截面尺寸由图给出,已知钢的许用应力$[\sigma] = 170$ MPa,$[\tau] = 100$ MPa。试全面校核该梁的强度。

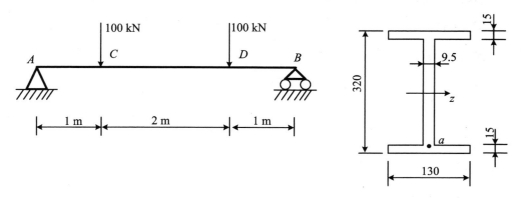

图 8.11

　　解　① 作梁的剪力图和弯矩图。在截面 C、D 处弯矩和剪力都是最大的。所以 C、D 是危险截面。其弯矩和剪力分别为 $M_{max} = 100$ kN・m,$F_{smax} = 100$ kN。

　　② 校核弯曲正应力强度。先计算横截面对中性轴 z 轴的惯性矩:

$$I_z = 11075.5 \times 10^{-8} \text{ m}^4$$

最大正应力发生在 C、D 截面的上、下边缘各点,其值为

$$\sigma_{\max} = \frac{M_{\max} y_{\max}}{I_z} = \frac{100 \times 10^3 \times 16 \times 10^{-2}}{11075.5 \times 10^{-8}} \text{ Pa} = 144.5 \text{ MPa} < [\sigma] = 170 \text{ MPa}$$

满足正应力强度条件。

③ 校核切应力强度。计算横截面上中性轴以下面积对中性轴 z 轴的静矩：

$$S_{z\max}^* = 403.33 \times 10^{-6} \text{ m}^3$$

危险截面上中性轴上的最大切应力为

$$\tau_{\max} = \frac{F_{s\max} S_{z\max}^*}{I_z b} = 38.3 \text{ MPa} < [\tau] = 100 \text{ MPa}$$

满足切应力强度条件。

④ 校核主应力。在危险截面 C 和 D，距中性轴最远的上、下边缘处有最大正应力，在中性轴上有最大切应力，通过上面的计算，这两处的强度是满足要求的。但是在截面 C、D 上内力 M、F_s 具有最大值，而且在截面腹板和翼缘交接处正应力和切应力都相当大，故该点的主应力也较大，有可能是造成梁破坏的危险点，所以有必要选择适当的强度理论对截面腹板和翼缘交接处各点进行主应力校核。为此，考虑 a 点，围绕 a 点沿横截面和水平截面截出一个单元体，其横截面上的正应力和切应力分别为：

$$\sigma = \frac{M_{\max} y}{I_z} = \frac{100 \times 10^3 \times 14.5 \times 10^{-2}}{11075.5 \times 10^{-8}} \text{ Pa} = 130.9 \text{ MPa}$$

$$\tau = \frac{F_{s\max} S_z^*}{I_z b} = \frac{100 \times 10^3 \times 298 \times 10^{-6}}{11075.5 \times 10^{-8} \times 0.95 \times 10^{-2}} \text{ Pa} = 28.3 \text{ MPa}$$

式中，S_z^* 是截面的下翼缘面积对中性轴的静矩：

$$S_z^* = 130 \times 10^{-2} \times 1.5 \times 10^{-2} \times \left(14.5 + \frac{1.5}{2}\right) \times 10^{-2} \text{ m}^3 = 298 \times 10^{-6} \text{ m}^3$$

a 点处于二向应力状态，则

$$\left.\begin{array}{c}\sigma_1 \\ \sigma_3\end{array}\right\} = \frac{\sigma_x + \sigma_y}{2} \pm \sqrt{\left(\frac{\sigma_x - \sigma_y}{2}\right)^2 + \tau_{xy}^2} = \frac{\sigma}{2} \pm \sqrt{\left(\frac{\sigma}{2}\right)^2 + \tau^2}$$

$$= \frac{130.9}{2} \pm \sqrt{\frac{130.9}{3} + 28.3^2} \text{ MPa}$$

$$= \left.\begin{array}{c}136.8 \text{ MPa} \\ -5.8 \text{ MPa}\end{array}\right\}$$

因为该工字钢是塑性材料，故采用第三强度理论进行校核：

$$\sigma_{r3} = \sigma_1 - \sigma_3 = 136.8 - (-5.9) = 142.7 \text{ MPa} < [\sigma]$$

采用第四强度理论进行校核：

$$\sigma_{r4} = \sqrt{\frac{1}{2}\left[(\sigma_1 - \sigma_2)^2 + (\sigma_2 - \sigma_3)^2 + (\sigma_3 - \sigma_1)^2\right]} = \sqrt{\sigma^2 + 3\tau^2}$$

$$= 139.8 \text{ MPa} < [\sigma]$$

满足强度条件，所以该梁是安全的。

本 章 小 结

1. 单元体上切应力为零的平面称为主平面,主平面上的正应力称为主应力。按代数值的大小顺序排列,即 $\sigma_1 \geqslant \sigma_2 \geqslant \sigma_3$。

2. 平面应力状态分析的解析法。

(1) 任意 α 斜截面上的应力:

$$\sigma_\alpha = \frac{\sigma_x + \sigma_y}{2} + \frac{\sigma_x - \sigma_y}{2}\cos 2\alpha - \tau_{xy}\sin 2\alpha$$

$$\tau_\alpha = \frac{\sigma_x - \sigma_y}{2}\sin 2\alpha + \tau_{xy}\cos 2\alpha$$

(2) 主应力:

$$\left.\begin{array}{r}\sigma_{\max}\\ \sigma_{\min}\end{array}\right\} = \frac{\sigma_x + \sigma_y}{2} \pm \sqrt{\left(\frac{\sigma_x - \sigma_y}{2}\right)^2 + \tau_{xy}^2}$$

式中,$\sigma_{\max}$ 和 $\sigma_{\min}$ 分别表示单元体上垂直于零应力面的所有截面上正应力的最大值和最小值。它们是三个主应力中的两个,而另一个主应力为零。

(3) 主平面的方位角 α_0:

$$\tan 2\alpha_0 = -\frac{2\tau_{xy}}{\sigma_x - \sigma_y}$$

由上式可确定两个主平面的方位角 α_0 和 $\alpha_0 + 90°$。

3. 单元体与应力圆的对应关系。

(1) 对某一平面应力状态而言,单元体的应力状态一定和一个应力圆相对应。

(2) 单元体中的一个面一定和应力圆上的一个点相对应。

(3) 单元体中一个面上的应力对应于应力圆上一个点的坐标。

(4) 应力圆上两点沿圆弧所对应的圆心角是单元体上与这两点对应的两个平面间夹角的 2 倍,且转向相同。

4. 广义胡克定律。

对于各向同性材料,在小变形情况下,线应变只与正应力有关,切应变和切应力之间服从剪切胡克定律。

$$\begin{cases}\varepsilon_x = \dfrac{1}{E}\left[\sigma_x - \nu(\sigma_y + \sigma_z)\right]\\[2mm] \varepsilon_y = \dfrac{1}{E}\left[\sigma_y - \nu(\sigma_x + \sigma_z)\right]\\[2mm] \varepsilon_z = \dfrac{1}{E}\left[\sigma_z - \nu(\sigma_x + \sigma_y)\right]\end{cases}$$

$$\gamma_{xy} = \frac{\tau_{xy}}{G}, \quad \gamma_{yz} = \frac{\tau_{yz}}{G}, \quad \gamma_{zx} = \frac{\tau_{zx}}{G}$$

5. 强度理论统一形式：

$$\sigma_r \leqslant [\sigma]$$

式中，σ_r 称为相当应力，从第一到第四强度理论的次序分别为

$$\sigma_{r1} = \sigma_1$$

$$\sigma_{r2} = \sigma_1 - \nu(\sigma_2 + \sigma_3)$$

$$\sigma_{r3} = \sigma_1 - \sigma_3$$

$$\sigma_{r4} = \sqrt{\frac{1}{2}\left[(\sigma_1 - \sigma_2)^2 + (\sigma_2 - \sigma_3)^2 + (\sigma_3 - \sigma_1)^2\right]}$$

思　考　题

1. 何谓一点处的应力状态？围绕构件内一点，如何取出微小单元六面体？

2. 平面应力状态下任一斜截面的应力公式是如何建立的？关于应力与方位角的正负符号有何规定？

3. 如何画应力圆？如何利用应力圆确定平面应力状态下任一斜截面的应力？如何确定最大正应力与最大切应力？

4. 什么是主平面？什么是主应力？如何确定主应力的大小与方位？

5. 什么是单向、二向与三向应力状态？什么是复杂应力状态？二向应力状态与平面应力状态的含义是否相同？

6. 如何确定纯剪切状态的最大正应力与最大切应力？试说明扭转破坏形式与应力间的关系。与轴向拉压破坏相比，它们之间有何共同点？

7. 目前四种常用的强度理论的基本观点是什么？如何建立相应的强度条件？各适用于何种情况？

8. 试按四种强度理论写出圆轴扭转时的相当应力表达式。

9. 冬天自来水管因其中的水结冰而胀裂，但冰为什么不会因受水管的反作用压力而被压碎呢？

10. 当圆轴处于弯扭组合及弯拉（压）扭组合变形时，横截面上存在哪些内力？应力如何分布？危险点处于何种应力状态？如何根据强度理论建立相应的强度条件？

11. 如何建立薄壁圆筒受内压时的周向与轴向正应力公式？应用条件是什么？如何建立相应的强度条件？

习　题

1. 试从图 8.12 所示的各构件中的 A 点和 B 点处取出单元体，并表明单元体各面上的应力。

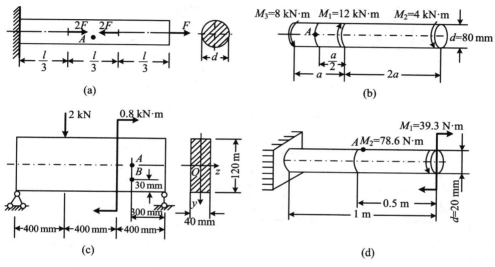

图 8.12

2. 直径为 $d=2$ cm 的拉伸试件，当与杆轴成 $45°$，斜截面上的切应力 $\tau=150$ MPa 时，杆件表面上将出现滑移线。求此时试件的拉力 F。

3. 在拉杆的某一斜截面上，正应力与切应力皆为 50 MPa，试求最大正应力和最大切应力。

4. 在如图 8.13 所示的各单元体中，应力的单位为 MPa。试用解析法和图解法求解指定斜截面上的正应力和切应力。

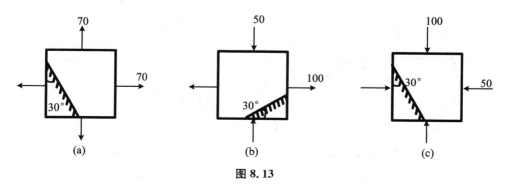

图 8.13

5. 在如图 8.14 所示的单元体中，应力的单位为 MPa，分别用解析法和图解法求图示单元体：① 指定斜截面上的正应力和切应力；② 主应力值及主方向，并画在单元体上；③ 最大切应力值。

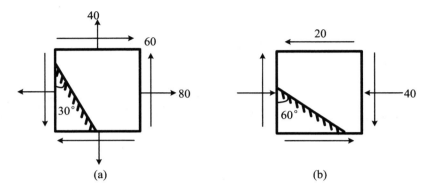

图 8.14

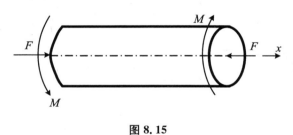

图 8.15

6. 如图 8.15 所示，一直径 $d=40$ mm 的实心轴承受力 $F=50$ kN 和力偶 $M=400$ N·m 的联合作用。要求：① 指出危险点的位置，计算其应力值，并画出危险点的单元体；② 试求该单元体的主应力大小和主平面方位，并画出主单元体；③ 试求该单元体的最大切应力。

7. 求图 8.16 所示单元体的主应力及主平面的位置（应力单位：MPa）。

8. 一点处的应力状态如图 8.17 所示，试用应力圆求该点处的主应力和主平面方位，并求出两截面间的夹角 α 值。

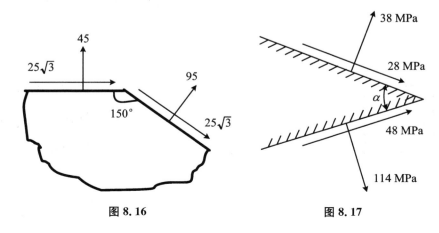

图 8.16　　　　　　　　　　　　图 8.17

9. 等直杆承受如图 8.18 所示的轴向拉力 F 的作用,若杆的轴向线应变为 ε_x,材料的弹性模量为 E,泊松比为 μ,试证明:与轴向成 α 角方向上的线应变为 $\varepsilon_\alpha = \varepsilon_x$ $(\cos^2\alpha - \mu\sin^2\alpha)$。

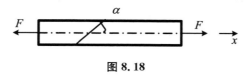

图 8.18

10. 如图 8.19 所示的受扭圆轴,若在表面与母线成 45°方向上测得线应变 $\varepsilon = 500 \times 10^{-6}$,已知材料的 $E = 200\,\text{GPa}$,$\mu = 0.3$,材料的 $[\sigma] = 160\,\text{MPa}$,试按第三强度理论校核该圆轴的强度。

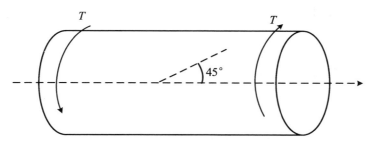

图 8.19

11. 两种应力状态分别如图 8.20(a)、(b)所示,试按第四强度理论比较两者的危险程度。

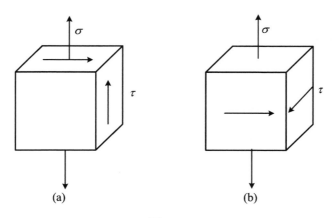

图 8.20

12. 已知一点处应力状态的应力圆如图 8.21 所示。试用单元体表示出该点处的应力状态,并在该单元体上绘出应力圆上 A 点所代表的截面。

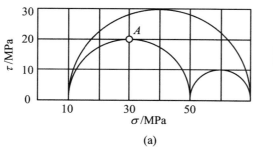 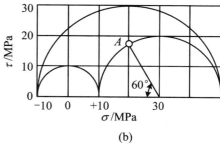

图 8.21

13. 边长为 20 mm 的钢立方体置于钢模中,在顶面上均匀地受力 $F=14$ kN 的作用。已知 $\nu=0.3$,假设钢模的变形以及立方体与钢模之间的摩擦力可忽略不计。试求立方体各个面上的正应力。

14. 如图 8.22 所示,当矩形截面钢拉伸试样的轴向拉力 $F=20$ kN 时,测得试样中段 B 点处与其轴线成 $30°$ 方向的线应变为 $\varepsilon_{30°}=3.25\times10^{-4}$。已知材料的弹性模量 $E=210$ GPa,试求泊松比 μ(截面参数 $b=10$ mm, $h=20$ mm)。

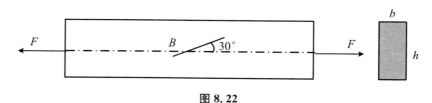

图 8.22

15. 如图 8.23 所示,在受集中力偶矩 M_e 作用的矩形截面简支梁中,测得中性层上 k 点处沿 $45°$ 方向的线应变为 $\varepsilon_{45°}$,已知材料的 E、μ 和梁的横截面及长度尺寸 b、h、a、l。试求集中力偶矩 M_e。

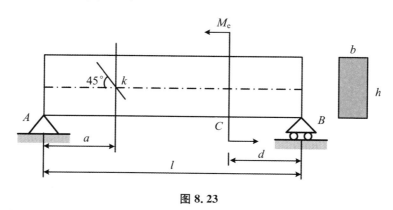

图 8.23

16. 一焊接钢板梁的尺寸及受力情况如图 8.24 所示,梁的自重忽略不计。试

求 m-m 截面上 a、b、c 三点处的主应力。

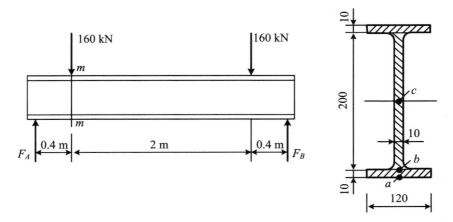

图 8.24

17. 铸铁薄壁管如图 8.25 所示,两端受轴向压力 $F = 350$ kN,管外径 $D = 200$ mm,壁厚 $\delta = 15$ mm,许用应力 $[\sigma] = 30$ MPa,泊松比 $\mu = 0.25$,当内压 $p = 5$ MPa时,试选择适用的强度理论校核该薄壁管的强度。

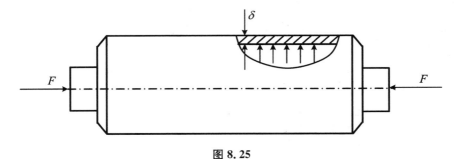

图 8.25

18. 薄壁锅炉的平均直径为 1250 mm,最大内压为 23 个大气压(1 大气压 $\approx$ 0.1 MPa),在高温下工作,屈服点 $\sigma_s = 182.5$ MPa。若安全系数为 1.8,试按第三和第四强度理论设计锅炉的壁厚。

第 9 章 组 合 变 形

9.1 组合变形与叠加原理

前面各章中分别讨论了杆件在单一基本变形下的强度与刚度计算问题。但在实际工程中,有许多构件在载荷作用下常常同时发生基本变形(拉伸、压缩、剪切、扭转、弯曲)中的两种或两种以上,这种情况称为组合变形。例如,图 9.1(a)所示的烟囱,除因自重所引起的轴向压缩外,还有由水平方向的风力作用而产生的弯曲变形;图 9.1(b)所示的挡土墙的变形也属于压缩与弯曲的组合变形;图 9.1(c)所示的卷扬机机轴的变形同时有弯曲和扭转变形。因而常见的组合变形问题有拉伸(压缩)与弯曲的组合,弯曲与扭转的组合,拉伸(压缩)与弯曲及扭转的组合,等等。

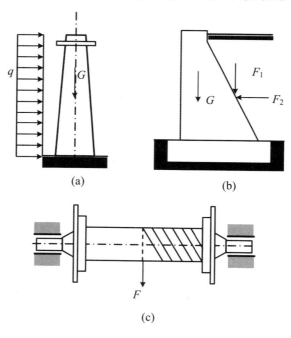

图 9.1

对发生组合变形的杆件计算应力和变形时,可先将载荷进行简化或分解,使简化后的静力等效载荷各自只引起一种简单变形,然后分别计算,再进行叠加,就得到原来的载荷引起的组合变形的应力和变形。但是必须满足小变形假设以及力与位移之间呈线性关系,才能应用叠加原理。

因此,解决组合变形问题的主要步骤如下:① 将载荷按基本变形加载条件进行静力等效处理;② 得到相应的几种基本变形形式,分析危险截面,分别计算危险截面上危险点的应力;③ 由叠加法求得组合变形情况亦即原载荷作用下危险点的应力;④ 根据危险点的应力状态形式直接校核(简单应力状态)或选用强度理论进行校核(复杂应力状态)。

各种组合变形杆件的强度问题的分析方法基本相同,本章重点研究工程中最常见的两种:拉伸(压缩)与弯曲的组合和弯曲与扭转的组合。

9.2 斜 弯 曲

9.2.1 斜弯曲的概念

在前面的章节中已经讨论了平面弯曲问题,对于横截面具有竖向对称轴的梁,当所有外力或外力偶作用在梁的纵向对称面内(即主形心惯性平面)时,梁变形后的轴线是一条位于外力所在平面内的平面曲线,因而称为平面弯曲。当外力不作用在纵向对称平面内时,梁的挠曲线并不在梁的纵向对称平面内,即不属于平面弯曲。这种弯曲称为斜弯曲。

9.2.2 斜弯曲时杆件的内力、应力计算

现以矩形截面悬臂梁为例,如图 9.2 所示。矩形截面上的 y 轴、z 轴为形心主惯性轴。设在梁的自由端受一集中力 F_p 的作用,力 F_p 作用线垂直于梁轴线,且与纵向对称轴 y 成一夹角 φ,当梁发生斜弯曲时,求梁中距固定端为 x 的任一截面 $m-n$ 上点 $k(y,z)$ 处的应力。

1. 内力分析

首先将外力分解为沿截面形心主轴的两个分力:

$$F_{py} = F_p \cdot \cos \varphi, \quad F_{pz} = F_p \cdot \sin \varphi$$

式中,力 F_{py} 使梁在 xy 平面内发生平面弯曲,中性轴为 z 轴,内力弯矩用 M_z 表示;力 F_{pz} 使梁在 xz 平面内发生平面弯曲,中性轴为 y 轴,内力弯矩用 M_y 表示。在应

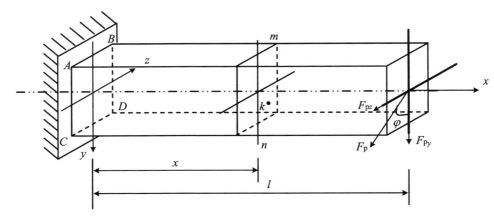

图 9. 2

力计算时,因为梁的强度主要由正应力控制,所以通常只考虑弯矩引起的正应力,而不计切应力。

任意横截面 m-n 上的内力为

$$M_z = F_{py} \cdot (l-x) = F_p(l-x)\cos\varphi = M\cos\varphi$$

$$M_y = F_{pz} \cdot (l-x) = F_p(l-x)\sin\varphi = M\sin\varphi$$

式中,$M = F_p(l-x)$ 是横截面上的总弯矩,它表示为

$$M = \sqrt{M_z^2 + M_y^2} \tag{9.1}$$

2. 应力分析

横截面 m-n 上任一点假定为 $k(y,z)$,对应于弯矩 M_z、M_y 引起的正应力分别为

$$\sigma' = \frac{M_z}{I_z}y = \frac{M\cos\varphi}{I_z}y$$

$$\sigma'' = \frac{M_y}{I_y}z = \frac{M\sin\varphi}{I_y}z$$

式中,I_y、I_z 分别为横截面对 y 轴、z 轴的惯性矩。

因为 σ' 和 σ'' 都垂直于横截面,所以 k 点的正应力为

$$\sigma = \sigma' + \sigma'' = M\left(\frac{y\cos\varphi}{I_z} + \frac{z\sin\varphi}{I_y}\right) \tag{9.2}$$

上式即为斜弯曲时计算任意横截面上正应力的一般表达式。值得注意的是,σ' 和 σ'' 的正负号可根据杆件弯曲变形的情况确定,拉应力取正,压应力取负。

3. 中性轴的确定

设中性轴上各点的坐标为 (y_0,z_0),因为中性轴上各点的正应力等于零,于是有

$$\sigma = M\left(\frac{y_0}{I_z}\cos\varphi + \frac{z_0}{I_y}\sin\varphi\right) = 0$$

即

$$\frac{y_0}{I_z}\cos\varphi + \frac{z_0}{I_y}\sin\varphi = 0 \tag{9.3}$$

此即为中性轴方程。可见中性轴是一条通过截面形心的直线。设中性轴与 z 轴的夹角为 α，如图 9.3 所示，则

$$\tan\alpha = \left|\frac{y_0}{z_0}\right| = \frac{I_z}{I_y}\tan\varphi \tag{9.4}$$

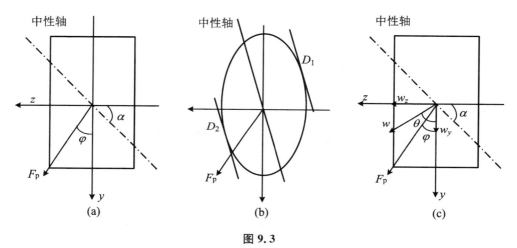

图 9.3

上式表明：① 中性轴的位置只与 φ 和截面的形状、大小有关，而与外力的大小无关；② 一般情况下，$I_y \neq I_z$，则 $\alpha \neq \varphi$，即中性轴不与外力作用平面垂直；③ 对于圆形、正方形和正多边形，通过形心的轴都是形心主轴，$I_y = I_z$，则 $\alpha = \varphi$，此时梁不会发生斜弯曲。

4. 强度计算

危险点发生在弯矩最大截面上距中性轴最远的地方，对于图 9.2 所示的梁，两个方向的弯矩 M_z、M_y 在固定端截面上最大，所以危险截面为固定端截面。M_z 产生的最大拉应力发生在 AB 边上，M_y 产生的最大拉应力发生在 BD 边上，所以梁的最大拉应力发生在 B 点。同理最大压应力发生在 C 点，因为此两点处于单向拉伸或单向压缩应力状态，可得强度条件为

$$\sigma_{\max} = \frac{M_{z\max}}{W_z} + \frac{M_{y\max}}{W_y} \leqslant [\sigma] \tag{9.5}$$

截面形状无明显的棱角时，如图 9.3(b) 所示，则作中性轴的平行线并与截面相切于 D_1、D_2 两点，此两点的正应力即为最大正应力。

5. 梁的变形

现用叠加原理计算梁的自由端挠度 w，F_{py}、F_{pz} 分别引起梁在 xy、xz 平面内的自由端挠度为

$$w_y = \frac{F_{py}l^3}{3EI_z} = \frac{F_p l^3}{3EI_z}\cos\varphi$$

$$w_z = \frac{F_{pz}l^3}{3EI_y} = \frac{F_p l^3}{3EI_y}\sin\varphi$$

则自由端的总挠度为

$$w = \sqrt{w_y^2 + w_z^2}\quad(矢量和) \tag{9.6}$$

设总挠度 w 与 y 轴的夹角为 θ,则

$$\tan\theta = \frac{w_z}{w_y} = \frac{I_z}{I_y}\tan\varphi = \tan\alpha$$

可见:① 一般情况下,$I_z \neq I_y$,$\theta \neq \varphi$,即挠曲线平面与载荷作用平面不重合;② $\theta = \alpha$,即 w 方向与中性轴垂直。

9.3　拉伸(压缩)与弯曲组合变形

作用在杆件上的外力,当其作用线与杆的轴线平行但不重合时,杆件就受到偏心受压(拉伸)作用。对于这类问题,仍然可以运用叠加原理来解决。

9.3.1　横向力与轴向力共同作用

杆件在进行拉伸(压缩)与弯曲的组合变形时,分别计算拉伸(压缩)的正应力和弯曲正应力,叠加后进行强度计算。

1. 应力计算

若任一截面由轴向力引起的轴力为 F_N,在两个相互垂直平面内由横向力引起的弯矩为 M_y 和 M_z,则任一点处 (y,z) 的应力为

$$\sigma_x = \pm\frac{F_N}{A} \pm \frac{M_y}{I_y}z \pm \frac{M_z}{I_z}y \tag{9.7}$$

式中的"±"号,拉应力取"+"号,压应力取"−"号。

2. 强度条件

由内力图(F_N、M_y、M_z 图)确定危险截面,由横截面上的应力变化规律确定危险点。显然危险点为单向应力状态,故其强度条件为

$$\sigma_{max} = \frac{F_{Nmax}}{A} + \frac{M_{ymax}}{W_y} + \frac{M_{zmax}}{W_z} \leqslant [\sigma] \tag{9.8}$$

一般来说,F_N、M_y 和 M_z 的最大值不一定发生在同一截面上。若材料的 $[\sigma_t] \neq [\sigma_c]$,则拉、压强度均应满足。

例 9.1　如图 9.4 所示,起重架的最大起吊重量(包括行走小车等)为 $F =$

40 kN,横梁 AC 的长度 $l = 3.5$ m,其由两根 18 号槽钢组成,材料为 A3 号钢,许用应力 $[\sigma] = 120$ MPa。试校核横梁的强度。

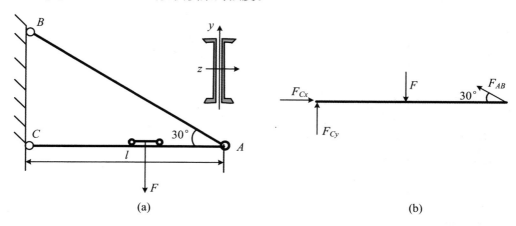

图 9.4

解 横梁受压弯组合变形。小车位于跨度中点时,横梁最危险,危险截面在横梁中间。

① 求此时梁的支反力及内力。

支反力:由图 9.4(b)所示的受力分析可求得

$$F_{Cy} = \frac{F}{2} = 20 \text{ kN}$$

$$F_{Cx} = \frac{F_{Cy}}{\tan 30°} = \frac{20}{0.577} = 34.6 \text{ (kN)}$$

内力:横梁的轴向压力为

$$F_N = F_{Cx} = 34.6 \text{ (kN)}$$

横梁上的最大弯矩为

$$M_{\max} = \frac{Fl}{4} = \frac{40 \times 3.5}{4} = 35 \text{ (kN} \cdot \text{m)}$$

② 查 18 号槽钢,得

$$A = 29.29 \text{ cm}^2, \quad W_z = 152.2 \text{ cm}^3$$

③ 强度校核:

$$\sigma = \frac{F_N}{2A} + \frac{M_{\max}}{2W_z} = \frac{34.6 \times 10^3}{2 \times 29.29 \times 10^{-4}} + \frac{35 \times 10^3}{2 \times 152.2 \times 10^{-6}} = 121 \text{ (MPa)} > [\sigma]$$

虽然此时工作应力大于许用应力,但:

$$\frac{121 - 120}{120} \times 100\% = 0.83\%$$

故可认为该梁满足强度要求。

例 9.2 结构承载情况如图 9.5(a)所示,试求梁承受的最大正应力。

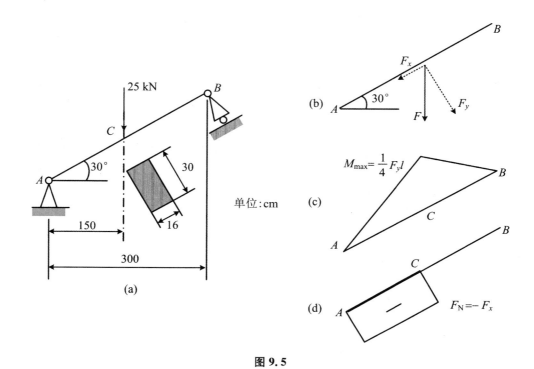

图 9.5

解　取 AB 杆为研究对象,将外力分解为正交的两个分力 F_x、F_y,如图 9.5(b) 所示,则有

$$F_x = F\sin 30° = 25 \times \sin 30° = 12.5 \,(\text{kN})$$

$$F_y = F\cos 30° = 25 \times \cos 30° = 21.6 \,(\text{kN})$$

故 AB 梁发生压弯组合变形,作内力图如图 9.5(c)、(d)所示,则有

$$F_{\text{N}} = -F_x, \quad M_{\max} = \frac{1}{4}F_y l = 18.7 \text{ kN} \cdot \text{m}$$

$$\sigma' = \frac{F_{\text{N}}}{A} = \frac{12.5 \times 10^3}{30 \times 16 \times 10^{-4}} = -0.26 \,(\text{MPa})$$

$$\sigma'' = \frac{M}{W} = \frac{M_{\max}}{\dfrac{bh^2}{6}} = \frac{18.7 \times 10^3 \times 6}{16 \times 30^2 \times 10^{-6}} = 7.8 \,(\text{MPa})$$

因此最大压应力发生在 C 点左侧截面上边缘,其值为

$$\sigma_{\text{cmax}} = \sigma' - \sigma'' = -0.26 - 7.8 = -8.06 \,(\text{MPa})$$

最大拉应力发生在 C 点右侧截面下边缘,其值为

$$\sigma_{\text{tmax}} = 0 + \sigma'' = 7.8 \,(\text{MPa})$$

讨论　在外力 F 的作用点 C 处,左截面上有最大弯矩和轴力,因而是危险截面,上面有最大压应力;C 处右截面只有弯矩,而无轴力,上面有最大拉应力。若材料的抗拉(压)性能不同,则右侧也为危险截面。

9.3.2 偏心拉伸(压缩)

当作用在杆件上的轴向力作用线偏离杆轴线时,称为偏心拉伸(压缩)。偏心拉伸(压缩)为拉伸(压缩)和弯曲的组合。

1. 应力计算

构件承受偏心拉伸[图 9.6(a)]或偏心压缩时,各截面上的内力分量相同,故任一截面上任一点 $C(y,z)$ 处的应力为

$$\sigma_x = \frac{F_N}{A} + \frac{M_y}{I_y}z + \frac{M_z}{I_z}y$$

$$= \frac{F}{A}\left(1 + \frac{z_F z}{i_y^2} + \frac{y_F y}{i_z^2}\right) \tag{9.9}$$

式中,y_F、z_F 为偏心拉力 F 的坐标;i_y、i_z 为截面对 y 轴和 z 轴的惯性半径。

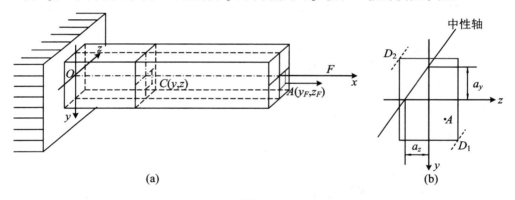

(a)

图 9.6

2. 中性轴位置

中性轴为一不通过截面形心的直线,其方程为

$$1 + \frac{z_F}{i_y^2}z_0 + \frac{y_F}{i_z^2}y_0 = 0 \tag{9.10}$$

中性轴在 y 轴、z 轴上的截距为

$$a_y = -\frac{i_z^2}{y_F}, \quad a_z = -\frac{i_y^2}{z_F} \tag{9.11}$$

式中的负号表明,截距 a_y、a_z 分别与外力作用点坐标 y_F、z_F 异号,即两者分别处于截面形心的两侧,如图 9.6(b)所示。

3. 强度条件

危险点位于距中性轴最远的点处。若截面有棱角,则必在棱角处(如 D_1 点);若截面无棱角,则在截面周边上平行于中性轴的切点处。危险点为单向应力状态,故其强度条件为

$$\sigma_{\max} = \frac{F}{A}\left(1 + \frac{z_F z_1}{i_y^2} + \frac{y_F y_1}{i_z^2}\right) \leqslant [\sigma] \tag{9.12}$$

若材料的$[\sigma_t] \neq [\sigma_c]$，则拉、压强度均应满足。

9.3.3　截面核心

对于混凝土、大理石等抗拉能力比抗压能力小得多的材料，设计时不希望偏心压缩在构件中产生拉应力。满足这一条件的压缩载荷的偏心距ρ_{y1}、ρ_{z1}应控制在横截面中一定范围内（使中性轴不会与截面相割，最多只能与截面周线相切或重合），有

$$\rho_{y1} = -\frac{i_z^2}{a_{y1}}, \quad \rho_{z1} = -\frac{i_y^2}{a_{z1}} \tag{9.13}$$

横截面上存在的这一范围称为截面核心，它由偏心距轨迹线围成，使截面上只产生同号应力（均为拉应力或压应力）。式中，a_{y1}、a_{z1}现为横截面周边（轮廓线）上一点的坐标。

下面举例说明截面核心的简单求法。

例 9.3　短柱的截面为矩形，尺寸为$b \times h$（图 9.7）。试确定截面核心。

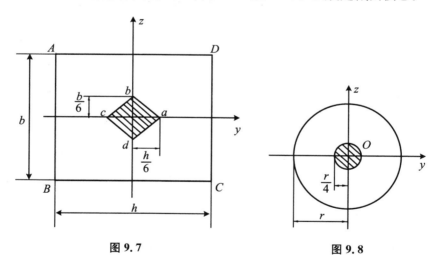

图 9.7　　　　　　　　　　　　　图 9.8

解　如图 9.7 所示，矩形截面的对称轴y、z即截面图形的形心主惯性轴，$i_y^2 = \dfrac{b^2}{12}$，$i_z^2 = \dfrac{h^2}{12}$。设中性轴与AB边重合，则它在坐标轴上的截距为

$$a_{y1} = -\frac{h}{2}, \quad a_{z1} = \infty$$

于是偏心压力F的偏心距为

$$y_F = -\frac{i_z^2}{a_{y1}} = \frac{h}{6}, \quad z_F = -\frac{i_y^2}{a_{z1}} = 0$$

即图 9.7 中的 a 点。同理,若中性轴为 BC 边,相应为 b 点,$b\left(0,\dfrac{b}{6}\right)$。其余类推,由于中性轴方程为直线方程,故可得图 9.7 中矩形截面的截面核心为 $abcd$(阴影部分)。

可自证图 9.8 所示半径为 r 的圆截面短柱,其截面核心是半径为 $y_p=\dfrac{r}{4}$ 的图形。

9.4 弯曲与扭转组合变形

对于一般机械传动轴,大多同时受到扭转力偶和横向力的作用,发生扭转与弯曲组合变形。现以圆截面的钢制摇臂轴[图 9.9(a)]为例,说明弯扭组合变形时的强度计算方法。

AB 轴的直径为 d,A 端为固定端,在手柄的 C 端作用有铅垂向下的集中力 F_p,设 AB 段长度为 l,BC 段长度为 a。

1. 外力简化和内力计算

将外力 F_p 向截面 B 形心简化,得到 AB 轴的计算简图,如图 9.9(b)所示。横向力 F_p 使轴发生平面弯曲,而力偶矩 $M_x=F_pa$ 使轴发生扭转。作 AB 轴的弯矩图和扭矩图,如图 9.9(c)、(d)所示,可见,固定端截面为危险截面,其上的内力(弯矩 M_z 和扭矩 T)分别为

$$\begin{aligned} M_z &= F_p l \\ M_T = T &= F_p a \end{aligned} \tag{9.14}$$

2. 应力计算

画出固定端截面上的弯曲正应力和扭转切应力的分布图,如图 9.9(e)所示,固定端截面上的 K_1 和 K_2 点为危险点,其应力为

$$\begin{aligned} \sigma &= \frac{M_z}{W_z} \\ \tau &= \frac{T}{W_t} \end{aligned} \tag{9.15}$$

式中,$W_z=\dfrac{\pi d^3}{32}$,$W_t=\dfrac{\pi d^3}{16}$,它们分别为圆轴的抗弯和抗扭截面模量。因为圆轴的任一直径都是惯性主轴,抗弯截面模量都相同($W=W_z=W_y$),故均用 W 表示。K_1 点的单元体如图 9.9(f)所示。

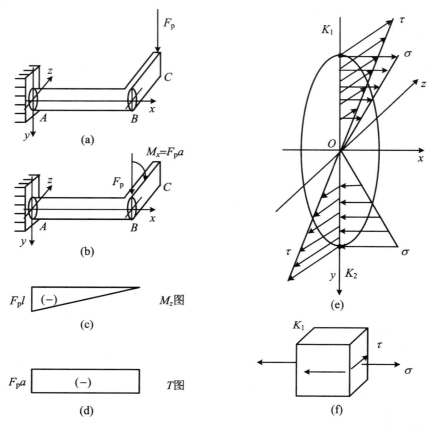

图 9.9

3. 强度条件

危险点 K_1（或 K_2）处于二向应力状态，其主应力为

$$\left.\begin{array}{c}\sigma_1\\\sigma_3\end{array}\right\} = \frac{\sigma}{2} \pm \sqrt{\left(\frac{\sigma}{2}\right)^2 + \tau^2}$$

$$\sigma_2 = 0$$

(9.16)

AB 轴为钢材（塑性材料），在复杂应力状态下可按第三或第四强度理论建立强度条件。

若采用第三强度理论，则轴的强度条件为

$$\sigma_{r3} = \sigma_1 - \sigma_3 \leqslant [\sigma]$$

将式（9.16）代入上式，得到用危险点 K_1（或 K_2）的正应力和切应力表示的强度条件：

$$\sigma_{r3} = \sqrt{\sigma^2 + 4\tau^2} \leqslant [\sigma]$$

将式（9.15）中的 σ 和 τ 代入上式，并注意到圆截面的 $W_t = 2W$，得到用危险截面上的弯矩和扭矩表示的强度条件：

$$\sigma_{r3} = \frac{1}{W}\sqrt{M_z^2 + T^2} \leqslant [\sigma] \tag{9.17}$$

若采用第四强度理论，则轴的强度条件为

$$\sigma_{r4} = \sqrt{\sigma^2 + 3\tau^2} \leqslant [\sigma]$$

或

$$\sigma_{r4} = \frac{1}{W}\sqrt{M_z^2 + 0.75T^2} \leqslant [\sigma] \tag{9.18}$$

因为是受扭圆轴，$W=W_z=W_y$，所以式（9.17）和式（9.18）中 M_z 可理解为是危险截面处的组合弯矩 M，若同时存在 M_z 和 M_y，则组合弯矩为

$$M = \sqrt{M_z^2 + M_y^2}$$

例 9.4　如图 9.10 所示为操纵装置水平杆，截面为空心圆形，内径 $d=24$ mm，外径 $D=30$ mm。材料为 A3 号钢，$[\sigma]=100$ MPa。控制片受力 $F_1=600$ N。试用第三强度理论校核该杆的强度。

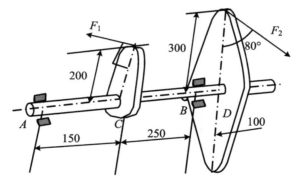

图 9.10

解　① 取水平杆为研究对象。水平杆的计算简图如图 9.11(a)所示。由空间力系的平衡条件容易求得

$$F_2 = \frac{F_1 \times 0.20}{0.30 \times \sin 80°} = 406 \text{ N}$$

所以

$$F_{2y} = F_2 \sin 80° = 400 \text{ N}$$
$$F_{2z} = F_2 \cos 80° = 70.5 \text{ N}$$

② 求解水平杆的内力并作出内力图（弯矩图 M_z 和 M_y、扭矩图 T），如图 9.11 (b)、(c)、(d)所示。

③ 由于是等直截面杆，因而从内力图可以分析出有可能的危险截面为水平杆的 B、C 截面。

B 截面的内力分量：$T=120$ N·m，$M_B=\sqrt{40^2+7.04^2}=40.6$（N·m）

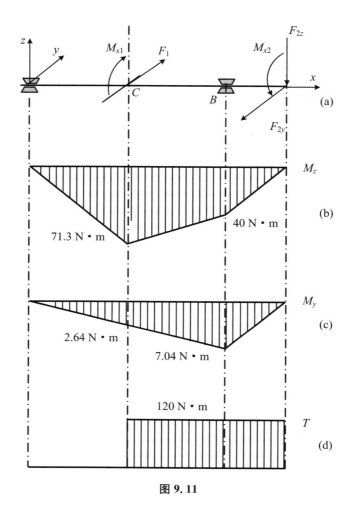

图 9.11

C 截面的内力分量：$T=120\ \text{N}\cdot\text{m}$，$M_C=\sqrt{71.3^2+2.64^2}=71.3\ (\text{N}\cdot\text{m})$
因为 $M_C>M_B$，所以 C 截面为危险截面。

④ 强度校核：

$$\sigma_{r3}=\frac{1}{W}\sqrt{M^2+T^2}=\frac{32}{\pi\times0.03^3(1-0.8^4)}\sqrt{71.3^2+120^2}=89.2\ (\text{MPa})<[\sigma]$$

故水平杆满足强度条件。

例 9.5 结构承载如图 9.12(a)所示，钢制圆直角折杆 ABC 的横截面面积 $A=80\times10^{-4}\ \text{m}^3$，抗扭截面系数 $W_t=200\times10^{-6}\ \text{m}^3$，抗弯截面系数 $W=100\times10^{-6}\ \text{m}^3$，材料的许用应力$[\sigma]=134\ \text{MPa}$，试分析杆危险点的应力情况，并进行强度校核。已知 AB 杆长 $3\ \text{m}$，BC 杆长 $0.5\ \text{m}$。

解 分析图示结构的受力情况，易知 AB 杆较危险，内力图如图 9.12(b)所示，危险截面为 D，其上的内力为

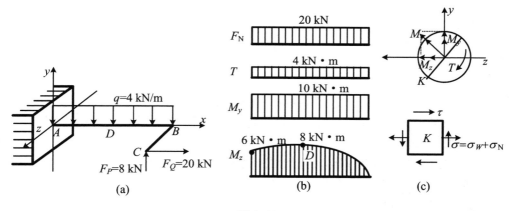

图 9.12

$$F_N = 20 \text{ kN}, \quad T = 4 \text{ kN} \cdot \text{m}, \quad M_y = 10 \text{ kN} \cdot \text{m}, \quad M_z = 8 \text{ kN} \cdot \text{m}$$

合成弯矩为

$$M = \sqrt{M_y^2 + M_z^2} = \sqrt{10^2 + 8^2} = 12.81 \,(\text{kN} \cdot \text{m})$$

危险点为 K 点,其应力单元体如图 9.12(c)所示,其上的应力分量分别为

$$\sigma_N = \frac{F_N}{A} = \frac{20 \times 10^3}{80 \times 10^{-4}} = 2.5 \,(\text{MPa})$$

$$\sigma_w = \frac{M}{W} = \frac{12.81 \times 10^3}{100 \times 10^{-6}} = 128.1 \,(\text{MPa})$$

$$\sigma = \sigma_w + \sigma_N = 130.6 \,(\text{MPa})$$

$$\tau = \frac{T}{W_t} = \frac{4 \times 10^3}{200 \times 10^{-6}} = 20 \,(\text{MPa})$$

单元体上的主应力为

$$\left. \begin{array}{c} \sigma_1 \\ \sigma_3 \end{array} \right\} = \frac{\sigma}{2} \pm \sqrt{\left(\frac{\sigma}{2}\right)^2 + \tau^2} = \frac{130.6}{2} \pm \sqrt{\left(\frac{130.6}{2}\right)^2 + (20)^2}$$

$$= 65.3 \pm 68.3 = \left. \begin{array}{c} 133.6 \\ -3 \end{array} \right\} \,(\text{MPa})$$

危险点为二向应力状态。对钢轴选第三强度理论进行强度校核:

$$\sigma_{r3} = \sigma_1 - \sigma_3 = 136.6 \text{ MPa} > [\sigma] = 134 \text{ MPa}$$

仅超过许用应力的 1.93%,强度尚满足。

讨论 AB 段属于拉伸、扭转与两个平面弯曲的组合变形,在计算第三强度理论的相当应力时,还可利用公式 $\sigma_{r3} = \sqrt{\sigma^2 + 4\tau^2}$,其中 $\sigma = \sigma_N + \sigma_w$,这样较为简便。

本　章　小　结

1. 本章关于处理组合变形构件的强度和变形问题的内容，以强度问题为主。

2. 按照圣维南原理和叠加原理可以将组合变形问题分解为两种以上的基本变形问题来处理。

3. 根据叠加原理，可以运用叠加法来处理组合变形问题的条件是：

（1）线弹性材料，加载在弹性范围内，即服从胡克定律。

（2）小变形，保证内力、变形等与诸外载加载次序无关。

4. 典型的组合变形问题：

（1）两个互相垂直平面内的平面弯曲问题的组合。像矩形截面 $I_y \neq I_z$ 的情况，则组合变形为斜弯曲。若截面像圆形 $I_y = I_z$，则组合变形仍为平面弯曲，对其危险点可以写出强度条件：

$$\sigma_{\max} = \frac{M}{W} = \frac{1}{W} \sqrt{M_y^2 + M_z^2} \leqslant [\sigma]$$

（2）拉伸（或压缩）与弯曲的组合。此时的弯曲可以是一个平面内的平面弯曲，也可以是两个平面内的平面弯曲组合成斜弯曲，与拉伸（或压缩）组合之后危险点的应力状态仍为单向应力状态。对于混凝土这类抗拉强度大大低于抗压强度的脆性材料制成的偏心压缩构件（如短柱），强度设计时往往考虑截面核心问题。

（3）弯曲与扭转的组合。工程上常见的有圆轴和曲柄轴（带有矩形截面的曲柄和圆形截面的轴颈）。对于圆轴，最后的强度条件可以按危险面上的内力分量得出，如钢材，可按第三强度理论：

$$\sigma_{r3} = \frac{\sqrt{M^2 + T^2}}{W} \leqslant [\sigma]$$

或按第四强度理论：

$$\sigma_{r4} = \frac{\sqrt{M^2 + 0.75T^2}}{W} \leqslant [\sigma]$$

思　考　题

1. 什么是组合变形？常见的组合变形有哪几种组合形式？

2. 组合变形杆件应力分析与强度计算的基本方法是什么？

3. 如何确定塑性与脆性材料在纯剪切时的许用应力？

4. 当圆轴处于弯扭组合及弯拉(压)扭组合变形时,横截面上存在哪些内力? 应力如何分布? 危险点处于何种应力状态? 如何根据强度理论建立相应的强度条件?

5. 在组合变形中,当使用第三强度理论进行强度计算时,其强度条件可以写成三种公式,它们各适用于什么情况?

6. 圆截面杆在相互垂直的两个纵向平面内都有弯曲变形时,为什么可以应用合成弯矩的概念? 如何作出杆件的合成弯矩图?

7. 如图 9.13 所示,空间折杆 AB、BC 段各发生什么形式的变形?

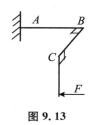

图 9.13

8. 在如图 9.14 所示的铸铁制压力机立柱的截面中,最合理的是哪个图?

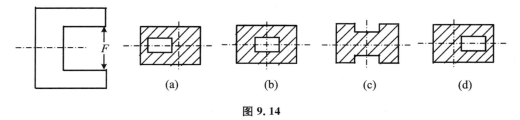

图 9.14

9. 如图 9.15 所示,矩形截面拉杆中间开了一条深度为 $\dfrac{h}{2}$ 的缺口,与不开口的拉杆相比,开口处的最大应力增大了多少倍?

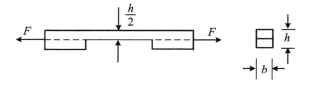

图 9.15

10. 悬臂梁 AB 的横截面为等边三角形,形心在 C 点,承受均布载荷 q,其作用方向及位置如图 9.16 所示,试问该梁发生了何种变形?

11. 画出如图 9.17 所示的正六边形截面核心的大致形状。

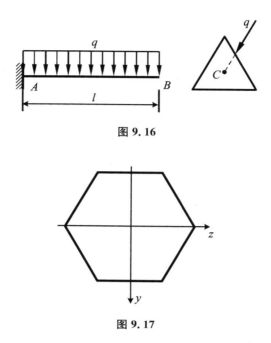

图 9.16

图 9.17

习　　题

1. 如图 9.18 所示的悬臂梁,在 $F_1 = 800$ N, $F_2 = 1650$ N 的作用下,若截面为矩形,$b = 90$ mm, $h = 180$ mm,试求最大正应力及其作用点的位置。

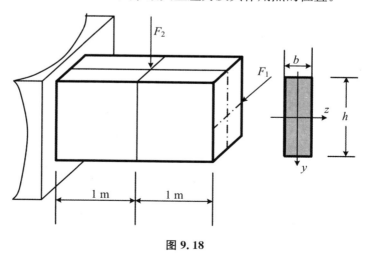

图 9.18

2. 人字架及承受的载荷如图 9.19 所示。试求截面 $I\text{-}I$ 上的最大正应力和 C 点的正应力。

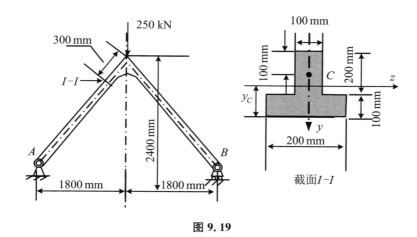

图 9.19

3. 如图 9.20 所示的一工字形简支钢梁,跨中受集中力 F 的作用。设工字钢的型号为 22b 号。已知 $F=20\ \mathrm{kN}$, $E=2.0\times10^5\ \mathrm{MPa}$, $\varphi=15°$, $l=4\ \mathrm{m}$。试求危险截面上的最大正应力。

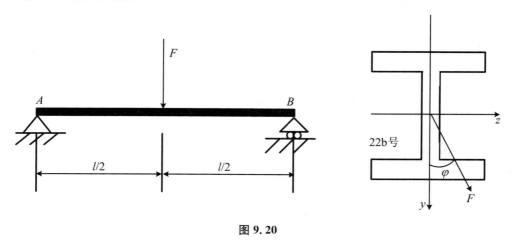

图 9.20

4. 试分别求出图 9.21 所示的不等截面及等截面杆内的最大正应力,并进行比较。

5. 受压构件如图 9.22 所示。已知通过轴线的拉力 $F=12\ \mathrm{kN}$。现拉杆需开一切口,如不计应力集中的影响,材料的许用应力 $[\sigma]=100\ \mathrm{MPa}$。试确定切口的最大深度 δ。

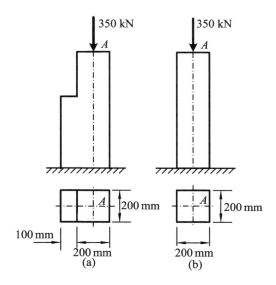

图 9.21

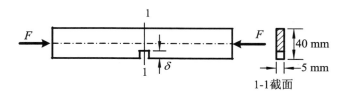

图 9.22

6. 短柱的截面形状如图 9.23 所示,试确定截面核心。

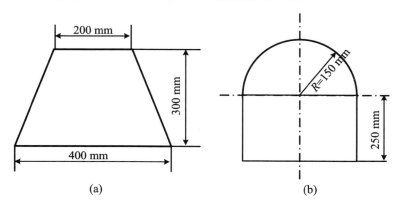

图 9.23

7. 如图 9.24 所示的手摇绞车,轴的直径 $d=30$ mm,材料的许用应力 $[\sigma]=80$ MPa。试按第三强度准则确定绞车的最大起吊重量 P。

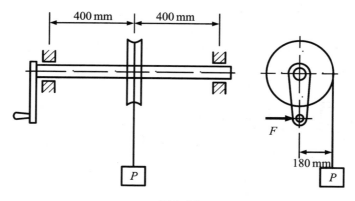

图 9.24

8. 如图 9.25 所示的圆信号板，装在外径 $D=60$ mm 的空心柱上。若信号板上所受的最大风载 $p=2000$ N/m²，许用应力 $[\sigma]=60$ MPa。试用第三强度理论选择空心柱的壁厚。

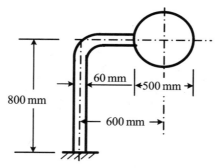

图 9.25

9. 如图 9.26 所示的曲拐 A 端固定，BC 臂与 AB 轴刚性连接，AB 轴的直径 $d=6$ cm，长 $a=9$ cm，载荷 $F=6$ kN，材料的许用应力 $[\sigma]=60$ MPa。试按第三强度理论校核 AB 轴的强度。

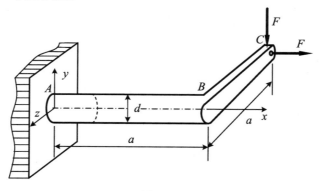

图 9.26

10. 如图 9.27 所示的皮带轮传动轴,传递功率 $P=7$ kW,转速 $n=200$ r/min。右端皮带轮重 $G=18$ kN,左端齿轮上的啮合力 F_n 与齿轮节圆切线的夹角(压力角)为 20°。轴材料的许用应力 $[\sigma]=80$ MPa。试按第三强度理论设计轴的直径。

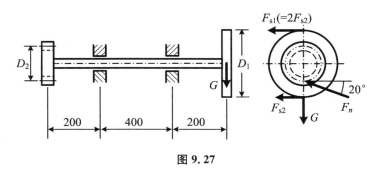

图 9.27

11. 如图 9.28 所示,飞机起落架的折轴为管状截面,内径 $d=70$ mm,外径 $D=80$ mm。材料的许用应力 $[\sigma]=100$ MPa,试按第三强度理论校核折轴的强度。已知 $F=1$ kN,$Q=4$ kN。

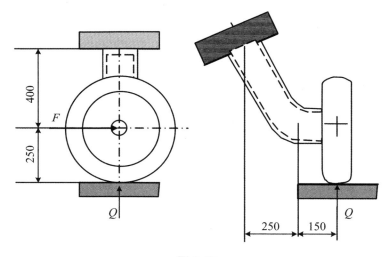

图 9.28

12. 直径 $d=60$ mm 的圆截面折杆,受力与其他尺寸如图 9.29 所示。试计算点 a 的第三强度理论的相当应力。

13. 杆 AB 与直径 $d=50$ mm 的圆截面杆 DE 焊接在一起,呈 T 字形结构,如图 9.30 所示。试计算 H 点第三强度理论的相当应力。

14. 在 xy 平面内放置折轴杆 ABC,其受力如图 9.31 所示。已知 $F=120$ kN,$q=8$ kN/m,$a=2$ m,在 yz 平面内有 $m_x=qa^2$,杆直径 $d=150$ mm,$[\sigma]=140$ MPa。试按第四强度理论校核折轴杆的强度。

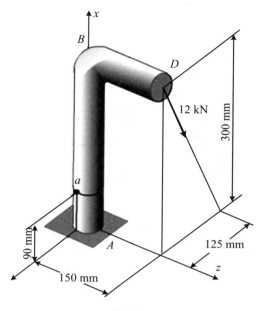

图 9. 29

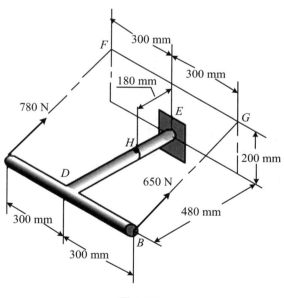

图 9. 30

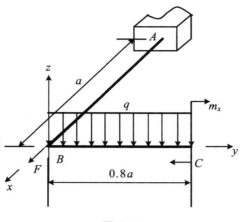

图 9.31

15. 如图 9.32 所示，端截面密封的曲管外径为 $100\,\mathrm{mm}$，壁厚 $t=5\,\mathrm{mm}$，内压 p $=8\,\mathrm{MPa}$。集中力 $F=3\,\mathrm{kN}$。A、B 两点在管的外表面上，一为截面垂直直径的端点，一为水平直径的端点。试确定两点的应力状态。

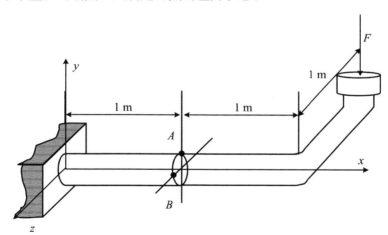

图 9.32

16. 如图 9.33 所示的等截面刚架，承受载荷 F 与 F' 作用，且 $F'=2F$，试根据第三强度理论确定 F 的许用值 $[F]$。已知许用应力为 $[\sigma]$，截面为正方形，边长为 a，且 $a=l/10$。

17. 如图 9.34 所示的圆截面杆，受横向外力 F 和绕轴线的外力偶 m_0 作用。由实验测得杆表面 A 点处沿轴线方向的线应变 $\varepsilon_{0°}=4\times10^{-4}$，杆表面 B 点处沿与轴线成 $45°$ 方向的线应变 $\varepsilon_{45°}=3.75\times10^{-4}$。材料的弹性模量 $E=200\,\mathrm{GPa}$，泊松比 $\mu=0.25$，许用应力 $[\sigma]=180\,\mathrm{MPa}$。试按第三强度理论校核杆的强度。

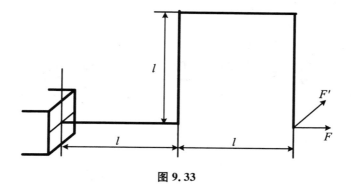

图 9.33

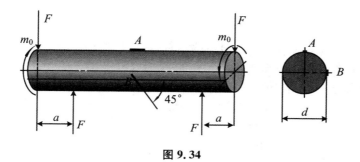

图 9.34

第 10 章　压 杆 稳 定

10.1　工 程 实 例

工程中把承受轴向压力的直杆称为压杆,前面讨论轴向压缩时,认为满足压缩强度条件即可保证构件安全工作。实践证明,这个结论对于短粗压杆是正确的,而对于细长杆件则不适用,当细长杆受压时,在应力远远低于极限应力时,会因突然产生显著的弯曲变形而失去承载能力。例如,活塞连杆机构中的连杆、凸轮机构中的顶杆、支承机械的千斤顶(图 10.1)、托架中的压杆(图 10.2)等,当轴向压力超过一定数值后,在外界微小的扰动下,其直线平衡形式将转变为弯曲形式,从而使杆件或由之组成的机构丧失正常功能。这是一种区别于强度失效与刚度失效的又一种失效形式,称为"稳定失效"。压杆能否保持其原有的直线平衡状态的问题称为压杆的稳定性问题。它和强度、刚度问题一样,在机械或其零部件的设计中占有重要地位。

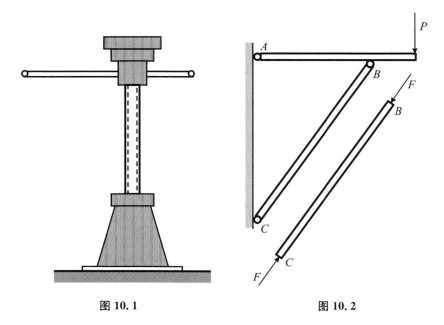

图 10.1　　　　　　　　　　　　　　图 10.2

现在讨论理想压杆弹性平衡的稳定性概念。所谓理想压杆,就是材料均匀、压力作用线与杆轴线重合的等截面直杆。设有一细长压杆在力 F 作用下处于直线形状的平衡状态[图 10.3(a)],受外界(水平力 Q)干扰后,杆经过若干次摆动,仍能回到原来的直线形状的平衡位置[图 10.3(b)],则杆原来的直线形状的平衡状态称为稳定平衡。若受外界干扰后,杆不能恢复到原来的直线形状而在弯曲形状下保持新的平衡[图 10.3(c)],则杆原来的直线形状的平衡状态称为非稳定平衡。压杆丧失其原有的直线平衡状态而过渡为微弯状态的平衡现象,称为失稳。

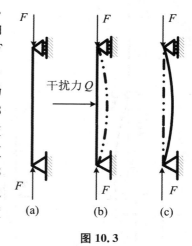

图 10.3

通过上面的分析,不难看出,压杆能否保持稳定与压力 F 的大小有着密切的关系。随着压力 F 逐渐增大,压杆会由稳定平衡状态过渡到非稳定平衡状态。这就是说,轴向压力的量变,必将引起压杆平衡状态的质变。使压杆从稳定平衡状态过渡到非稳定平衡状态时的压力称为临界力或临界载荷,以 F_{cr} 表示。显然,当压杆所受的外力达到临界值时,压杆即开始丧失稳定。由此可见,确定压杆临界力的大小,将是解决压杆稳定问题的关键。

以上讨论的压杆稳定性以及压杆在临界力 F_{cr} 作用下的失稳现象,是对理想压杆这一力学模型而言的。实际工程中的压杆由于不可避免地存在某些缺陷,如初曲率、材料不均匀、载荷偏心等,当开始受力时就处于微弯状态,当轴向压力接近某个极限压力值时,其弯曲变形急剧加大而使其丧失承载能力。压杆失稳通常是突然发生的,其后果轻则导致杆件失效,不能正常工作;重则引起整个结构的毁坏,造成严重事故。因此在设计压杆时,必须进行稳定性计算。

10.2　细长压杆的临界压力

10.2.1　两端铰支细长压杆的临界压力

图 10.4(a)为一两端为球形铰支的细长压杆,现推导其临界压力公式。

根据前一节的讨论,轴向压力达到临界力时,压杆的直线平衡状态将由稳定转变为不稳定。在微小横向干扰力解除后,它将在微弯状态下保持平衡。因此,可以认为能够保持压杆在微弯状态下平衡的最小轴向压力,即临界压力。

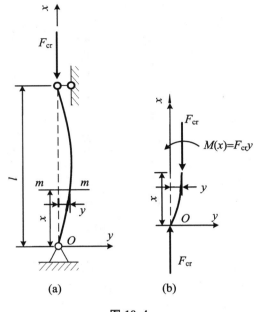

图 10.4

选取坐标系如图 10.4(a)所示，假想沿任意截面将压杆截开，保留部分如图 10.4(b)所示。由保留部分的平衡得

$$M(x) = -F_{cr}y \quad (10.1)$$

在式(10.1)中，轴向压力 F_{cr} 取绝对值。这样，在图示坐标系中弯矩 M 与挠度 y 的符号总相反，故式(10.1)中加了一个负号。当杆内应力不超过材料的比例极限时，根据挠曲线近似微分方程有

$$\frac{\mathrm{d}^2 y}{\mathrm{d}x^2} = \frac{M(x)}{EI} = -\frac{F_{cr}y}{EI} \quad (10.2)$$

由于两端是球铰支座，它对端截面在任何方向的转角都没有限制。因此，杆件的微小弯曲变形一定发生于抗弯能力最弱的纵向平面内，所以上式中的 I 应该是横截面的最小惯性矩 I_{min}。令

$$k^2 = \frac{F_{cr}}{EI} \quad (10.3)$$

式(10.2)可改写为

$$\frac{\mathrm{d}^2 y}{\mathrm{d}x^2} + k^2 y = 0 \quad (10.4)$$

此微分方程的通解为

$$y = A\sin kx + B\cos kx \quad (10.5)$$

式中，A、B 为积分常数。由压杆两端铰支这一边界条件：

$$x = 0 \text{ 时}, \quad y = 0 \quad (10.6)$$

$$x = l \text{ 时}, \quad y = 0 \quad (10.7)$$

将式(10.6)代入式(10.5)，得 $B=0$，于是可得

$$y = A\sin kx \quad (10.8)$$

将式(10.7)代入式(10.8)，可得

$$A\sin kl = 0 \quad (10.9)$$

上式中，若 $A=0$，则 $y=0$；即压杆各处挠度均为零，杆仍然保持直线状态，这与压杆处于微小弯曲的前提相矛盾。因此，可知：

$$\sin kl = 0 \quad (10.10)$$

由式(10.10)解得：

$$kl = n\pi (n = 0, 1, 2, \cdots)$$

$$k = \frac{n\pi}{l} \tag{10.11}$$

则

$$F_{cr} = k^2 EI = \frac{n^2 \pi^2 EI}{l^2} \tag{10.12}$$

因为 n 可取 $0,1,2,\cdots$ 中的任一个整数,所以式(10.12)表明,使压杆保持曲线形态平衡的压力,在理论上是多值的。而在这些压力中,使压杆保持微小弯曲的最小压力,才是临界压力。取 $n=0$ 没有意义,只能取 $n=1$。于是得到两端铰支细长压杆的临界压力公式:

$$F_{cr} = \frac{\pi^2 EI}{l^2} \tag{10.13}$$

此式是由瑞士科学家欧拉于 1744 年提出的,故也称为两端铰支细长压杆的欧拉公式。

此公式的应用条件包括理想压杆、线弹性范围内、两端为球铰支座。

10.2.2 其他支座条件下细长压杆的临界力

压杆的临界力公式(10.13)是在两端铰支的情况下推导出来的。由推导过程可知,临界力与约束有关。约束条件不同,压杆的临界力也不相同,即杆端的约束对临界力有影响。但是,不论杆端具有怎样的约束条件,都可以仿照两端铰支临界力的推导方法求得其相应的临界力计算公式,这里不作详细讨论,仅用类比的方法导出几种常见约束条件下压杆的临界力计算公式。

1. 一端固定另一端铰支的细长压杆的临界力

在这种杆端约束条件下,挠曲线形状见表 10.1 中的图(b)。在距铰支端 B 为 $0.7l$ 处,该曲线有一个拐点 C。因此,在 $0.7l$ 长度内,挠曲线是一条半波正弦曲线。所以,对于一端固定另一端铰支且长为 l 的压杆,其临界力等于两端铰支长为 $0.7l$ 的压杆的临界力,即

$$F_{cr} = \frac{\pi^2 EI}{(0.7l)^2}$$

2. 两端固定细长压杆的临界力

在这种杆端约束条件下,挠曲线见表 10.1 中的图(c)。该曲线的两个拐点 C 和 D 分别在距上、下端为 $0.25l$ 处。居于中间的 $0.5l$ 长度内,挠曲线是半波正弦曲线。所以,对于两端固定且长为 l 的压杆,其临界力等于两端铰支长为 $0.5l$ 的压杆的临界力,即

$$F_{cr} = \frac{\pi^2 EI}{(0.5l)^2}$$

3. 一端固定另一端自由的细长压杆的临界力

表 10.1 中的图(d)为一端固定另一端自由的压杆。当压杆处于临界状态时,

它在曲线形式下保持平衡。将挠曲线 AB 对称于固定端 A 向下延长，如图中虚线所示。延长后挠曲线是一条半波正弦曲线，与本章此节中所说的两端铰支细长压杆的挠曲线一样。所以，对于一端固定另一端自由且长为 l 的压杆，其临界力等于两端铰支长为 $2l$ 的压杆的临界力，即

$$F_{cr} = \frac{\pi^2 EI}{(2l)^2}$$

综上所述，只要引入相当长度的概念，将压杆的实际长度转化为相当长度，便可将任何杆端约束条件的临界压力统一写为

$$F_{cr} = \frac{\pi^2 EI}{(\mu l)^2} \tag{10.14}$$

上式称为欧拉公式的一般形式。由式（10.14）可见，杆端约束对临界力的影响表现在系数 μ 上。称 μ 为长度系数，μl 为压杆的相当长度，表示把长为 l 的压杆折算成两端铰支压杆后的长度。几种常见约束情况下的长度系数 μ 见表 10.1。

表 10.1　各种支承约束条件下等截面细长压杆临界力的欧拉公式

支承情况	两端铰支	一端固定另一端铰支	两端固定	一端固定另一端自由
失稳时挠曲线形状	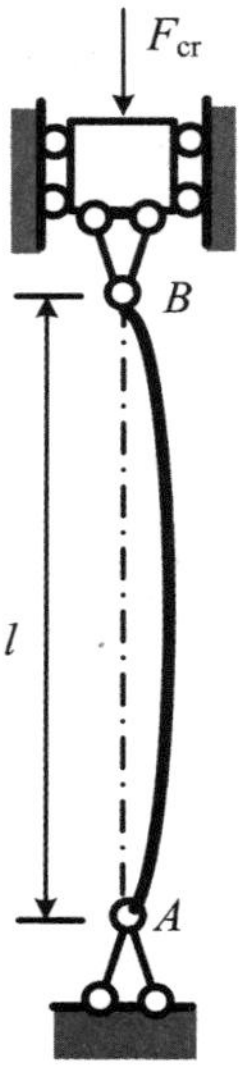 (a)	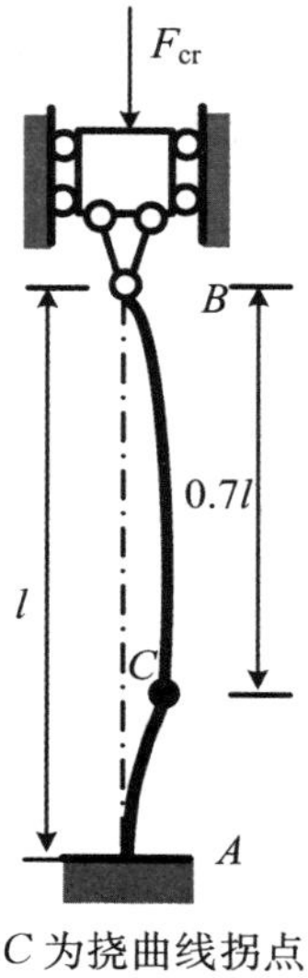 *C* 为挠曲线拐点 (b)	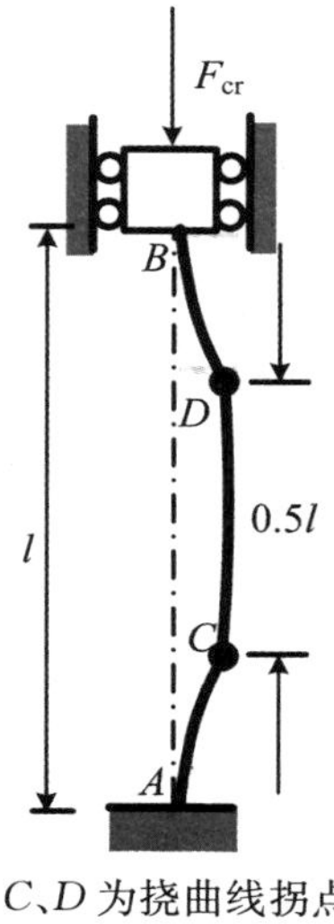 *C*,*D* 为挠曲线拐点 (c)	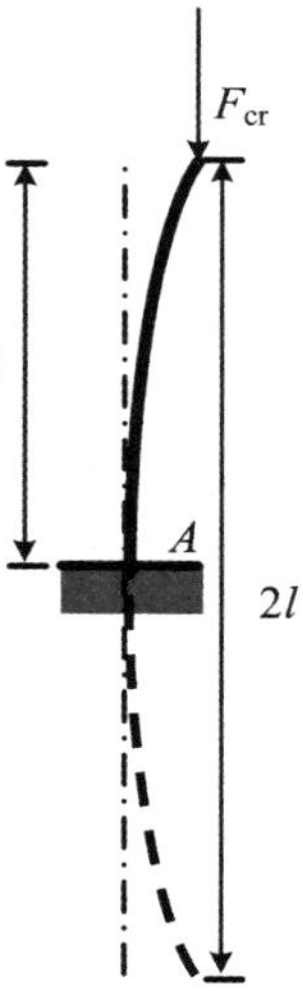 (d)
临界力 F_{cr} 欧拉公式	$F_{cr} = \dfrac{\pi^2 EI}{l^2}$	$F_{cr} \approx \dfrac{\pi^2 EI}{(0.7l)^2}$	$F_{cr} \approx \dfrac{\pi^2 EI}{(0.5l)^2}$	$F_{cr} \approx \dfrac{\pi^2 EI}{(2l)^2}$
长度系数 μ	$\mu = 1$	$\mu = 0.7$	$\mu = 0.5$	$\mu = 2$

表 10.1 中所列的只是几种典型的情况，实际问题中压杆的约束情况可能更复

杂,对于这些复杂约束的长度系数可以从有关设计手册中查得。

例 10.1 如图 10.5 所示两端铰支的细长压杆,长度为 l,横截面面积为 A,抗弯刚度为 EI。设杆处于变化的均匀温度场中,若材料的线膨胀系数为 a_l,初始温度为 T_0,试求压杆失稳时的临界温度值 T_{cr}。

解 图示结构为一次超静定问题。其变形协调条件为

$$\Delta l = \Delta l_T - \Delta l_R = 0$$

压杆的自由热膨胀量:

$$\Delta l_T = a_l(T - T_0)l$$

由于约束反力 P 产生的变形为

$$\Delta l_R = \frac{Pl}{EA}$$

故

$$P = EA\alpha_l(T - T_0)$$

显然,当轴向压力 P 等于压杆的临界载荷 P_{cr} 时,杆将丧失稳定性。此时对应的温度称为临界温度 T_{cr}。由式 (10.14) 得

$$P_{cr} = \frac{\pi^2 EI}{(\mu l)^2} = EA\alpha_l(T_{cr} - T_0)$$

$$T_{cr} = T_0 + \frac{\pi^2 I}{\alpha_l A l^2}$$

在超静定结构中,由于温度变化而引起的失稳问题称为热屈曲。对于轴向压力和热屈曲同时存在的问题,可以采用叠加法求解。

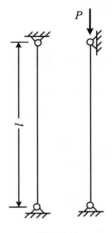

图 10.5

10.3 欧拉公式的适用范围及中小柔度杆的临界应力

10.3.1 临界应力和柔度

将式 (10.14) 的两端同时除以压杆横截面面积 A,得到的应力称为压杆的临界应力 σ_{cr}:

$$\sigma_{cr} = \frac{F_{cr}}{A} = \frac{\pi^2 EI}{(\mu l)^2 A} \tag{10.15}$$

引入截面的惯性半径 i:

$$i^2 = \frac{I}{A} \tag{10.16}$$

将上式代入式(10.15)，得

$$\sigma_{cr} = \frac{\pi^2 E}{\left(\dfrac{\mu l}{i}\right)^2}$$

若令

$$\lambda = \frac{\mu l}{i} \tag{10.17}$$

则有

$$\sigma_{cr} = \frac{\pi^2 E}{\lambda^2} \tag{10.18}$$

式(10.18)就是计算压杆临界应力的公式，是欧拉公式的另一表达形式。式中，$\lambda = \dfrac{\mu l}{i}$ 称为压杆的柔度或长细比，它集中反映了压杆的长度、约束条件、截面尺寸和形状等因素对临界应力的影响。从式(10.18)可以看出，压杆的临界应力与柔度的平方成反比，柔度越大，压杆的临界应力越低，压杆越容易失稳。因此，在压杆稳定问题中，柔度 λ 是一个很重要的参数。

10.3.2　欧拉公式的适用范围

在推导欧拉公式时，曾使用了弯曲时挠曲线近似微分方程式 $\dfrac{\mathrm{d}^2 y}{\mathrm{d}x^2} = \dfrac{M(x)}{EI}$，而这个方程是建立在材料服从胡克定律基础上的。这说明欧拉公式只有在临界应力不超过材料比例极限时才适用，即

$$\sigma_{cr} = \frac{\pi^2 E}{\lambda^2} \leqslant \sigma_p \tag{10.19}$$

若用 λ_p 表示对应于临界应力等于比例极限 σ_p 时的柔度值，则

$$\lambda_p = \pi \sqrt{\frac{E}{\sigma_p}} \tag{10.20}$$

式中，λ_p 仅与压杆材料的弹性模量 E 和比例极限 σ_p 有关。例如，对于常用的 Q235A 号钢，$E = 206\,\text{GPa}$，$\sigma_p = 200\,\text{MPa}$，代入式(10.20)，得

$$\lambda_p = \pi \sqrt{\frac{206 \times 10^9}{200 \times 10^6}} = 100.8$$

从以上分析可以看出：当 $\lambda \geqslant \lambda_p$ 时，$\sigma_{cr} \leqslant \sigma_p$，这时才能应用欧拉公式来计算压杆的临界力或临界应力。满足 $\lambda \geqslant \lambda_p$ 的压杆称为细长杆或大柔度杆。

10.3.3　中柔度压杆的临界应力公式

在工程中常用的压杆,其柔度往往小于 λ_p。实验结果表明,这种压杆丧失承载能力的原因仍然是失稳。但此时临界应力 σ_{cr} 已大于材料的比例极限 σ_p,欧拉公式已不适用,这是超过材料比例极限压杆的稳定问题。对于这类失稳问题,曾进行过许多理论和实验研究工作,得出了理论分析的结果。但工程中对这类压杆的计算,一般使用以实验结果为依据的经验公式。在这里,我们介绍两种经常使用的经验公式:直线公式和抛物线公式。

1. 直线公式

把临界应力与压杆的柔度表示成如下线性关系:

$$\sigma_{cr} = a - b\lambda \tag{10.21}$$

式中,a、b 是与材料性质有关的系数,可以从相关手册中查到。由式(10.21)可见,临界应力 σ_{cr} 随着柔度 λ 的减小而增大。

表 10.2　几种材料的 a、b 值

材　　料	a/MPa	b/MPa	λ_p	λ_s
Q235 号钢($\sigma_s = 235$ MPa,$\sigma_b \geqslant 372$ MPa)	304	1.12	100	61.4
优质碳钢($\sigma_s = 306$ MPa,$\sigma_b \geqslant 470$ MPa)	460	2.57	100	60
硅钢($\sigma_s = 353$ MPa,$\sigma_b \geqslant 510$ MPa)	577	3.74	100	60
铬钼钢	980	5.29	55	
硬铝	392	3.26	50	
灰口铸铁	332	1.45	80	
松木	29	0.2	89	

必须指出,直线公式虽然是以 $\lambda < \lambda_p$ 的压杆建立的,但绝不能认为凡是 $\lambda < \lambda_p$ 的压杆都可以应用直线公式。因为当 λ 值很小时,按直线公式求得的临界应力较高,可能早已超过了材料的屈服强度 σ_s 或抗压强度 σ_b,这是杆件强度条件所不允许的。因此,只有在临界应力 σ_{cr} 不超过屈服强度 σ_s(或抗压强度 σ_b)时,直线公式才能适用。以塑性材料为例,它的应用条件可表示为

$$\sigma_{cr} = a - b\lambda \leqslant \sigma_s$$

若用 λ_s 表示对应于 σ_s 时的柔度值,则

$$\lambda_s = \frac{a - \sigma_s}{b} \tag{10.22}$$

式中,柔度值 λ_s 是直线公式成立时压杆柔度 λ 的最小值,它仅与材料有关。对 Q235 号钢来说,$\sigma_s = 235$ MPa,$a = 304$ MPa,$b = 1.12$ MPa。将这些数值代入式

(10.22)，得

$$\lambda_{\text{s}} = \frac{304 - 235}{1.12} = 61.6$$

当压杆的柔度 λ 值满足 $\lambda_{\text{s}} \leqslant \lambda < \lambda_{\text{p}}$ 条件时，临界应力用直线公式计算，这样的压杆称为中柔度杆或中长杆。

2. 抛物线公式

在我国钢结构规范中，采用的抛物线经验公式把临界应力 σ_{cr} 与柔度 λ 的关系表示为如下形式：

$$\sigma_{\text{cr}} = \sigma_{\text{s}} \left[1 - a \left(\frac{\lambda}{\lambda_{\text{c}}} \right)^2 \right] \quad \lambda \leqslant \lambda_{\text{c}} \tag{10.23}$$

式中，σ_{s} 是材料的屈服强度，a 是与材料性质有关的系数，λ_{c} 是欧拉公式与抛物线公式适用范围的分界柔度。对于低碳钢和低锰钢，有

$$\lambda_{\text{c}} = \pi \sqrt{\frac{E}{0.57\sigma_{\text{s}}}} \tag{10.24}$$

10.3.4　小柔度压杆

当压杆的柔度 λ 满足 $\lambda < \lambda_{\text{s}}$ 条件时，这样的压杆称为小柔度杆或短粗杆。实验证明，小柔度杆主要是由于应力达到材料的屈服强度 σ_{s}（或抗压强度 σ_{b}）而发生破坏，但破坏时很难观察到失稳现象。这说明小柔度杆是由于强度不足而引起破坏的，应当以材料的屈服强度或抗压强度作为极限应力，这属于前文所研究的受压直杆的强度计算问题。若形式上也作为稳定问题来考虑，则可将材料的屈服强度 σ_{s}（或抗压强度 σ_{b}）看作临界应力 σ_{cr}，即 $\sigma_{\text{cr}} = \sigma_{\text{s}}$（或 σ_{b}）。

10.3.5　临界应力总图

综上所述，压杆的临界应力随着压杆柔度的变化情况可用图 10.6 的曲线表示，该曲线是直线公式的临界应力总图，说明如下：

（1）当 $\lambda \geqslant \lambda_{\text{p}}$ 时，是细长杆，存在材料比例极限内的稳定性问题，临界应力用欧拉公式计算。

（2）当 λ_{s}（或 λ_{b}）$< \lambda < \lambda_{\text{p}}$ 时，是中长杆，存在超过比例极限的稳定问题，临界应力用直线或抛物线等经验公式计算。

（3）当 $\lambda \leqslant \lambda_{\text{s}}$（或 λ_{b}）时，是短粗杆，不存在稳定性问题，只有强度问题，临界应力就是屈服强度 σ_{s} 或抗压强度 σ_{b}。

由图 10.6 还可以观察到，随着柔度增大，压杆的破坏性质由强度破坏逐渐向失稳破坏转化。

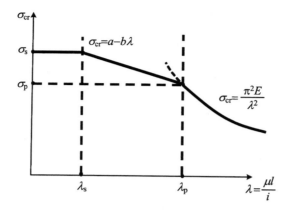

图 10.6

例 10.2 如图 10.7 所示,一端固定另一端
自由的细长压杆,其杆长 $l = 2$ m,截面形状为矩
形,$b = 20$ mm,$h = 45$ mm,材料的弹性模量 $E = 200$ GPa。试计算该压杆的临界力。若把截面改
为 $b = h = 30$ mm,而保持长度不变,则该压杆的
临界力又为多大?

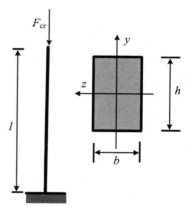

图 10.7

解 ① 当 $b = 20$ mm,$h = 45$ mm 时(因为是
细长杆,可直接应用欧拉公式):

a. 计算截面的惯性矩。由前述可知,该压杆
必在 xy 平面内失稳,由于 $I_x > I_y$,故惯性矩为

$$I_{min} = I_y = \frac{hb^3}{12} = 3.0 \times 10^4 \text{ mm}^4$$

b. 计算临界力。因为杆件一端固定一端自
由,查表可知 $\mu = 2$,因此临界力为

$$F_{cr} = \frac{\pi^2 EI}{(\mu l)^2} = \frac{\pi^2 \times 200 \times 10^9 \times 3 \times 10^{-8}}{(2 \times 2)^2} = 3.70 \text{ (kN)}$$

② 当截面改为 $b = h = 30$ mm 时(仍为细长杆):

a. 计算截面的惯性矩。由于 $I_x = I_y$,故惯性矩为

$$I_x = I_y = \frac{hb^3}{12} = 6.75 \times 10^4 \text{ mm}^4$$

b. 计算临界力。代入欧拉公式,可得

$$F_{cr} = \frac{\pi^2 EI}{(\mu l)^2} = \frac{\pi^2 \times 200 \times 10^9 \times 6.75 \times 10^{-8}}{(2 \times 2)^2} = 8.33 \text{ (kN)}$$

从以上两种情况分析,其横截面面积相等,支承条件也相同,但是计算得到的
临界力后者大于前者。可见在材料用量相同的条件下,选择恰当的截面形式可以

提高细长压杆的临界力。

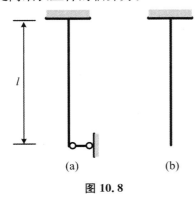

图 10.8

例 10.3　某施工现场脚手架搭设,第一种搭设是有扫地杆的形式,如图 10.8(a)所示,第二种搭设是无扫地杆的形式,如图 10.8(b)所示。压杆采用外径 $D=48$ mm、内径 $d=41$ mm 的焊接钢管,材料的弹性模量 $E=200$ GPa,$l=1.8$ m。现比较两种情况下压杆的临界应力(已知 $\lambda_p=101$,$\lambda_s=67$,$a=304$ MPa,$b=1.12$ MPa)。

解　① 第一种情况的临界应力。一端固定一端铰支,因此 $\mu=0.7$,杆长 $l=1.8$ m,则惯性半径为

$$i=\sqrt{\frac{I}{A}}=\sqrt{\frac{\frac{\pi D^4}{64}(1-\alpha^4)}{\frac{\pi D^2}{4}(1-\alpha^2)}}=\frac{D}{4}\sqrt{(1+\alpha^2)}=\frac{48}{4}\sqrt{\left[1+\left(\frac{41}{48}\right)^2\right]}=15.78\,(\text{mm})$$

柔度为

$$\lambda=\frac{\mu l}{i}=\frac{0.7\times1800}{15.78}=79.85$$

因为 $\lambda_s<\lambda<\lambda_p$,所以压杆为中长杆,其临界应力为

$$\sigma_{cr1}=304-1.12\lambda=214.6\,\text{MPa}$$

② 第二种情况的临界应力。一端固定一端自由,因此 $\mu=2$,杆长 $l=1.8$ m,则惯性半径为

$$i=\sqrt{\frac{I}{A}}=15.78\,\text{mm}$$

柔度为

$$\lambda=\frac{\mu l}{i}=\frac{2\times1800}{15.78}=228.1>\lambda_p$$

因此是大柔度杆,可应用欧拉公式,其临界应力为

$$\sigma_{cr2}=\frac{\pi^2 E}{\lambda^2}=\frac{3.14^2\times2\times10^5}{228.1^2}=37.94\,(\text{MPa})$$

③ 比较两种情况下压杆的临界应力为

$$\frac{\sigma_{cr1}-\sigma_{cr2}}{\sigma_{cr1}}\times100\%=\frac{214.6-37.94}{214.6}\times100\%=82.3\%$$

上述计算说明,有、无扫地杆的脚手架搭设是完全不同的情况,在施工过程中要注意这类问题。

例 10.4　如图 10.9 所示的一矩形截面的细长压杆,其两端用柱形铰与其他构件相连接。压杆的材料为 Q235 号钢,$E=210$ GPa。若 $l=2.3$ m,$b=40$ mm,$h=$

60 mm,试求其临界力,并试确定截面尺寸 b 和 h 的合理关系。

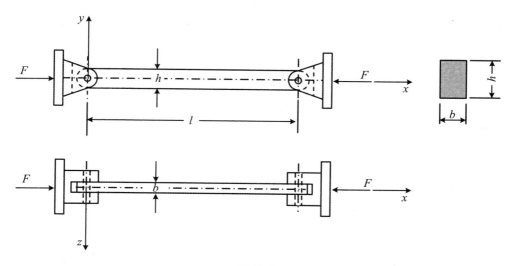

图 10.9

解　① 若压杆在 xy 平面内失稳,则杆端约束条件为两端铰支,长度系数 $\mu_1 = 1$,惯性半径为

$$i_z = \sqrt{\frac{I_z}{A}} = \sqrt{\frac{bh^3/12}{bh}} = \frac{h}{\sqrt{12}} = \frac{60}{\sqrt{12}} = 17.3 \,(\text{mm})$$

$$\lambda_1 = \frac{\mu_1 l}{i_z} = \frac{1 \times 2.3}{17.3 \times 10^{-3}} = 133$$

若压杆在 xz 平面内失稳,则杆端约束条件为两端固定,长度系数 $\mu_2 = 0.5$,惯性半径为

$$i_y = \sqrt{\frac{I_y}{A}} = \sqrt{\frac{bh^3/12}{bh}} = \frac{b}{\sqrt{12}} = \frac{40}{\sqrt{12}} = 11.5 \,(\text{mm})$$

$$\lambda_2 = \frac{\mu_2 l}{i_y} = \frac{0.5 \times 2.3}{11.5 \times 10^{-3}} = 100$$

由于 $\lambda_1 > \lambda_2$,因此该杆失稳时将在 xy 平面内弯曲。该杆属于细长杆,可用欧拉公式计算,其临界力为

$$F_{\text{cr}} = \frac{\pi^2 EI_z}{(\mu_1 l)^2} = \frac{\pi^2 Ebh^3/12}{(\mu_1 l)^2} = \frac{\pi^2 \times 210 \times 10^9 \times 0.04 \times 0.06^3/12}{(1 \times 2.3)^2}$$

$$= 282 \times 10^3 \,(\text{N}) = 282 \,(\text{kN})$$

② 若压杆在 xy 平面内失稳,其临界力为

$$F'_{\text{cr}} = \frac{\pi^2 EI_z}{l^2} = \frac{\pi^2 Ebh^3}{12l^2}$$

若压杆在 xz 平面内失稳,其临界力为

$$F''_{cr} = \frac{\pi^2 E I_y}{(0.5l)^2} = \frac{\pi^2 E h b^3}{3l^2}$$

截面的合理尺寸应使压杆在 xy 和 xz 两个平面内具有相同的稳定性,即

$$F'_{cr} = F''_{cr}$$

亦即

$$\frac{\pi^2 E b h^3}{12l^2} = \frac{\pi^2 E h b^3}{3l^2}$$

由此可得

$$h = 2b$$

10.4　压杆的稳定性计算

由上节可知,对于不同柔度的压杆总可以计算出它的临界应力,将临界应力乘以压杆横截面面积,就能得到临界力。值得注意的是,因为临界力是由压杆整体变形决定的,局部削弱(如开孔、槽等)对杆件整体变形影响很小,所以计算临界应力或临界力时可采用未削弱前的横截面面积 A 和惯性矩 I。

压杆的临界力 F_{cr} 与压杆实际承受的轴向压力 F 的比值,为压杆的工作安全系数 n,它应该不小于规定的稳定安全系数 n_{st}。因此,压杆的稳定性条件为

$$n = \frac{F_{cr}}{F} \geqslant n_{st} \tag{10.25}$$

由稳定性条件便可对压杆稳定性进行计算,根据式(10.25)进行的稳定计算称为稳定安全系数法,在工程中主要是稳定性校核。通常规定的 n_{st} 的数值比强度安全系数高,原因是一些难以避免的因素(如压杆的初弯曲、材料不均匀、压力偏心以及支座缺陷等)对压杆稳定性的影响远远超过对强度的影响。表 10.3 列出了几种常用钢制构件的稳定安全系数值。

表 10.3　常用钢制压杆的稳定安全系数

机械或类型	安全系数 n_{st}
金属结构中的压杆	1.8～3.0
矿山和冶金设备中的压杆	4.0～8.0
机床的丝杆	2.5～4.0
起重螺旋杆	3.5～6.0
高速发动机挺杆	2.0～5.0

式(10.25)是用安全系数形式表示的稳定性条件,在工程中还可以用应力形式

表示稳定性条件:

$$\sigma = \frac{F}{A} \leqslant [\sigma]_{st} \tag{10.26}$$

其中:

$$[\sigma]_{st} = \frac{\sigma_{cr}}{n_{st}} \tag{10.27}$$

式中,$[\sigma]_{st}$ 为稳定许用应力。由于临界应力 σ_{cr} 随压杆的柔度而变化,而且对不同柔度的压杆又规定不同的稳定安全系数 n_{st},因此,$[\sigma]_{st}$ 是柔度 λ 的函数。在某些结构设计中,常常把材料的强度许用应力 $[\sigma]$ 乘以一个小于 1 的系数 φ 作为稳定许用应力 $[\sigma]_{st}$,即

$$[\sigma]_{st} = \varphi[\sigma] \tag{10.28}$$

式中,φ 称为折减系数。因为 $[\sigma]_{st}$ 是柔度 λ 的函数,所以 φ 也是 λ 的函数,且总有 $\varphi < 1$。几种常用材料压杆的折减系数列于表 10.4 中,引入折减系数后,式(10.26) 可写为

$$\sigma = \frac{F}{A} \leqslant \varphi[\sigma] \tag{10.29}$$

按照稳定条件,式(10.29)对压杆进行的稳定计算称为折减系数法。

表 10.4 折减系数表

$\lambda = \frac{\mu l}{i}$	φ			$\lambda = \frac{\mu l}{i}$	φ		
	Q235 号钢	16 号锰钢	木材		Q235 号钢	16 号锰钢	木材
0	1.000	1.000	1.000	110	0.536	0.384	0.26
10	0.995	0.993	0.99	120	0.466	0.325	0.22
20	0.981	0.973	0.97	130	0.401	0.279	0.18
30	0.958	0.940	0.87	140	0.349	0.242	0.16
40	0.927	0.895	0.80	150	0.306	0.213	0.14
50	0.888	0.840	0.71	160	0.272	0.188	0.12
60	0.842	0.776	0.60	170	0.243	0.168	0.11
70	0.789	0.705	0.60	180	0.218	0.151	0.10
80	0.731	0.627	0.48	190	0.197	0.136	0.09
90	0.669	0.546	0.38	200	0.180	0.124	0.08
100	0.604	0.462	0.31				

应用压杆的稳定条件,可以进行以下三个方面的问题计算:

(1) 稳定校核。即已知压杆的几何尺寸、所用材料、支承条件以及承受的压力,验算是否满足稳定条件。此为压杆稳定计算中最常见的类型。

(2) 计算稳定时的许用载荷。即已知压杆的几何尺寸、所用材料及支承条件,

按稳定条件计算其能够承受的许用载荷$[F]$。

（3）进行截面设计。即已知压杆的长度、所用材料、支承条件以及承受的压力F，按照稳定条件计算压杆所需的截面尺寸。

当用按稳定安全系数法设计压杆截面时，可假定欧拉公式可用，由稳定条件式（10.25）先求出所需截面的尺寸。然后利用得到的截面尺寸求得λ，并判断欧拉公式适用条件是否满足，如满足，则所得截面尺寸有效；如不满足，则利用临界应力的经验公式以及稳定条件重新选择截面。

当用按折减系数法设计压杆截面时，由于稳定条件式（10.29）中的A和φ均未知，必须采用试算法进行计算。可先假定一个φ值，由稳定条件求得面积A，根据初选的截面尺寸计算出λ，然后从折减系数表中查出相应的φ值。若前后两个φ值相差较大，则说明稳定条件不满足，必须重新计算截面尺寸，此时应重新假设φ值，进行第二次试算。重复上述步骤直到假定φ值与计算所得的φ值接近为止。

例 10.5　平面磨床液压传动装置示意图如图 10.10 所示。活塞直径$D=65$ mm，油压$p=1.2$ MPa。活塞杆长度$l=1250$ mm，材料为 35 号钢，$\sigma_p=220$ MPa，$E=210$ GPa，$n_{st}=6$。试确定活塞杆的直径。

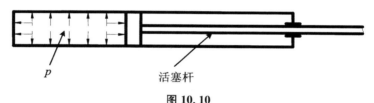

p　　　　　活塞杆

图 10.10

解　① 轴向压力：

$$F_N = \frac{\pi}{4}D^2 p = \frac{\pi}{4}(65 \times 10^{-3})^2 \times 1.2 \times 10^6 = 3980 \text{ (N)}$$

② 临界压力：

$$F_{cr} = n_{st}F_N = 6 \times 3980 = 23900 \text{ (N)}$$

③ 确定活塞杆直径采用欧拉公式。由

$$F_{cr} = \frac{\pi^2 EI}{(\mu l)^2} = 23900 \text{ N}$$

得出

$$d \approx 0.025 \text{ m}$$

④ 计算活塞杆柔度：

$$\lambda = \frac{\mu l}{i} = \frac{1 \times 1.25}{\dfrac{0.025}{4}} = 200$$

对于 35 号钢，有

$$\lambda_p = \sqrt{\frac{\pi^2 E}{\sigma_p}} = \sqrt{\frac{\pi^2 \times 210 \times 10^9}{220 \times 10^6}} = 97$$

因为 $\lambda > \lambda_p$, 满足欧拉公式的条件, 即所得截面尺寸有效。

例 10.6　如图 10.11 所示, 构架由两根直径相同的圆杆构成, 杆的材料为 Q235 号钢, 直径 $d = 20$ mm, 材料的许用应力 $[\sigma] = 170$ MPa, 已知 $h = 0.4$ m, 作用力 $F = 15$ kN。试校核两杆的稳定性。

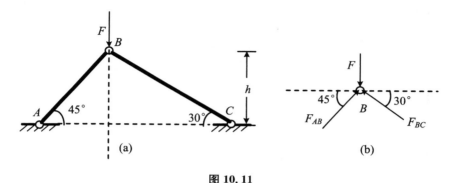

图 10.11

解　① 计算各杆承受的压力。取点 B 为研究对象, 根据平衡条件列方程:

$$\sum F_x = 0, \quad F_{AB} \cdot \cos 45° - F_{BC} \cdot \cos 30° = 0 \qquad (10.30)$$

$$\sum F_y = 0, \quad F_{AB} \cdot \sin 45° + F_{BC} \cdot \sin 30° - F = 0 \qquad (10.31)$$

联立式 (10.30)、(10.31), 解得两杆承受的压力分别为

$$AB \text{ 杆}: \quad F_{AB} = 0.896F = 13.44 \text{ kN}$$

$$BC \text{ 杆}: \quad F_{BC} = 0.732F = 10.98 \text{ kN}$$

② 计算两杆的柔度。各杆的长度分别为

$$l_{AB} = \sqrt{2}h = \sqrt{2} \times 0.4 = 0.566 \text{ (m)}$$

$$l_{BC} = 2h = 2 \times 0.4 = 0.8 \text{ (m)}$$

则两杆的长细比分别为

$$\lambda_{AB} = \frac{\mu l_{AB}}{i} = \frac{\mu l_{AB}}{\dfrac{d}{4}} = \frac{4 \times 1 \times 0.566}{0.02} = 113$$

$$\lambda_{BC} = \frac{\mu l_{BC}}{i} = \frac{\mu l_{BC}}{\dfrac{d}{4}} = \frac{4 \times 1 \times 0.8}{0.02} = 160$$

③ 根据柔度查折减系数表 10.4, 得

$$\varphi_{AB} = \varphi_{113} = \varphi_{110} - \frac{\varphi_{110} - \varphi_{120}}{10} \times 3 = 0.515, \quad \varphi_{BC} = 0.272$$

④ 按照稳定条件进行验算:

$$AB \text{ 杆}: \quad \sigma_{AB} = \frac{F_{AB}}{A\varphi_{AB}} = \frac{13.44 \times 10^3}{\pi \left(\dfrac{0.02}{2}\right)^2 \times 0.515} = 83 \text{ (MPa)} < [\sigma]$$

BC 杆： $\sigma_{BC} = \dfrac{F_{BC}}{A\varphi_{BC}} = \dfrac{10.98 \times 10^3}{\pi \left(\dfrac{0.02}{2}\right)^2 \times 0.272} = 128\,(\text{MPa}) < [\sigma]$

因此，两杆都满足稳定条件，结构稳定。

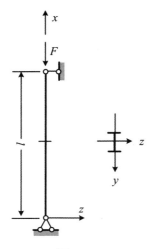

图 10.12

例 10.7 如图 10.12 所示两端铰支的钢柱，已知长度 $l = 2\,\text{m}$，承受轴向压力 $F = 500\,\text{kN}$，试选择工字钢截面，材料的许用应力 $[\sigma] = 160\,\text{MPa}$。

解 在稳定条件式(10.29)中，不能同时确定两个未知量 A 与 φ，因此必须采用试算法。

① 第一次试算：

假设 $\varphi_1 = 0.5$，根据稳定条件，可得

$$A_1 \geqslant \frac{F}{\varphi_1[\sigma]} = \frac{500 \times 10^3}{0.5 \times 160 \times 10^6} = 62.5 \times 10^{-4}\,(\text{m})^2$$

查型钢表，试选 28b 号工字钢，其横截面面积 $A_1' = 61.5\,\text{cm}^2$，最小惯性半径 $i_{\min} = i_y = 2.49\,\text{cm}$，于是

$$\lambda_1 = \frac{\mu l}{i_y} = \frac{1 \times 2}{2.49 \times 10^{-2}} = 80$$

查折减系数表得 $\varphi_1' = 0.731$，由于 φ_1' 与 φ' 相差较大，因此必须进行第二次试算。

② 第二次试算：

假设

$$\varphi_2 = \frac{1}{2}(\varphi_1 + \varphi_1') = \frac{1}{2}(0.5 + 0.731) = 0.616$$

根据稳定条件，可得

$$A_2 \geqslant \frac{F}{\varphi_2[\sigma]} = \frac{500 \times 10^3}{0.616 \times 160 \times 16^6} = 50.73 \times 10^{-4}\,(\text{m}^2)$$

再选 25a 号工字钢，其横截面面积 $A_2' = 48.5\,\text{cm}^2$，最小惯性半径 $i_{\min} = i_y = 2.40\,\text{cm}$，于是

$$\lambda_2 = \frac{\mu l}{i_y} = \frac{1 \times 2}{2.40 \times 10^{-2}} = 83$$

查折减系数表，可得：

$$\varphi_2' = 0.731 + (0.669 - 0.731) \times \frac{3}{10} = 0.712$$

与 φ_2 相差仍较大，因此还需进行第三次试算。

③ 第三次试算：

假设

$$\varphi_3 = \frac{1}{2}(\varphi_2 + \varphi_2') = \frac{1}{2}(0.616 + 0.712) = 0.664$$

根据稳定条件,可得

$$A \geqslant \frac{F}{\varphi_3[\sigma]} = \frac{500 \times 10^3}{0.664 \times 160 \times 16^6} = 47.6 \times 10^{-4} (\text{m}^2)$$

再选 22b 号工字钢,其横截面面积 $A'_3 = 46.4 \text{ cm}^2$,最小惯性半径 $i_{\min} = i_y = 2.27 \text{ cm}$,于是

$$\lambda_3 = \frac{1 \times 2}{2.27 \times 10^{-2}} = 88$$

$$\varphi'_3 = 0.731 + (0.669 - 0.731) \times \frac{8}{10} = 0.681$$

此时,φ'_3 与 φ_3 已经相差不大,可以进行稳定校核。因此最后选定 22b 号工字钢。

例 10.8 如图 10.13 所示托架中的 AB 杆为 16 号工字钢,CD 杆由两根 $50 \times 50 \times 6$ 等边角钢组成。已知 $l = 2 \text{ m}, h = 1.5 \text{ m}$,材料为 Q235 号钢,其许用应力 $[\sigma] = 160 \text{ MPa}$,试求该托架的许用载荷 $[F]$。

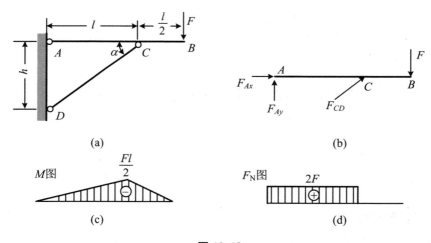

图 10.13

解 首先考虑 AB 杆的平衡:

$$\sum M_A = 0, \quad F_{CD} \times l\sin\alpha - F \times \frac{3}{2}l = 0$$

$$\sin\alpha = \frac{3}{5}, \quad \cos\alpha = \frac{4}{5}$$

① 由 CD 杆的稳定性确定许用载荷:

$$\lambda_{CD} = \frac{\mu l_{CD}}{i_{\min}} = \frac{1 \times 2.5}{1.52 \times 10^{-2}} = 164$$

$$\varphi_{CD} = 0.272 + (0.243 - 0.2752) \times \frac{4}{10} = 0.260$$

$$F_{CD} \leqslant \varphi_{CD} A_{CD} [\sigma] = 0.260 \times 2 \times 5.688 \times 10^{-4} \times 160 \times 10^6$$

$$= 47.3 \times 10^3 (\text{N}) = 47.3 (\text{kN})$$

由此可得

$$F = \frac{2}{5}F_{CD} \leqslant 18.9 \text{ kN}$$

② 由 AB 杆的强度确定许用载荷。AB 杆为拉弯组合受力状态,其弯矩图和轴力图分别如图 10.13(c)和图 10.13(d)所示,可见截面 $C_{左}$ 为危险截面,由此可以建立强度条件:

$$\sigma_{\max} = \frac{F_{NAC}}{A_{AB}} + \frac{M_C}{W} \leqslant [\sigma]$$

$$F_{NAC} = F_{CD} \cos \alpha = 2F, \quad M_C = \frac{1}{2}Fl$$

$$\frac{2F}{A_{AB}} + \frac{Fl/2}{W} \leqslant [\sigma]$$

$$F \leqslant \frac{[\sigma]}{\dfrac{2}{A_{AB}} + \dfrac{l}{2W}} = \frac{160 \times 10^6}{\dfrac{2}{26.1 \times 10^{-4}} + \dfrac{2}{2 \times 141 \times 10^{-6}}} = 20.4 \times 10^3 (\text{N}) = 20.4 \ (\text{kN})$$

通过比较,该托架的许用载荷$[F] = 18.9$ kN。

10.5　提高压杆稳定性的措施

通过以上讨论可知,影响压杆稳定性的因素有压杆的截面形状、长度、约束条件和材料的性质等。因而,当讨论如何提高压杆的稳定性时,也应从这几个方面入手。

1. 选择合理的截面形状

从欧拉公式可知,截面的惯性矩 I 越大,临界力 F_{cr} 越高。从经验公式可知,柔度 λ 越小,临界应力越高。由于 $\lambda = \dfrac{\mu l}{i}$,所以提高惯性半径 i 的数值就能减小 λ 的数值。可见,在不增加压杆横截面面积的前提下,应尽可能把材料放在离截面形心较远处,以取得较大的 I 和 i,提高临界压力。例如,空心圆环截面要比实心圆截面合理。

如果压杆在过其主轴的两个纵向平面的约束条件相同或相差不大,那么应采用圆形或正多边形截面;若约束不同,应采用对两个主形心轴惯性半径不等的截面形状,如矩形截面或工字形截面,以使压杆在两个纵向平面内有相近的柔度值。这样,在两个相互垂直的主惯性纵向平面内有接近相同的稳定性。

2. 尽量减小压杆长度

由式(10.17)可知,压杆的柔度与压杆的长度成正比。在结构允许的情况下,应尽可能减小压杆的长度,甚至可改变结构布局,将压杆改为拉杆等。

3. 改善约束条件

由本章 10.2 的内容讨论可知,改变压杆的约束条件能直接影响临界力的大

小。例如,长为 l 且两端铰支的压杆,其 $\mu=1$, $F_{cr}=\dfrac{\pi^2 EI}{l^2}$。若在这一压杆的中点增

加一个中间支座(图 10.14),则相当长度 $\mu l=\dfrac{l}{2}$,

临界力 $F_{cr}=\dfrac{\pi^2 EI}{\left(\dfrac{l}{2}\right)^2}=4\,\dfrac{\pi^2 EI}{l^2}$,可见临界力变为原

来的 4 倍。一般通过加强杆端约束的紧固程度可
以降低 μ 值,增强支撑的刚性,使其更不容易发生
弯曲变形,从而提高压杆的稳定性。

4. 合理选择材料

由欧拉公式(10.18)可知,临界应力与材料的
弹性模量 E 有关。然而,由于各种钢材的弹性模
量 E 大致相等,所以对于细长杆,选用优质钢材或
低碳钢并无很大差别。对于中长杆,无论是根据
经验公式还是理论分析,都说明临界应力与材料

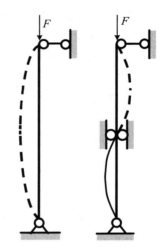

图 10.14

的强度有关,优质钢材在一定程度上可以提高临界应力的数值。至于短粗杆,本来
就是强度问题,选择优质钢材自然可以提高其强度。

本 章 小 结

1. 压杆的稳定性概念:载荷作用的构件在原有的几何形状下保持平衡的能力
称为压杆的稳定性。

2. 临界力:压杆从稳定平衡过渡到非稳定平衡时的压力称为临界力或临界载
荷,用 F_{cr} 表示。

3. 柔度:压杆的细长比,用 λ 表示。公式为 $\lambda=\dfrac{\mu l}{i}$。

4. 欧拉公式的适用范围:

(1) 大柔度压杆(欧拉公式):即当 $\lambda \geqslant \lambda_p$,其中 $\lambda_p=\sqrt{\dfrac{\pi^2 E}{\sigma_p}}$ 时,$\sigma_{cr}=\dfrac{\pi^2 E}{\lambda^2}$。

(2) 中等柔度压杆(直线公式):即当 $\lambda_s \leqslant \lambda \leqslant \lambda_p$,其中 $\lambda_s=\dfrac{a-\sigma_s}{b}$ 时,$\sigma_{cr}=a-b\lambda$。

(3) 小柔度压杆(强度计算公式):即当 $\lambda < \lambda_s$ 时,$\sigma_{cr}=\dfrac{F}{A} \leqslant \sigma_s$。

5. 压杆的稳定校核:

(1) 压杆的许用压力:$[F] = \dfrac{F_{cr}}{n_{st}}$,$[F]$为许用压力,$n_{st}$为工作安全系数。

(2) 压杆的稳定条件:$F \leqslant [F]$。

6. 提高压杆稳定性的措施:

(1) 选择合理的截面形状。

(2) 尽量减小压杆长度。

(3) 改变压杆的约束条件。

(4) 合理地选择材料。

思　考　题

1. 如何区别压杆的稳定平衡与不稳定平衡?

2. 何谓压杆的临界力和临界应力? 计算临界力的欧拉公式的应用条件是什么?

3. 由塑性材料制成的小柔度压杆,在临界力作用下是否仍处于弹性状态?

4. 在其他条件不变的情况下,若保持矩形横截面面积不变,矩形的长、宽尺寸比值为多大时,可得到最大临界力?

5. 实心截面改为空心截面能增大截面的惯性矩,从而能提高压杆的稳定性,是否可以把材料无限制地加工远离截面形心,以提高压杆的稳定性?

6. 只要保证压杆的稳定就能保证其承载能力,这种说法是否正确?

7. 由塑性材料制成的中、小柔度压杆在临界力作用下是否仍处于弹性状态?

8. 请你用日常生活中碰到的实例来说明压稳问题的存在。

9. 如图 10.15 所示为支撑情况不同的圆截面细长杆,若各杆直径和材料相同,则哪个杆的临界力最大?

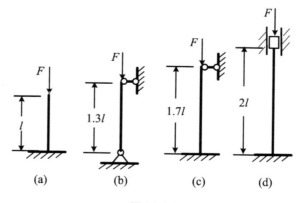

图 10.15

10. 在横截面积等其他条件均相同的条件下,压杆采用如图 10.16 所示的哪种截面形状,其稳定性最好?

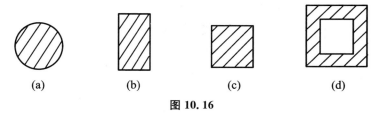

(a)　　　　(b)　　　　(c)　　　　(d)

图 10.16

11. 如图 10.17 所示为支撑情况不同的两根细长杆,两根杆的长度和材料相同,若要使两个压杆的临界力相等,那么 b_2 与 b_1 之比应为多少?

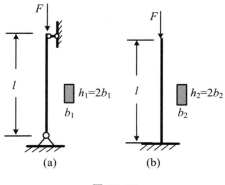

图 10.17

习　　题

1. 如图 10.18 所示为一端固定、一端自由的细长压杆,杆的长度为 l,抗弯刚度为 EI,试推导其临界压力。

2. 如图 10.19 所示,一外径 $D=50$ mm、内径 $d=40$ mm 的钢管,两端铰支,材料为 Q235 号钢,承受轴向压力 F。试求:① 在能应用欧拉公式时,压杆的最小长度;② 当压杆长度为上述最小长度的 $\frac{3}{4}$ 时,压杆的临界压力。

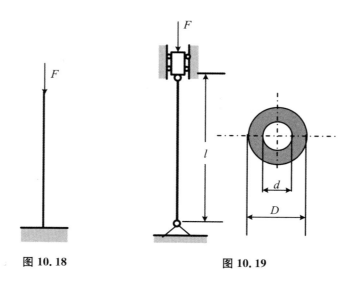

图 10.18　　　　　　　　　图 10.19

3. 如图 10.20 所示，铰接结构 ABC 由截面和材料相同的细长杆组成，若由于杆件在 ABC 平面内失稳而引起破坏，试确定载荷 F 为最大时（两个杆同时失稳时）的 φ（$0<\varphi<\pi/2$）角。

4. 如图 10.21 所示的托架，AB 杆是圆管，外径 $D=50$ mm，两端为球铰，材料为 A3 号钢，$E=206$ GPa，$\lambda_1=100$。若规定 $[n]_{st}=3$，试确定许用载荷 $[F]$。

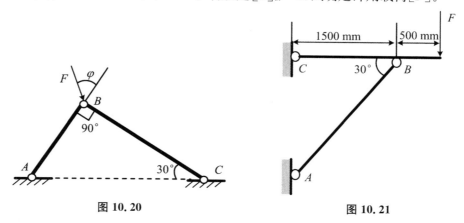

图 10.20　　　　　　　　　图 10.21

5. 如图 10.22 所示的压杆，型号为 20a 号工字钢，在 xOz 平面内为两端固定，在 xOy 平面内为一端固定，一端自由，材料的弹性模量 $E=200$ GPa，比例极限 $\sigma_p=200$ MPa，试求此压杆的临界力。

6. 如图 10.23 所示，二杆的直径 d 均为 20 mm，材料相同，材料的弹性模量 $E=210$ GPa，比例极限 $\sigma_p=200$ MPa，屈服极限 $\sigma_s=240$ MPa，强度安全系数 $n=2$，规定的稳定安全系数 $n_{st}=2.5$，试校核该结构是否安全。

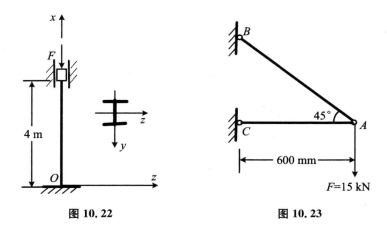

图 10.22   图 10.23

7. 如图 10.24 所示,两根圆截面压杆的长度、直径和材料均相同,已知 $l=1\,\mathrm{m}$,$d=40\,\mathrm{mm}$,材料的弹性模量 $E=200\,\mathrm{GPa}$,比例极限 $\sigma_\mathrm{p}=200\,\mathrm{MPa}$,屈服极限 $\sigma_\mathrm{s}=240\,\mathrm{MPa}$,直线经验公式为 $\sigma_\mathrm{cr}=304-1.12\lambda\,(\mathrm{MPa})$,试求两根压杆的临界力。

8. 如图 10.25 所示,钢柱由两根 10 号槽钢组成,材料的弹性模量 $E=200\,\mathrm{GPa}$,比例极限 $\sigma_\mathrm{p}=200\,\mathrm{MPa}$,试求组合柱的临界力为最大时,槽钢间距 a 及最大临界力。

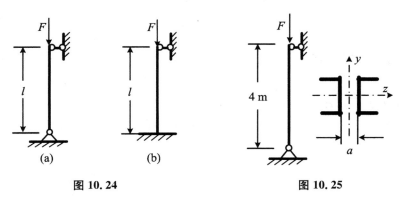

图 10.24   图 10.25

9. 如图 10.26 所示的托架,AB 杆的直径 $d=4\,\mathrm{cm}$,长度 $l=80\,\mathrm{cm}$,两端铰支,材料为 Q235 号钢。试求:① 根据 AB 杆的稳定条件确定托架的临界力 F_cr;② 若已知实际载荷 $F=70\,\mathrm{kN}$,AB 杆规定的稳定安全因数 $n_\mathrm{st}=2$,试问此托架是否安全?

10. 如图 10.27 所示的两压杆,一杆为正方形截面,一杆为圆形截面,$a=3\,\mathrm{cm}$,$d=4\,\mathrm{cm}$。两压杆的材料相同,材料的弹性模量 $E=200\,\mathrm{GPa}$,比例极限 $\sigma_\mathrm{p}=200\,\mathrm{MPa}$,屈服极限 $\sigma_\mathrm{s}=240\,\mathrm{MPa}$,直线经验公式为 $\sigma_\mathrm{cr}=304-1.12\lambda\,(\mathrm{MPa})$,试求结构失稳时的竖直外力 F。

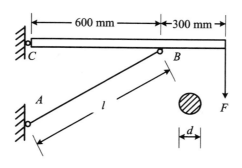

图 10.26

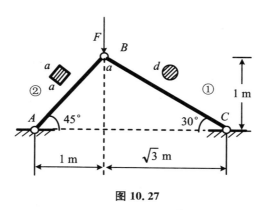

图 10.27

11. 如图 10.28 所示,杆 AB 的横截面面积 $A=21.5\ \mathrm{cm}^2$,抗弯截面模量 $W_z=102\ \mathrm{cm}^3$,材料的许用应力 $[\sigma]=180\ \mathrm{MPa}$。圆截面杆 CD,其直径 $d=20\ \mathrm{mm}$,材料的弹性模量 $E=200\ \mathrm{GPa}$,比例极限 $\sigma_\mathrm{p}=200\ \mathrm{MPa}$。$A$、$C$、$D$ 三处均为球铰约束,若已知 $l_1=1.25\ \mathrm{m}$,$l_2=0.55\ \mathrm{m}$,$F=25\ \mathrm{kN}$,稳定安全系数 $[n]_\mathrm{st}=1.8$,试校核此结构是否安全。

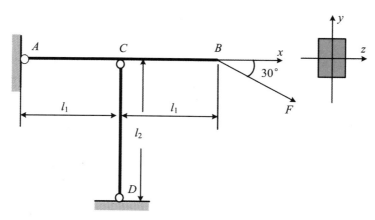

图 10.28

12. 如图 10.29 所示,此结构由钢杆 AC 和强度等级为 TC13 的木杆 AB 组成,AB 杆的长度 L＝5 m,直径 d＝200 mm,F＝80 kN,[σ]＝10 MPa。试校核杆 AB 的稳定性。

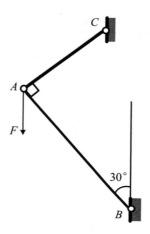

图 10.29

13. 如图 10.30 所示的正方形支架,由五根圆钢杆组成,正方形的边长为 1 m,各杆直径均为 50 mm。已知 $\lambda_p＝100$,$\lambda_s＝60$,$a＝304$ MPa,$b＝1.12$ MPa,$E＝200$ GPa,[σ]＝80 MPa。规定的安全系数 $n_{st}＝3$。试求:① 结构在图 10.30(a)工况下的许用载荷;② 当 F＝150 kN 时,校核该结构在图 10.30(b)工况下的稳定性。

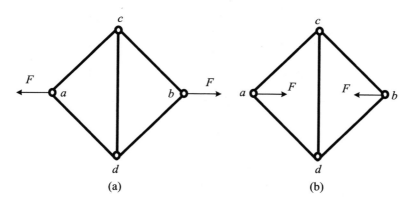

(a) 　　　　　　　　　　　　　　　(b)

图 10.30

14. 如图 10.31 所示,简支梁受均布载荷 q＝50 kN/m,跨度 L＝20 m。为了增加刚度,在跨的中点下缘用钢管柱竖直支撑。钢管的外缘直径、壁厚和高度分别为 d＝200 mm,t＝10 mm,h＝10 m。钢管的弹性模量和比例极限分别为 $E_g＝200$ GPa 和 $\sigma_p＝180$ MPa。钢管的两端用球铰分别与梁和固定支座连接。设钢管的稳定安全因数为 $n_{st}＝1.8$,梁截面的抗弯刚度为 $EI＝E_g A_g l^3/(240h)$,A_g 为钢管柱的截面面积。求钢管的轴力,并校核该受压钢管柱的稳定性。

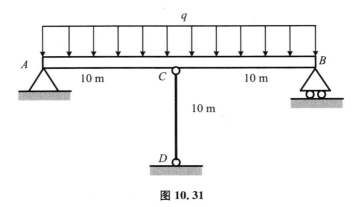

图 10.31

15. 如图 10.32 所示,三杆材料相同,截面均为圆形,大小相等,且均为细长杆。C 处为固定端,其余为铰接。假设杆件因失稳而引起破坏,试确定 A 点处载荷 F 的临界值。

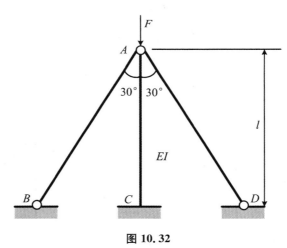

图 10.32

附录 1　平面图形的基本性质

工程中的各种构件,其横截面都是具有一定几何形状的平面图形,如圆形、矩形及各种型钢。构件的强度、刚度等与平面图形的这些几何性质有关。

一、静矩和形心

1. 静矩

任意平面图形如图 1 所示,其面积为 A,坐标轴分别为 y 轴、z 轴。取任一微面积 dA,其坐标为 (y,z),则微面积 dA 对 z 轴的面积矩为 $dS_z = ydA$,对 y 轴的面积矩为 $dS_y = zdA$,该面积矩又称为静矩。所以平面图形对 y 轴和 z 轴的静矩分别为

$$\left. \begin{array}{l} S_y = \displaystyle\int_A z\,dA \\ S_z = \displaystyle\int_A y\,dA \end{array} \right\} \tag{1}$$

静矩的量纲为长度的三次方。平面图形的静矩是对某一坐标轴而言的,同一图形对不同的坐标轴,其静矩不同。静矩的数值是代数量,可以为正值、负值或零。

当一个平面图形是由几个简单图形(如矩形、圆形等)组成时,由静矩的定义可知,图形各组成部分对某一轴静矩的代数和,等于整个图形对同一轴的静矩,即

$$\left. \begin{array}{l} S_z = \displaystyle\sum_i^n A_i y_i \\ S_y = \displaystyle\sum_i^n A_i z_i \end{array} \right\} \tag{2}$$

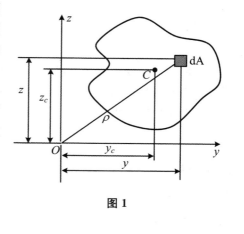

图 1

式中,A_i 和 y_i、z_i 分别表示任一组成部分的面积及其形心坐标,n 表示图形由 n 个部分组成。

2. 形心

在理论力学中已知均质等厚度板的重心计算公式。因为对于这种薄板平面图

形,其形心与重心是重合的。所以在如图 1 所示的 yOz 坐标系中,平面图形的形心坐标为

$$
\left.
\begin{aligned}
y_c &= \frac{\int_A y\,\mathrm{d}A}{A} = \frac{S_z}{A} \\
z_c &= \frac{\int_A z\,\mathrm{d}A}{A} = \frac{S_y}{A}
\end{aligned}
\right\}
\tag{3}
$$

由组合图形组成的平面图形的形心坐标为

$$
y_c = \frac{\sum\limits_i^n A_i y_i}{\sum\limits_i^n A_i}, \quad z_c = \frac{\sum\limits_i^n A_i z_i}{\sum\limits_i^n A_i}
\tag{4}
$$

若平面图形对某一轴的静矩为零,则该轴必然通过图形的形心;反之,若某一轴通过形心,则图形对该轴的静矩等于零。

二、惯性矩

对于任意截面如图 1 所示的图形。其面积为 A,坐标轴分别为 y 轴、z 轴。任一微面积 $\mathrm{d}A$,其坐标为 (y,z),则 $y^2\,\mathrm{d}A$ 和 $z^2\,\mathrm{d}A$ 分别称为该微面积 $\mathrm{d}A$ 对 z 轴和 y 轴的惯性矩。则整个平面图形对 y 轴和 z 轴的惯性矩分别为

$$
\left.
\begin{aligned}
I_y &= \int_A z^2\,\mathrm{d}A \\
I_z &= \int_A y^2\,\mathrm{d}A
\end{aligned}
\right\}
\tag{5}
$$

其量纲为长度的四次方,惯性矩又称为图形的二次矩。惯性矩的数值恒为正,其值随不同的坐标轴变化。

图形对坐标原点 O 的极惯性矩为

$$
I_P = \int_A \rho^2\,\mathrm{d}A
\tag{6}
$$

式中,ρ 表示微面积 $\mathrm{d}A$ 到坐标原点 O 的距离(如图 1 所示)。极惯性矩 I_P 和惯性矩 I_z、I_y 之间有以下关系:

$$
I_P = I_y + I_z
\tag{7}
$$

三、惯性积

对于任意截面如图 1 所示的图形。任一微面积 $\mathrm{d}A$,其与 z、y 的乘积 $zy\,\mathrm{d}A$ 称为该微面积 $\mathrm{d}A$ 对 z 轴和 y 轴的惯性积。则整个平面图形对两坐标轴的惯性积为

$$I_{yz} = \int_A yz\,\mathrm{d}A \tag{8}$$

其量纲为长度的四次方。

惯性积的数值可能为正,可能为负,也可能为零。当坐标系的两个坐标轴中有一个为图形的对称轴时,则图形对这一坐标系的惯性积为零。

四、平行移轴公式

同一平面图形对于平行的两对坐标轴的惯性矩或惯性积并不相同,当其中一对轴是图形的形心轴时,如图 2 所示。它们之间的关系为

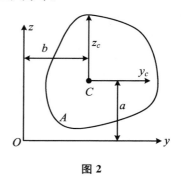

图 2

$$\left.\begin{array}{l} I_y = I_{y_c} + a^2 A \\ I_z = I_{z_c} + b^2 A \\ I_{yz} = I_{y_c z_c} + abA \end{array}\right\} \tag{9}$$

式中,a、b 是图形形心在 yOz 坐标系中的坐标,它们是有正负的。由上式可以看出,在所有相互平行的坐标轴中,平面图形对过形心的坐标轴的惯性矩为最小。

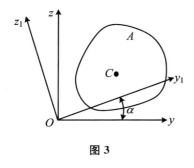

图 3

五、转轴公式

如图 3 所示,平面图形对图示两对坐标轴的惯性矩、惯性积的转轴公式为

$$\left.\begin{array}{l} I_{y_1} = \dfrac{I_y + I_z}{2} + \dfrac{I_y - I_z}{2}\cos 2\alpha - I_{yz}\sin 2\alpha \\[2mm] I_{z_1} = \dfrac{I_y + I_z}{2} - \dfrac{I_y - I_z}{2}\cos 2\alpha + I_{yz}\sin 2\alpha \\[2mm] I_{y_1 z_1} = \dfrac{I_y - I_z}{2}\sin 2\alpha + I_{yz}\cos 2\alpha \end{array}\right\}$$

$$\tag{10}$$

式中,角 α 从原坐标轴 y 量起。以逆时针转向为正,顺时针转向为负。

六、主惯性轴、形心主惯性轴

平面图形对于某对坐标轴的惯性积等于零时,这对坐标轴就称为平面图形的主惯性轴,若主惯性轴的原点为形心,则称为形心主惯性轴。图形对主惯性轴的惯性矩称为主惯性矩,对形心主惯性轴的主惯性矩称为形心主惯性矩。

主惯性轴的方向:

$$\tan 2\alpha_0 = -\frac{2I_{yz}}{I_y - I_z} \tag{11}$$

式中，I_z、I_y 和 I_{yz} 分别为图形对过该点的一对坐标轴 y、z 的惯性矩和惯性积；α_0 为主惯性轴 y_0、z_0 与 y 轴、z 轴的夹角。

图形的两个主惯性矩是平面图形对过该点所有坐标轴的惯性矩中的极大值和极小值。其值为

$$\begin{matrix} I_{\max} \\ I_{\min} \end{matrix} = \frac{I_y + I_z}{2} \pm \sqrt{\left(\frac{I_y - I_z}{2}\right)^2 + I_{yz}^2} \tag{12}$$

对于常见的简单平面图形的形心主惯性矩,计算结果为

矩形截面：

$$I_y = \frac{hb^3}{12}, \quad I_z = \frac{bh^3}{12}$$

圆形截面：

$$I_y = I_z = \frac{1}{2}I_P = \frac{\pi d^4}{64}$$

空心圆截面：

$$I_y = I_z = \frac{1}{2}I_P = \frac{\pi D^4}{64}(1 - \alpha^4)$$

式中,$\alpha = \dfrac{d}{D}$。

对于平面图形来说,一般有如下结论：

(1) 平面图形中的对称轴一定是形心主惯性轴。

(2) 若平面图形中有一个对称轴,且 $I_y = I_z$,则过原点的任一轴均是主惯性轴。

(3) 若平面图形具有三条或更多条对称轴(如正三角形、正多边形、圆形等),则过平面图形形心的任一轴都是形心主惯性轴,且对任一形心主惯性轴的主惯性矩均相等。

附录 2 常用型钢规格表

符号：

h：高度；

b：宽度；

t_w：腹板厚度；

t：翼缘平均厚度；

I：惯性矩；

W：抗弯截面系数；

i：惯性半径；

S_x：半截面的面积矩。

长度：

型号 10～18，长 5～19 m；

型号 20～63，长 6～19 m。

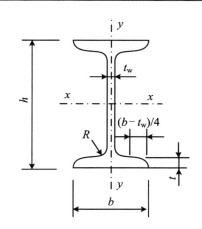

型　号		尺　寸(mm)					截面面积 (cm²)	理论质量 (kg/m)	$x-x$ 轴				$y-y$ 轴		
		h	b	t_w	t	R			I_x (cm⁴)	W_x (cm³)	i_x (cm)	I_x/S_x (cm)	I_y (cm⁴)	W_y (cm³)	i_y (cm)
10		100	68	4.5	7.6	6.5	14.3	11.2	245	49	4.14	8.69	33	9.6	1.51
12.6		126	74	5	8.4	7	18.1	14.2	488	77	5.19	11	47	12.7	1.61
14		140	80	5.5	9.1	7.5	21.5	16.9	712	102	5.75	12.2	64	16.1	1.73
16		160	88	6	9.9	8	26.1	20.5	1127	141	6.57	13.9	93	21.1	1.89
18		180	94	6.5	10.7	8.5	30.7	24.1	1699	185	7.37	15.4	123	26.2	2.00
20	a	200	100	7	11.4	9	35.5	27.9	2369	237	8.16	17.4	158	31.6	2.11
	b		102	9			39.5	31.1	2502	250	7.95	17.1	169	33.1	2.07
22	a	220	110	7.5	12.3	9.5	42.1	33	3406	310	8.99	19.2	226	41.1	2.32
	b		112	9.5			46.5	36.5	3583	326	8.78	18.9	240	42.9	2.27
25	a	250	116	8	13	10	48.5	38.1	5017	401	10.2	21.7	280	48.4	2.4
	b		118	10			53.5	42	5278	422	9.93	21.4	297	50.4	2.36
28	a	280	122	8.5	13.7	10.5	55.4	43.5	7115	508	11.3	24.3	344	56.4	2.49
	b		124	10.5			61	47.9	7481	534	11.1	24	364	58.7	2.44

型 号		尺 寸(mm)					截面面积 (cm²)	理论质量 (kg/m)	x－x 轴				y－y 轴		
		h	b	t_w	t	R			I_x (cm⁴)	W_x (cm³)	i_x (cm)	I_x/S_x (cm)	I_y (cm⁴)	W_y (cm³)	i_y (cm)
32	a	320	130	9.5	15	11.5	67.1	52.7	11080	692	12.8	27.7	459	70.6	2.62
	b		132	11.5			73.5	57.7	11626	727	12.6	27.3	484	73.3	2.57
	c		134	13.5			79.9	62.7	12173	761	12.3	26.9	510	76.1	2.53
36	a	360	136	10	15.8	12	76.4	60	15796	878	14.4	31	555	81.6	2.69
	b		138	12			83.6	65.6	16574	921	14.1	30.6	584	84.6	2.64
	c		140	14			90.8	71.3	17351	964	13.8	30.2	614	87.7	2.6
40	a	400	142	10.5	16.5	12.5	86.1	67.6	21714	1086	15.9	34.4	660	92.9	2.77
	b		144	12.5			94.1	73.8	22781	1139	15.6	33.9	693	96.2	2.71
	c		146	14.5			102	80.1	23847	1192	15.3	33.5	727	99.7	2.67
45	a	450	150	11.5	18	13.5	102	80.4	32241	1433	17.7	38.5	855	114	2.89
	b		152	13.5			111	87.4	33759	1500	17.4	38.1	895	118	2.84
	c		154	15.5			120	94.5	35278	1568	17.1	37.6	938	122	2.79
50	a	500	158	12	20	14	119	93.6	46472	1859	19.7	42.9	1122	142	3.07
	b		160	14			129	101	48556	1942	19.4	42.3	1171	146	3.01
	c		162	16			139	109	50639	2026	19.1	41.9	1224	151	2.96
56	a	560	166	12.5	21	14.5	135	106	65576	2342	22	47.9	1366	165	3.18
	b		168	14.5			147	115	68503	2447	21.6	47.3	1424	170	3.12
	c		170	16.5			158	124	71430	2551	21.3	46.8	1485	175	3.07
63	a	630	176	13	22	15	155	122	94004	2984	24.7	53.8	1702	194	3.32
	b		178	15			167	131	98171	3117	24.2	53.2	1771	199	3.25
	c		780	17			180	141	102339	3249	23.9	52.6	1842	205	3.2

H 型钢

符号：

h：高度；

b：宽度；

t_1：腹板厚度；

t_2：翼缘厚度；

I：惯性矩；

W：抗弯截面系数；

i：惯性半径；

S_x：半截面的面积矩。

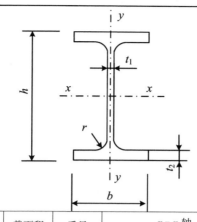

类别	H 型钢规格 $(h \times b \times t_1 \times t_2)$	截面积 A (cm^2)	质量 q (kg/m)	$x-x$ 轴			$y-y$ 轴		
				I_x (cm^4)	W_x (cm^3)	i_x (cm)	I_y (cm^4)	W_y (cm^3)	i_y (cm)
HW	$100 \times 100 \times 6 \times 8$	21.9	17.22	383	76.576.5	4.18	134	26.7	2.47
	$125 \times 125 \times 6.5 \times 9$	30.31	23.8	847	136	5.29	294	47	3.11
	$150 \times 150 \times 7 \times 10$	40.55	31.9	1660	221	6.39	564	75.1	3.73
	$175 \times 175 \times 7.5 \times 11$	51.43	40.3	2900	331	7.5	984	112	4.37
	$200 \times 200 \times 8 \times 12$	64.28	50.5	4770	477	8.61	1600	160	4.99
	♯$200 \times 204 \times 12 \times 12$	72.28	56.7	5030	503	8.35	1700	167	4.85
	$250 \times 250 \times 9 \times 14$	92.18	72.4	10800	867	10.8	3650	292	6.29
	♯$250 \times 255 \times 14 \times 14$	104.7	82.2	11500	919	10.5	3880	304	6.09
	♯$294 \times 302 \times 12 \times 12$	108.3	85	17000	1160	12.5	5520	365	7.14
	$300 \times 300 \times 10 \times 15$	120.4	94.5	20500	1370	13.1	6760	450	7.49
	$300 \times 305 \times 15 \times 15$	135.4	106	21600	1440	12.6	7100	466	7.24
	♯$344 \times 348 \times 10 \times 16$	146	115	33300	1940	15.1	11200	646	8.78
	$350 \times 350 \times 12 \times 19$	173.9	137	40300	2300	15.2	13600	776	8.84
	♯$388 \times 402 \times 15 \times 15$	179.2	141	49200	2540	16.6	16300	809	9.52
	♯$394 \times 398 \times 11 \times 18$	187.6	147	56400	2860	17.3	18900	951	10
	$400 \times 400 \times 13 \times 21$	219.5	172	66900	3340	17.5	22400	1120	10.1
	♯$400 \times 408 \times 21 \times 21$	251.5	197	71100	3560	16.8	23800	1170	9.73
	♯$414 \times 405 \times 18 \times 28$	296.2	233	93000	4490	17.7	31000	1530	10.2
	♯$428 \times 407 \times 20 \times 35$	361.4	284	119000	5580	18.2	39400	1930	10.4
HM	$148 \times 100 \times 6 \times 9$	27.25	21.4	1040	140	6.17	151	30.2	2.35
	$194 \times 150 \times 6 \times 9$	39.76	31.2	2740	283	8.3	508	67.7	3.57
	$244 \times 175 \times 7 \times 11$	56.24	44.1	6120	502	10.4	985	113	4.18

类别	H 型钢规格 ($h \times b \times t_1 \times t_2$)	截面积 A (cm^2)	质量 q (kg/m)	$x-x$ 轴			$y-y$ 轴		
				I_x (cm^4)	W_x (cm^3)	i_x (cm)	I_y (cm^4)	W_y (cm^3)	i_y (cm)
HM	$294 \times 200 \times 8 \times 12$	73.03	57.3	11400	779	12.5	1600	160	4.69
	$340 \times 250 \times 9 \times 14$	101.5	79.7	21700	1280	14.6	3650	292	6
	$390 \times 300 \times 10 \times 16$	136.7	107	38900	2000	16.9	7210	481	7.26
	$440 \times 300 \times 11 \times 18$	157.4	124	56100	2550	18.9	8110	541	7.18
	$482 \times 300 \times 11 \times 15$	146.4	115	60800	2520	20.4	6770	451	6.8
	$488 \times 300 \times 11 \times 18$	164.4	129	71400	2930	20.8	8120	541	7.03
	$582 \times 300 \times 12 \times 17$	174.5	137	103000	3530	24.3	7670	511	6.63
	$588 \times 300 \times 12 \times 20$	192.5	151	118000	4020	24.8	9020	601	6.85
	♯$594 \times 302 \times 14 \times 23$	222.4	175	137000	4620	24.9	10600	701	6.9
HN	$100 \times 50 \times 5 \times 7$	12.16	9.54	192	38.5	3.98	14.9	5.96	1.11
	$125 \times 60 \times 6 \times 8$	17.01	13.3	417	66.8	4.95	29.3	9.75	1.31
	$150 \times 75 \times 5 \times 7$	18.16	14.3	679	90.6	6.12	49.6	13.2	1.65
	$175 \times 90 \times 5 \times 8$	23.21	18.2	1220	140	7.26	97.6	21.7	2.05
	$198 \times 99 \times 4.5 \times 7$	23.59	18.5	1610	163	8.27	114	23	2.2
	$200 \times 100 \times 5.5 \times 8$	27.57	21.7	1880	188	8.25	134	26.8	2.21
	$248 \times 124 \times 5 \times 8$	32.89	25.8	3560	287	10.4	255	41.1	2.78
	$250 \times 125 \times 6 \times 9$	37.87	29.7	4080	326	10.4	294	47	2.79
	$298 \times 149 \times 5.5 \times 8$	41.55	32.6	6460	433	12.4	443	59.4	3.26
	$300 \times 150 \times 6.5 \times 9$	47.53	37.3	7350	490	12.4	508	67.7	3.27
	$346 \times 174 \times 6 \times 9$	53.19	41.8	11200	649	14.5	792	91	3.86
	$350 \times 175 \times 7 \times 11$	63.66	50	13700	782	14.7	985	113	3.93
	♯$400 \times 150 \times 8 \times 13$	71.12	55.8	18800	942	16.3	734	97.9	3.21
	$396 \times 199 \times 7 \times 11$	72.16	56.7	20000	1010	16.7	1450	145	4.48
	$400 \times 200 \times 8 \times 13$	84.12	66	23700	1190	16.8	1740	174	4.54
	♯$450 \times 150 \times 9 \times 14$	83.41	65.5	27100	1200	18	793	106	3.08
	$446 \times 199 \times 8 \times 12$	84.95	66.7	29000	1300	18.5	1580	159	4.31
	$450 \times 200 \times 9 \times 14$	97.41	76.5	33700	1500	18.6	1870	187	4.38
	♯$500 \times 150 \times 10 \times 16$	98.23	77.1	38500	1540	19.8	907	121	3.04
	$496 \times 199 \times 9 \times 14$	101.3	79.5	41900	1690	20.3	1840	185	4.27
	$500 \times 200 \times 10 \times 16$	114.2	89.6	47800	1910	20.5	2140	214	4.33
	♯$506 \times 201 \times 11 \times 19$	131.3	103	56500	2230	20.8	2580	257	4.43
	$596 \times 199 \times 10 \times 15$	121.2	95.1	69300	2330	23.9	1980	199	4.04
	$600 \times 200 \times 11 \times 17$	135.2	106	78200	2610	24.1	2280	228	4.11
	♯$606 \times 201 \times 12 \times 20$	153.3	120	91000	3000	24.4	2720	271	4.21
	♯$692 \times 300 \times 13 \times 20$	211.5	166	172000	4980	28.6	9020	602	6.53
	$700 \times 300 \times 13 \times 24$	235.5	185	201000	5760	29.3	10800	722	6.78

注:"♯"表示的规格为非常用规格。

普通槽钢

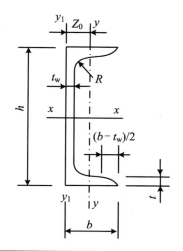

符号：
同普通工字钢。

长度：
型号 5～8,长 5～12 m;
型号 10～18,长 5～19 m;
型号 20～20,长 6～19 m。

型　号		尺　寸(mm)					截面面积 (cm²)	理论重量 (kg/m)	x-x 轴			y-y 轴			y₁-y₁轴	Z₀ (cm)
		h	b	t_w	t	R			I_x (cm⁴)	W_x (cm³)	i_x (cm)	I_y (cm⁴)	W_y (cm³)	i_y (cm)	I_{y1} (cm⁴)	
5		50	37	4.5	7	7	6.92	5.44	26	10.4	1.94	8.3	3.5	1.1	20.9	1.35
6.3		63	40	4.8	7.5	7.5	8.45	6.63	51	16.3	2.46	11.9	4.6	1.19	28.3	1.39
8		80	43	5	8	8	10.24	8.04	101	25.3	3.14	16.6	5.8	1.27	37.4	1.42
10		100	48	5.3	8.5	8.5	12.74	10	198	39.7	3.94	25.6	7.8	1.42	54.9	1.52
12.6		126	53	5.5	9	9	15.69	12.31	389	61.7	4.98	38	10.3	1.56	77.8	1.59
14	a	140	58	6	9.5	9.5	18.51	14.53	564	80.5	5.52	53.2	13	1.7	107.2	1.71
	b		60	8	9.5	9.5	21.31	16.73	609	87.1	5.35	61.2	14.1	1.69	120.6	1.67
16	a	160	63	6.5	10	10	21.95	17.23	866	108.3	6.28	73.4	16.3	1.83	144.1	1.79
	b		65	8.5	10	10	25.15	19.75	935	116.8	6.1	83.4	17.6	1.82	160.8	1.75
18	a	180	68	7	10.5	10.5	25.69	20.17	1273	141.4	7.04	98.6	20	1.96	189.7	1.88
	b		70	9	10.5	10.5	29.29	22.99	1370	152.2	6.84	111	21.5	1.95	210.1	1.84
20	a	200	73	7	11	11	28.83	22.63	1780	178	7.86	128	24.2	2.11	244	2.01
	b		75	9	11	11	32.83	25.77	1914	191.4	7.64	143.6	25.9	2.09	268.4	1.95
22	a	220	77	7	11.5	11.5	31.84	24.99	2394	217.6	8.67	157.8	28.2	2.23	298.2	2.1
	b		79	9	11.5	11.5	36.24	28.45	2571	233.8	8.42	176.5	30.1	2.21	326.3	2.03
25	a	250	78	7	12	12	34.91	27.4	3359	268.7	9.81	175.9	30.7	2.24	324.8	2.07
	b		80	9	12	12	39.91	31.33	3619	289.6	9.52	196.4	32.7	2.22	355.1	1.99
	c		82	11	12	12	44.91	35.25	3880	310.4	9.3	215.9	34.6	2.19	388.6	1.96

型 号		尺　寸(mm)					截面面积 (cm^2)	理论重量 (kg/m)	$x-x$ 轴			$y-y$ 轴			y_1-y_1 轴	Z_0 (cm)
		h	b	t_w	t	R			I_x (cm^4)	W_x (cm^3)	i_x (cm)	I_y (cm^4)	W_y (cm^3)	i_y (cm)	I_{y1} (cm^4)	
28	a	280	82	7.5	12.5	12.5	40.02	31.42	4753	339.5	10.9	217.9	35.7	2.33	393.3	2.09
	b		84	9.5	12.5	12.5	45.62	35.81	5118	365.6	10.59	241.5	37.9	2.3	428.5	2.02
	c		86	11.5	12.5	12.5	51.22	40.21	5484	391.7	10.35	264.1	40	2.27	467.3	1.99
32	a	320	88	8	14	14	48.5	38.07	7511	469.4	12.44	304.7	46.4	2.51	547.5	2.24
	b		90	10	14	14	54.9	43.1	8057	503.5	12.11	335.6	49.1	2.47	592.9	2.16
	c		92	12	14	14	61.3	48.12	8603	537.7	11.85	365	51.6	2.44	642.7	2.13
36	a	360	96	9	16	16	60.89	47.8	11874	659.7	13.96	455	63.6	2.73	818.5	2.44
	b		98	11	16	16	68.09	53.45	12652	702.9	13.63	496.7	66.9	2.7	880.5	2.37
	c		100	13	16	16	75.29	59.1	13429	746.1	13.36	536.6	70	2.67	948	2.34
40	a	400	100	10.5	18	18	75.04	58.91	17578	878.9	15.3	592	78.8	2.81	1057.9	2.49
	b		102	12.5	18	18	83.04	65.19	18644	932.2	14.98	640.6	82.6	2.78	1135.8	2.44
	c		104	14.5	18	18	91.04	71.47	19711	985.6	14.71	687.8	86.2	2.75	1220.3	2.42

等边角钢

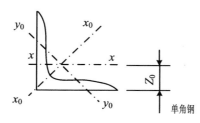

单角钢

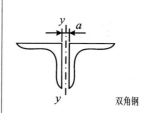

双角钢

型号		圆角	重心矩	截面积	质量	惯性矩	抗弯截面系数		惯性半径			i_y,当a为下列数值				
		R	Z_0	A		I_x	$W_{x\max}$	$W_{x\min}$	i_x	i_{x0}	i_{y0}	6 mm	8 mm	10 mm	12 mm	14 mm
		(mm)		(cm^2)	(kg/m)	(cm^4)	(cm^3)		(cm)			(cm)				
20×	3	3.5	6	1.13	0.89	0.40	0.66	0.29	0.59	0.75	0.39	1.08	1.17	1.25	1.34	1.43
	4		6.4	1.46	1.15	0.50	0.78	0.36	0.58	0.73	0.38	1.11	1.19	1.28	1.37	1.46
L25×	3	3.5	7.3	1.43	1.12	0.82	1.12	0.46	0.76	0.95	0.49	1.27	1.36	1.44	1.53	1.61
	4		7.6	1.86	1.46	1.03	1.34	0.59	0.74	0.93	0.48	1.30	1.38	1.47	1.55	1.64
L30×	3	4.5	8.5	1.75	1.37	1.46	1.72	0.68	0.91	1.15	0.59	1.47	1.55	1.63	1.71	1.8
	4		8.9	2.28	1.79	1.84	2.08	0.87	0.90	1.13	0.58	1.49	1.57	1.65	1.74	1.82
L36×	3	4.5	10	2.11	1.66	2.58	2.59	0.99	1.11	1.39	0.71	1.70	1.78	1.86	1.94	2.03
	4		10.4	2.76	2.16	3.29	3.18	1.28	1.09	1.38	0.70	1.73	1.8	1.89	1.97	2.05
	5		10.7	2.38	2.65	3.95	3.68	1.56	1.08	1.36	0.70	1.75	1.83	1.91	1.99	2.08
L40×	3	5	10.9	2.36	1.85	3.59	3.28	1.23	1.23	1.55	0.79	1.86	1.94	2.01	2.09	2.18
	4		11.3	3.09	2.42	4.60	4.05	1.60	1.22	1.54	0.79	1.88	1.96	2.04	2.12	2.2
	5		11.7	3.79	2.98	5.53	4.72	1.96	1.21	1.52	0.78	1.90	1.98	2.06	2.14	2.23
L45×	3	5	12.2	2.66	2.09	5.17	4.25	1.58	1.39	1.76	0.90	2.06	2.14	2.21	2.29	2.37
	4		12.6	3.49	2.74	6.65	5.29	2.05	1.38	1.74	0.89	2.08	2.16	2.24	2.32	2.4
	5		13	4.29	3.37	8.04	6.20	2.51	1.37	1.72	0.88	2.10	2.18	2.26	2.34	2.42
	6		13.3	5.08	3.99	9.33	6.99	2.95	1.36	1.71	0.88	2.12	2.2	2.28	2.36	2.44
L50×	3	5.5	13.4	2.97	2.33	7.18	5.36	1.96	1.55	1.96	1.00	2.26	2.33	2.41	2.48	2.56
	4		13.8	3.90	3.06	9.26	6.70	2.56	1.54	1.94	0.99	2.28	2.36	2.43	2.51	2.59
	5		14.2	4.80	3.77	11.21	7.90	3.13	1.53	1.92	0.98	2.30	2.38	2.45	2.53	2.61
	6		14.6	5.69	4.46	13.05	8.95	3.68	1.51	1.91	0.98	2.32	2.4	2.48	2.56	2.64
L56×	3	6	14.8	3.34	2.62	10.19	6.86	2.48	1.75	2.2	1.13	2.50	2.57	2.64	2.72	2.8
	4		15.3	4.39	3.45	13.18	8.63	3.24	1.73	2.18	1.11	2.52	2.59	2.67	2.74	2.82
	5		15.7	5.42	4.25	16.02	10.22	3.97	1.72	2.17	1.10	2.54	2.61	2.69	2.77	2.85
	8		16.8	8.37	6.57	23.63	14.06	6.03	1.68	2.11	1.09	2.60	2.67	2.75	2.83	2.91

续表

型号		圆角 R	重心矩 Z_0	截面积 A	质量	惯性矩 I_x	抗弯截面系数		惯性半径			i_y,当 a 为下列数值				
							W_{xmax}	W_{xmin}	i_x	i_{x0}	i_{y0}	6 mm	8 mm	10 mm	12 mm	14 mm
		(mm)		(cm²)	(kg/m)	(cm⁴)	(cm³)		(cm)			(cm)				
L63×	4	7	17	4.98	3.91	19.03	11.22	4.13	1.96	2.46	1.26	2.79	2.87	2.94	3.02	3.09
	5		17.4	6.14	4.82	23.17	13.33	5.08	1.94	2.45	1.25	2.82	2.89	2.96	3.04	3.12
	6		17.8	7.29	5.72	27.12	15.26	6.00	1.93	2.43	1.24	2.83	2.91	2.98	3.06	3.14
	8		18.5	9.51	7.47	34.45	18.59	7.75	1.90	2.39	1.23	2.87	2.95	3.03	3.1	3.18
	10		19.3	11.66	9.15	41.09	21.34	9.39	1.88	2.36	1.22	2.91	2.99	3.07	3.15	3.23
L70×	4	8	18.6	5.57	4.37	26.39	14.16	5.14	2.18	2.74	1.4	3.07	3.14	3.21	3.29	3.36
	5		19.1	6.88	5.40	32.21	16.89	6.32	2.16	2.73	1.39	3.09	3.16	3.24	3.31	3.39
	6		19.5	8.16	6.41	37.77	19.39	7.48	2.15	2.71	1.38	3.11	3.18	3.26	3.33	3.41
	7		19.9	9.42	7.40	43.09	21.68	8.59	2.14	2.69	1.38	3.13	3.2	3.28	3.36	3.43
	8		20.3	10.67	8.37	48.17	23.79	9.68	2.13	2.68	1.37	3.15	3.22	3.30	3.38	3.46
L75×	5	9	20.3	7.41	5.82	39.96	19.73	7.30	2.32	2.92	1.5	3.29	3.36	3.43	3.5	3.58
	6		20.7	8.80	6.91	46.91	22.69	8.63	2.31	2.91	1.49	3.31	3.38	3.45	3.53	3.6
	7		21.1	10.16	7.98	53.57	25.42	9.93	2.30	2.89	1.48	3.33	3.4	3.47	3.55	3.63
	8		21.5	11.50	9.03	59.96	27.93	11.2	2.28	2.87	1.47	3.35	3.42	3.50	3.57	3.65
	10		22.2	14.13	11.09	71.98	32.40	13.64	2.26	2.84	1.46	3.38	3.46	3.54	3.61	3.69
L80×	5	9	21.5	7.91	6.21	48.79	22.70	8.34	2.48	3.13	1.6	3.49	3.56	3.63	3.71	3.78
	6		21.9	9.40	7.38	57.35	26.16	9.87	2.47	3.11	1.59	3.51	3.58	3.65	3.73	3.8
	7		22.3	10.86	8.53	65.58	29.38	11.37	2.46	3.1	1.58	3.53	3.60	3.67	3.75	3.83
	8		22.7	12.30	9.66	73.50	32.36	12.83	2.44	3.08	1.57	3.55	3.62	3.70	3.77	3.85
	10		23.5	15.13	11.87	88.43	37.68	15.64	2.42	3.04	1.56	3.58	3.66	3.74	3.81	3.89
L90×	6	10	24.4	10.64	8.35	82.77	33.99	12.61	2.79	3.51	1.8	3.91	3.98	4.05	4.12	4.2
	7		24.8	12.3	9.66	94.83	38.28	14.54	2.78	3.5	1.78	3.93	4	4.07	4.14	4.22
	8		25.2	13.94	10.95	106.5	42.3	16.42	2.76	3.48	1.78	3.95	4.02	4.09	4.17	4.24
	10		25.9	17.17	13.48	128.6	49.57	20.07	2.74	3.45	1.76	3.98	4.06	4.13	4.21	4.28
	12		26.7	20.31	15.94	149.2	55.93	23.57	2.71	3.41	1.75	4.02	4.09	4.17	4.25	4.32
L100×	6	12	26.7	11.93	9.37	115	43.04	15.68	3.1	3.91	2	4.3	4.37	4.44	4.51	4.58
	7		27.1	13.8	10.83	131	48.57	18.1	3.09	3.89	1.99	4.32	4.39	4.46	4.53	4.61
	8		27.6	15.64	12.28	148.2	53.78	20.47	3.08	3.88	1.98	4.34	4.41	4.48	4.55	4.63
	10		28.4	19.26	15.12	179.5	63.29	25.06	3.05	3.84	1.96	4.38	4.45	4.52	4.6	4.67
	12		29.1	22.8	17.9	208.9	71.72	29.47	3.03	3.81	1.95	4.41	4.49	4.56	4.64	4.71
	14		29.9	26.26	20.61	236.5	79.19	33.73	3.00	3.77	1.94	4.45	4.53	4.60	4.68	4.75
	16		30.6	29.63	23.26	262.5	85.81	37.82	2.98	3.74	1.93	4.49	4.56	4.64	4.72	4.8

型　号		圆角 R	重心矩 Z_0	截面积 A	质量	惯性矩 I_x	抗弯截面系数		惯性半径			i_y,当 a 为下列数值				
							$W_{x\max}$	$W_{x\min}$	i_x	i_{x0}	i_{y0}	6 mm	8 mm	10 mm	12 mm	14 mm
		(mm)		(cm²)	(kg/m)	(cm⁴)	(cm³)		(cm)			(cm)				
L110×	7	12	29.6	15.2	11.93	177.2	59.78	22.05	3.41	4.3	2.2	4.72	4.79	4.86	4.94	5.01
	8		30.1	17.24	13.53	199.5	66.36	24.95	3.4	4.28	2.19	4.74	4.81	4.88	4.96	5.03
	10		30.9	21.26	16.69	242.2	78.48	30.6	3.38	4.25	2.17	4.78	4.85	4.92	5.00	5.07
	12		31.6	25.2	19.78	282.6	89.34	36.05	3.35	4.22	2.15	4.82	4.89	4.96	5.04	5.11
	14		32.4	29.06	22.81	320.7	99.07	41.31	3.32	4.18	2.14	4.85	4.93	5	5.08	5.15
L125×	8	14	33.7	19.75	15.5	297	88.2	32.52	3.88	4.88	2.5	5.34	5.41	5.48	5.55	5.62
	10		34.5	24.37	19.13	361.7	104.8	39.97	3.85	4.85	2.48	5.38	5.45	5.52	5.59	5.66
	12		35.3	28.91	22.7	423.2	119.9	47.17	3.83	4.82	2.46	5.41	5.48	5.56	5.63	5.70
	14		36.1	33.37	26.19	481.7	133.6	54.16	3.8	4.78	2.45	5.45	5.52	5.59	5.67	5.74
L140×	10	14	38.2	27.37	21.49	514.7	134.6	50.58	4.34	5.46	2.78	5.98	6.05	6.12	6.2	6.27
	12		39	32.51	25.52	603.7	154.6	59.8	4.31	5.43	2.77	6.02	6.09	6.16	6.23	6.31
	14		39.8	37.57	29.49	688.8	173	68.75	4.28	5.4	2.75	6.06	6.13	6.2	6.27	6.34
	16		40.6	42.54	33.39	770.2	189.9	77.46	4.26	5.36	2.74	6.09	6.16	6.23	6.31	6.38
L160×	10	16	43.1	31.5	24.73	779.5	180.8	66.7	4.97	6.27	3.2	6.78	6.85	6.92	6.99	7.06
	12		43.9	37.44	29.39	916.6	208.6	78.98	4.95	6.24	3.18	6.82	6.89	6.96	7.03	7.1
	14		44.7	43.3	33.99	1048	234.4	90.95	4.92	6.2	3.16	6.86	6.93	7.00	7.07	7.14
	16		45.5	49.07	38.52	1175	258.3	102.6	4.89	6.17	3.14	6.89	6.96	7.03	7.10	7.18
L180×	12	16	48.9	42.24	33.16	1321	270	100.8	5.59	7.05	3.58	7.63	7.70	7.77	7.84	7.91
	14		49.7	48.9	38.38	1514	304.6	116.3	5.57	7.02	3.57	7.67	7.74	7.81	7.88	7.95
	16		50.5	55.47	43.54	1701	336.9	131.4	5.54	6.98	3.55	7.7	7.77	7.84	7.91	7.98
	18		51.3	61.95	48.63	1881	367.1	146.1	5.51	6.94	3.53	7.73	7.8	7.87	7.95	8.02
L200×	14	18	54.6	54.64	42.89	2104	385.1	144.7	6.2	7.82	3.98	8.47	8.54	8.61	8.67	8.75
	16		55.4	62.01	48.68	2366	427	163.7	6.18	7.79	3.96	8.5	8.57	8.64	8.71	8.78
	18		56.2	69.3	54.4	2621	466.5	182.2	6.15	7.75	3.94	8.53	8.60	8.67	8.75	8.82
	20		56.9	76.5	60.06	2867	503.6	200.4	6.12	7.72	3.93	8.57	8.64	8.71	8.78	8.85
	24		58.4	90.66	71.17	3338	571.5	235.8	6.07	7.64	3.90	8.63	8.71	8.78	8.85	8.92